明解C语言

实践篇

图灵程序
设计丛书

[日] 柴田望洋 / 著　洪育彬 / 译

人民邮电出版社

北　京

图书在版编目（CIP）数据

明解C语言. 实践篇 / (日) 柴田望洋著；洪育彬译
. -- 北京：人民邮电出版社，2024.1
（图灵程序设计丛书）
ISBN 978-7-115-62497-0

Ⅰ.①明… Ⅱ.①柴… ②洪… Ⅲ.①C语言—程序设
计 Ⅳ.①TP312.8

中国国家版本馆CIP数据核字(2023)第151521号

内 容 提 要

本书围绕C语言编程学习和开发实践中经常遇到的问题和重点，结合大量代码和图表，从容易出现的错误（ERROR）开始讲起，到类型转换、字符串和指针、结构体和共用体、文件处理、在程序运行时动态生成必要大小的对象（变量）的方法，再到线性表的应用、二叉查找树的应用、控制台画面的控制等，详细介绍了C语言中的众多技巧，目标在于提高读者解决实际问题的能力。本书适合有一定C语言基础的读者阅读。

◆ 著　　　　　[日] 柴田望洋
　　译　　　　　洪育彬
　　责任编辑　　魏勇俊
　　责任印制　　胡　南
◆ 人民邮电出版社出版发行　　北京市丰台区成寿寺路11号
　　邮编　100164　　电子邮件　315@ptpress.com.cn
　　网址　https://www.ptpress.com.cn
　　北京联兴盛业印刷股份有限公司印刷
◆ 开本：800×1000　1/16
　　印张：20　　　　　　　　　2024年1月第1版
　　字数：441千字　　　　　　2024年1月北京第1次印刷
　　著作权合同登记号　图字：01-2020-7187号

定价：89.80元
读者服务热线：(010)84084456-6009　印装质量热线：(010)81055316
反盗版热线：(010)81055315
广告经营许可证：京东市监广登字20170147号

版 权 声 明

前　言

大家好！

本书是为具有一定的 C 语言编程基础的读者编写的，目的是让这些读者的编程能力更上　层楼。

本书从一些看不见的错误、难以察觉的错误和容易忽略的错误开始，带领大家学习类型转换、字符串、指针、结构体和共用体、文件处理等众多知识点，这些知识点可以说是学好 C 语言必须掌握的。

另外，本书还将介绍其他同类书中很少涉及的实用程序示例，如由数组实现的线性表、数据查找速度更快的带索引的线性表、二叉查找树的非递归遍历算法等程序示例。

在本书最后一章中，将介绍控制光标位置及字符颜色的库函数，这些库函数可以在包括 Windows 在内的众多环境下运行。

本书运用 204 段代码及 69 幅图表来讲解相关知识，丰富的代码和图表是"明解 C 语言"系列图书的特色。这些代码之于 C 语言学习，就好比例句之于英语学习，十分重要。

本书是"明解 C 语言"系列的第三本书。由于本书介绍的知识点都来自编程学习和编程开发实战中遇到的问题和困惑，所以本书取"实践篇"为副标题。

不仅是编程，任何事情中都"潜伏"着陷阱。让我们通过对本书的学习来避开编程中的陷阱吧！

柴田望洋

2015 年 9 月

导　读

本书由以下 14 章构成。

到目前为止，我接触过很多有志于编程的人，然而在我看来，真正称得上精通编程的人却很少。他们对经常使用的语法和编程技术很熟练，却缺乏一些基础知识，这种"偏科"现象普遍存在。

我们不妨把"精通 C 语言"比作一座大山（以下简称为"C 山"）。

大家刚学习 C 语言时，就像是站在"C 山"脚下仰望整座山。之后，大家需要一步步攀登，可是，该如何攀登呢？如果可以的话，大家可能都想走捷径。不过走捷径常常让大家"不识庐山真面目"，所以大家有必要对自己现在的位置有客观的认识。有可能大家看似在拼命登山，事实上却在走下坡路，甚至前方还有峭壁和陷阱在等着大家。如果大家能够察觉到这个问题，就必须赶快修正路线，而学习正确的知识则可以助大家一臂之力。"书山有路勤为径"这个道理，我想不用多说什么了，大家一定都明白。

本书作为攀登"C 山"的指南针，能够让大家在登山时稍微轻松一点。我很荣幸大家能够使用本书。

以下列出了使用本书时需要事先了解和注意的事项。

▪关于阅读本书所需的预备知识和本书的难易程度

本书是继《入门篇》《中级篇》之后，"明解 C 语言"系列的第三本书。对于一些在《入门篇》《中级篇》中学习过的知识点，在本书中也会再次带领大家学习一遍。

▶　因此，本书的内容与《入门篇》和《中级篇》的内容会有一部分重复。

▪关于标准 C 语言和标准库函数的解说

本书介绍标准 C 语言的众多术语和概念，以及标准 C 语言的库函数的规范。这些内容都是我基于标准 C 语言的 JIS 文件改写而成的，为了传达严格的规范，表述可能会略显生硬。

▶　本书依据的是日本工业标准（Japanese Industrial Standards，JIS）在 1993 年制定的第一版 C 语言标准"JIS X3010-1993：程序设计语言 C"。另外，关于此标准与国际标准化组织（International Organization for Standardization，ISO）在 1999 年制定的第二版 C 语言标准（即 C99）的不同点，本书将会选择性地补充说明。

另外，本书在谈及 C++ 时，基本上是依据 ISO 制定的 C++ 的第一版和第二版标准来论述的。如果提到第三版，一般使用通称"C++11"。

▪ 关于源代码

本书中使用 204 段代码来讲解知识点。但是，由于篇幅有限，那些只需对现有代码清单稍加修改即可得到的代码清单等，没有全部在书中展示出来。本书展示了 178 段代码，另有 26 段代码未展示。

所有的代码都可以从以下链接中获取下载方式。

ituring.cn/book/2885

关于没有在书中展示的代码清单，在正文中是以"chap××/××××.c"的形式表示的，其中斜杠前是文件夹名，斜杠后是文件名。

目　录

第 3 章　关于指针　　53

| 第 4 章 | 字符串和指针 | 89 |

| 第 5 章 | NULL | 119 |

第 11 章	库开发的基础	231

第 12 章	线性表的应用	249

第 1 章

看不见的错误输入

在沙漠里，有一群蚁狮，它们极其危险。然而，这群蚁狮是肉眼不易发现的，你能鼓起勇气穿越这片沙漠吗？

本章将以仅有一行代码的头文件为例，介绍其中类似蚁狮的陷阱，比如一些看不见的错误和难以察觉的错误。

编程陷阱本来就是难以察觉的……

1-1 看不见的错误

在本节中，我们将结合示例来学习程序中看不见的错误和难以察觉的错误等。

看不见的错误

代码清单 1-1 中的头文件 max2X1.h 的作用是定义函数式宏 max2，max2 的功能是求出接收到的参数 a 和 b 中值较大的参数。

代码清单 1-1   chap01/max2X1.h

```
/*
    用于定义函数式宏 max2 的头文件 max2X1.h（其中隐藏有看不见的错误）
*/

#define max2(a, b)  ((a) > (b) ? (a) : (b))
```

代码清单 1-2 是在包含上面的头文件的基础上，使用函数式宏 max2 的一个例子。

代码清单 1-2   chap01/max2X1test.c

```
/*
    使用函数式宏 max2 的例子（其中隐藏有看不见的错误）
*/

#include <stdio.h>
#include "max2X1.h"

int main(void)
{
    int x, y;

    printf("x 的值: ");    scanf("%d", &x);
    printf("y 的值: ");    scanf("%d", &y);

    printf("max2(x, y) = %d\n", max2(x, y));

    return 0;
}
```

运行结果
由于编译错误而无法运行。

在进行编译后，代码清单 1-2 中包含头文件 max2X1.h 的那一行将会报错，如下所示。

错误 意外的 EOF。

显示的错误消息意为"意外的文件结尾"，我们可以推测出代码清单 1-2 可能缺少了某个必要的东西。

▶ 在不同的编译器中，错误消息不尽相同，本书中的错误消息和警告消息仅仅是示例。

由于代码清单 1-2 中隐藏的是看不见的错误，所以光看代码是很难察觉这些错误的。

我们来看一下头文件 max2X1.h 中的代码，如图 1-1 ⓐ 所示。

ⓐ错误的头文件

```
#define max2(a, b)    ((a) > (b) ? (a) : (b)) EOF
```

缺少换行符。

ⓑ正确的头文件

```
#define max2(a, b)    ((a) > (b) ? (a) : (b)) ⏎
EOF
```

注：**EOF** 表示文件的结尾，⏎表示换行符。

图 1-1　头文件的代码

由图 1-1ⓐ可知，用于定义宏的 #define 指令所在行的末尾没有换行符，直接就是文件的结尾。

然而，#define 指令和 #include 指令同为**预处理指令**（preprocessing directive），指令所在行的末尾需要添加换行符，正确的写法如图 1-1ⓑ所示。

> **注意** 预处理指令所在行的末尾一定要添加换行符。

仔细一想，这个"注意"的内容有点奇怪。因为如果预处理指令不在最后一行，那么其所在行的末尾肯定有换行符。而且，所在行的末尾需要添加换行符的并不只有预处理指令。

那我们赶紧换种说法来阐述这个"注意"。

> **注意** 在头文件中，最后一行的末尾一定要添加换行符。

图 1-1ⓐ中的错误在部分编译器中是被允许的，但是图 1-1ⓐ所示的代码并不具有可移植性。

*

有非常多的人没有理解可移植性有多么重要，他们觉得"我反正只用××编译器""反正我只用工作站，这和计算机用的编译器没关系"。至今，我已经收到了很多表达上述想法的来信了。

可是，真的是这样吗？如果有一本护照只能在部分国家使用，而另一本护照可以在全世界范围内通用，但你获得它们所花费的费用和精力相同，你会选择哪本呢？

在进行程序开发时，在不过分花费精力的情况下，请牢记下面的话。

> **注意** 代码要尽可能具有高可移植性。

◼ 难以察觉的错误

在往头文件 max2X1.h 中插入换行符后，再次尝试编译代码清单 1-2 中的代码，然而这次又出现了新的错误，如下所示。

> **错误** 错误的字符 '0x81'。

> **错误** 错误的字符 '0x40'。

▶ 错误消息中的字符编码的值是采用日语编码 Shift_JIS 的编译器所报出的。

我相信一定有很多人遇到过这个错误，即用于声明变量 x、y 的 int 的左边的空白是全角的空格符，如图 1-2 所示。

空白是全角的空格符。

```
□□int x, y;
```

图 1-2　错误的空白

全角的空格符当然是不能在图 1-2 所示位置使用的，应该使用半角的空格符或水平制表符。

注意	代码慎用全角空格符。

▶ 使用将全角空格符显示为"□"或者以光标覆盖整个字符的编辑器，就不容易产生这类错误。

代码中可以作为空白使用的字符有空格符、换行符、水平制表符、垂直制表符、换页符，这类字符统称为**空白字符**（white-space character）。

▶ 不过，当使用预处理指令时，在 # 与换行符之间只可以使用空格符和水平制表符。

用于**缩进**（indentation）的水平制表符的长度会由于环境的改变而不同，所以在有些环境中使用水平制表符，代码可能会错位导致难以阅读。

将水平制表符转换为适当个数的空格符的代码如代码清单 1-3 所示。

▶ 代码中使用的 fopen 函数和 fclose 函数将在本书第 8 章介绍。

*

代码清单 1-3	chap01/detab.c

```c
/*
    detab : 展开水平制表符
*/

#include <stdio.h>
#include <stdlib.h>

/*--- 将从 src 输入的水平制表符展开并向 dst 输出 ---*/
void detab(FILE *src, FILE *dst, int width)
{
    int ch;
    int pos = 1;

    while ((ch = fgetc(src)) != EOF) {
        int num;
        switch (ch) {
         case '\t':
            num = width - (pos - 1) % width;
            for ( ; num > 0; num--) {
                fputc(' ', dst);
                pos++;
            }
            break;
```

```
                case '\n':
                    fputc(ch, dst);   pos=1;
                    break;
                default:
                    fputc(ch, dst);   pos++;
                    break;
            }
        }
}

int main(int argc, char *argv[])
{
    int width = 8;          /* 预设的长度为 8 */
    FILE *tp;

    if (argc < 2)
        detab(stdin, stdout, width);       /* 标准输入 → 标准输出 */
    else {
        while (--argc > 0) {
            if (**(++argv) == '-') {
                if (*++(*argv) == 't')
                    width = atoi(++*argv);
                else {
                    fputs(" 参数错误。\n", stderr);
                    return 1;
                }
            } else if ((fp = fopen(*argv, "r")) == NULL) {
                fprintf(stderr, " 无法打开文件 %s。\n", *argv);
                return 1;
            } else {
                detab(fp, stdout, width);  /* 文件流 fp → 标准输出 */
                fclose(fp);
            }
        }
    }
    return 0;
}
```

> **运行方法**
>
> 本程序 detab 在操作系统的命令行中运行。如果 test.c 文件中的水平制表符长度为 4，那本程序就按照以下方式来运行。
> ```
> > detab -t4 test.c⏎
> ```
> 如果不指定水平制表符的长度，那么默认长度为 8。
>
> ＊
>
> 如果连续输入两个文件，那么这两个文件将会被连续输出。
> ```
> > detab test.c xyz.c⏎
> ```
> 也可以为每个文件都指定水平制表符的长度。
> ```
> > detab -t4 test.c -t8 xyz.c⏎
> ```

　　以上介绍的两个错误，大家光看代码是很难察觉的。能理解编译器输出的错误消息的含义，是大家必须要掌握的能力。

容易忽略的错误

　　代码清单 1-4 同样隐藏着错误，不过这个错误可以通过肉眼观察出来。

代码清单 1-4　　　　　　　　　　　　　　　　　　　　　　　　　　　　　　　　chap01/max2X2.h
```
/*
    用于定义函数式宏 max2 的头文件 max2X2.h（其中隐藏着容易忽略的错误）
*/
#define max2 (a, b)   ((a) > (b) ? (a) : (b))
```

　　在编译包含以上头文件的程序（chap01/max2X2test.c）后，调用宏 max2 的那一行引发了以下错误。

错误　语法错误。

　　想要正确理解显示的错误消息，需要简单复习一下两种类型的宏。

▪ **类对象宏**

以下宏就是类对象宏（object-like macro）。在编译的时候，TRUE 会被替换成 1。

#define TRUE　　1

▶ 不过，字符串字面量或字符常量中的 TRUE 不会被替换。

▪ **函数式宏**

函数式宏（function-like macro）不只是单纯被替换，还会进行包含参数的展开。

▶ 不过，函数式宏也可以不接收参数，即括号里为空。

类对象宏的名称后接空白字符，而函数式宏的名称后接 "("，所以两者很好辨别。
我们仔细看一下代码清单 1-4，"max2" 和其后的 "(" 之间有一段空白。
因此 max2 被认为是类对象宏，"max2" 就被替换成了 "(a,b)((a)>(b)?(a):(b))"，如图 1-3 🅰 所示。
正确的声明及展开结果如图 1-3 🅱 所示。

🅰**错误：max2是类对象宏**

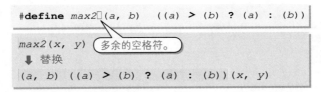

🅱**正确：max2是函数式宏**

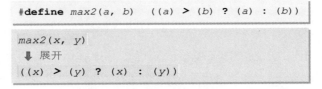

图 1-3　错误的宏和正确的宏

为了提高代码可读性，插入空格符或者制表符是很重要的。可是，在有些地方不能随便插入它们。

注意　当定义函数式宏时，在宏名和 "(" 之间不要插入空白字符。

不过，如下面所示，在调用函数式宏时，可以在名称和 "(" 之间插入空白字符。

z = *max2* (x, y); /* 在调用函数式宏 *max2* 时，可以在 "*max2*" 和 "(" 之间插入空白字符 */

▶ 因为函数式宏和函数一样可以被调用，所以得名函数式宏。

＊

另外，将标识符用括号标识时，函数式宏的展开将会受限。此时，将会调用函数 max2，而不是展开函数式宏 max2。

z = (*max2*)(x, y); /* 会调用函数而非展开函数式宏 */

> **注意** 将标识符用括号标识时，函数式宏的展开将会受限。

让我们来编程验证一下，如代码清单 1-5 所示。

代码清单 1-5　　　　　　　　　　　　　　　　　　　　　　　　　chap01/max2.c

```
/*
    区分同名函数和函数式宏的代码示例
*/

#include <stdio.h>

/*--- 函数式宏 ---*/
#define max2(a, b)    ((a) > (b) ? (a) : (b))

/*--- 函数 ---*/
int (max2)(int a, int b)
{
    puts("完成调用函数 max2。");
    return a > b ? a : b;
}

int main(void)
{
    int x, y;

    printf("x 的值是: ");    scanf("%d", &x);
    printf("y 的值是: ");    scanf("%d", &y);

    printf("max2(x, y) = %d\n\n", max2(x, y));       /* 函数式宏 */

    printf("(max2)(x, y) = %d\n", (max2)(x, y));     /* 函数 */

    return 0;
}
```

```
运行示例
x 的值: 15⏎
y 的值: 7⏎
max2(x, y) = 15

完成调用函数 max2。
(max2)(x, y) = 15
```

标识符有无括号标识可以用来区分同名的函数和函数式宏，请务必牢记。

预处理指令中的空白字符

谈到预处理指令中的空白字符，就让我想起了我第一次编写 C 语言程序的那个时候。以下是我人生中编写的第一行 C 语言代码。

```
 #include <stdio.h>
```

在写下这行代码时，我考虑到 C 语言的格式是很自由的，于是在 # 的左边添加了一个空格符。可是编译代码后，我那时使用的编译器输出了一串让人看不懂的错误消息，我的程序也无法运行。似乎当时有很多编译器都规定，预处理指令的 # 必须位于一行的开头。

当然，在标准 C 语言中则没有这个规定。不只是 # 的左边，# 和 include 之间也可以添加空格符或者水平制表符。

如图 1-4 所示，在使用预处理指令时，应当合理调整缩进以提高代码可读性。

```
#if defined(__DOHC__)
    #include <double.h>
#else
    #include <single.h>
#endif
```

图 1-4　预处理指令的缩进

#if 指令和注释

图 1-4 给大家展示了 #if 指令的一个示例。下面介绍的用法可以说是使用 #if 指令的定式了，

我们来学习一下。图 1-5 所展示的代码 a ＝ x；由于某个原因被注释掉了。

可是，由于注释符号不能嵌套，所以只有蓝色的代码被注释掉了。

虽然也存在允许注释符号嵌套的编译器，但考虑到代码的可移植性，不应该将注释符号嵌套。

而且，注释符号原本就是用于给代码阅读者传达消息的，而不是用于注释代码的。

如图 1-6 所示，使用 #if 指令来注释代码不失为一种好办法。

用作判断条件的值是 0（即假值），所以图 1-6 中阴影部分在编译时将会被跳过。

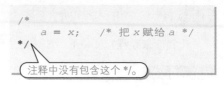

图 1-5　错误的注释

图 1-6　正确的注释

> **注意**　注释符号不是对代码使用的，请使用 #if 指令来注释代码。

接下来谈论另一个话题，某些编译器允许 #if 和 0 之间没有空白字符（#if0），但是 if 和后面的表达式（在前例中是 0）之间是必须要插入空白字符的。

> **注意**　if 和后面的表达式之间必须要插入空白字符。

图 1-7 总结了上述内容。# 的左边或者 # 和 if 之间插入或不插入空白字符都无妨，但 if 和表达式之间必须要插入空白字符。

图 1-7　#if 指令的空白字符

那么，在调试的时候，经常需要将一部分代码频繁注释掉或者取消注释，此时又该怎么办呢？代码清单 1-6 提供了一种方法。

代码清单 1-6　　　　　　　　　　　　　　　　　　　　chap01/debug.c

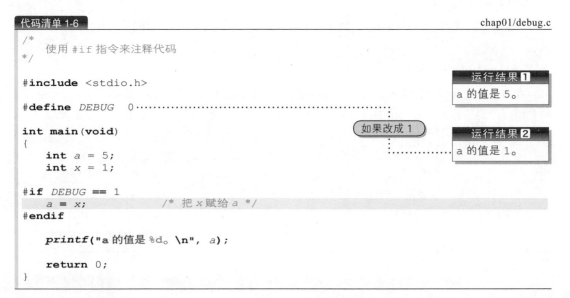

```c
/*
    使用 #if 指令来注释代码
*/

#include <stdio.h>

#define DEBUG    0

int main(void)
{
    int a = 5;
    int x = 1;

#if DEBUG == 1
    a = x;              /* 把 x 赋给 a */
#endif

    printf("a 的值是 %d。\n", a);

    return 0;
}
```

运行结果❶
a 的值是 5。

如果改成 1

运行结果❷
a 的值是 1。

因为在代码的开头 DEBUG 被定义成了 0，编译时代码中阴影部分的那一行被跳过了。

如果不希望这行被跳过，只需要把 DEBUG 定义成 1 就行了（如运行结果②所示）。

> **注意** 在进行代码调试时，应该灵活运用 #if 指令来将代码注释掉或者取消注释。

▶ 在专栏 1-1 里，将学习使用标准库的 NDEBUG 宏来调试程序。

头文件保护符

宏可以重复定义（即使完全相同）。所以，图❶的重复定义是允许的。

```
❶ #define para   10
   #define para   10
```

那么，像图❷那样重复包含同一个头文件又会怎么样呢？

大家可能会想，自己肯定不会做这种事。但是，在不知不觉中这种事很有可能发生。

```
❷ #include "max2.h"
   #include "max2.h"
```

比如，头文件 abcd.h 中包含 max2.h（由于需要使用宏 max2），如下所示。

```
#include "max2.h"   /* 直接包含max2.h */
#include "abcd.h"   /* 通过abcd.h间接包含max2.h */
```

如此一来，max2.h 就被包含两次。

如右图的示例所示，如果将含有变量或函数声明的头文件重复包含，就会发生重复定义从而报错。

```
/* "def.h" */
int a;
```

```
#include "def.h"
#include "def.h"
```

*

如代码清单 1-7 所示，无论 max2.h 头文件被包含几次都不会报错。

代码清单 1-7   chap01/max2.h

```
/*
    使用了头文件保护符的 max2.h
*/

#ifndef __MAX2          ┐ 在第二次及以后被包含时跳过这些内容
#define __MAX2

#define max2(a, b) ((a) > (b) ? (a) : (b))

#endif
```

• 在第一次被包含的时候

由于 __MAX2 未被定义，在阴影部分的代码中，__MAX2 和 max2 被定义。

• 在第二次及以后被包含的时候

由于 __MAX2 已经被定义，#ifndef __MAX2 的判断条件就不成立，于是阴影部分的代码就会被跳过。

> **注意** 请在头文件中使用 include guard 这个头文件保护符，以保证头文件在第二次及以后被包含的时候能够跳过定义等部分代码。

▶ 我们将在第 7 章学习包括结构体的声明在内的更复杂的头文件的使用方法。

函数式宏及其运行效率

我们试着使用函数式宏 max2 来求 a、b、c、d 这 4 个值中的最大值。

```
x = max2(max2(a, b), max2(c, d));
```

将这个宏展开的结果如图 1-8 所示。

这个展开结果对我们来说难以理解，让人弄不明白这是用来干什么的。不仅如此，调用这个宏的运行效率也很低。

```
x = max2(max2(a, b), max2(c, d));              难以理解。
   ⬇ 展开
x = ((((a) > (b) ? (a) : (b))) > (((c) > (d) ? (c) : (d))) ?
     (((a) > (b) ? (a) : (b))) : (((c) > (d) ? (c) : (d))));
```

图 1-8　用于求 4 个值中的最大值的宏 max2 的展开结果（1）

另外，这 4 个值中的最大值，还可以通过以下方法来求。

```
x = max2(max2(max2(a, b), c), d);
```

按照以上方法来求的话，max2 的展开结果如图 1-9 所示。

```
x = max2(max2(max2(a, b), c), d);                            难以理解。
  ⬇ 展开
x = ((((((a) > (b) ? (a) : (b))) > (c) ? (((a) > (b) ? (a) : (b))) : (c))) > (d) ?
     (((((a) > (b) ? (a) : (b))) > (c) ? (((a) > (b) ? (a) : (b))) : (c))) : (d));
```

图 1-9　用于求 4 个值中的最大值的宏 max2 的展开结果（2）

没想到，这样反而变得更加难以理解了。

经过这样一番操作，运算符 > 被多次使用，我们能看出代码运行效率的低下。

代码运行效率低下的问题如果光看代码是很难察觉的。

如右图所示，连续使用多个 if 语句来实现求最大值的功能，就能使代码运行效率提高很多。

```
x = a;
if (b > x) x = b;
if (c > x) x = c;
if (d > x) x = d;
```

虽然代码变得更长了，但其实像这样不绕弯子才更合理。

> **注意**　代码越短并不意味着代码运行效率越高。

函数式宏的副作用

观察以下这个赋值语句。

```
z = max2(x++, y);
```

以上语句看似在把 x 和 y 中较大的值赋给 z 之后让 x 自增，但实际上并非如此。我们试着将这个宏展开，结果如下。

```
z = ((x++) > (y) ? (x++) : y);
```

宏展开之后我们可以看到，x 可能会自增两次（见专栏 2-2）。由于实参被多次求值，导致结果和我们期待的不一样，这种现象我们称为函数式宏的**副作用**（side effect）。

> **注意** 在使用函数式宏时，要提前弄清楚是否会出现副作用。

通过上面的例子，也能够得出以下结论。

> **注意** 原则上不应该定义参数被多次求值的函数式宏。

一般来说，我们应当尽量避免使用函数式宏。并且，在定义函数式宏时，应当采用注释或者文档说明的方法，将宏是否有副作用等消息详细地告知他人。

专栏 1-1 | NDEBUG 宏和 assert 宏

代码清单 1-6 展示了在代码中定义宏以及调试的方法。在 C 语言中，可以结合使用 NDEBUG 宏和 assert 宏来帮助我们进行调试。

在标准库中并没有提供 NDEBUG 宏的定义，在源代码中可以通过以下形式对其进行定义。

```
#define NDEBUG
```

不过，NDEBUG 宏通常在编译时通过命令行选项的方式来定义。

无论哪个编译器都会在其用户手册中提供 NDEBUG 宏的定义方法，请大家参考自己所使用的编译器的用户手册。

例如在 Visual Studio 中，工程处于发布模式时，NDEBUG 宏就不会被定义，如果处于调试模式，NDEBUG 宏就会自动被定义。

大家可以这么理解：NDEBUG 宏在调试的时候被定义，反之则不被定义。

另一个宏 assert 的功能会被 NDEBUG 宏的定义情况影响。

在源文件中包含 assert.h 前，如果 NDEBUG 宏已经被定义，那么 assert 宏的定义就如下所示。

```
#define assert(ignore) ((void)0)
```

也就是说，这时的 assert 宏没有什么功能。

另一方面，如果 NDEBUG 宏还没被定义，那么 assert 宏就会附加断言功能，如下所示。

```
void assert(int expression);
```

只要在 assert 宏里的 expression 值为 0，它就会把错误消息写入标准错误流，然后调用 abort 函数来终止程序。

而且，不同编译器输出的错误消息也不一定相同，但至少会含有以下消息。

- 实参的文本。
- 表示源文件名的宏 __FILE__。
- 表示行号的宏 __LINE__ 的值。

错误消息的一种示例如下所示。

Assertion failed: 实参的文本, file 文件名, line 行号

代码清单 1C-1 是使用 assert 宏的一个示例。

代码清单 1C-1 　　　　　　　　　　　　　　　　　　　　　　　　　　chap01/assert_div.c

```c
/*
    使用 assert 宏的一个示例
*/

#include <stdio.h>
#include <assert.h>

/*--- 显示 a 除以 b 的商以及余数 ---*/
void div(int a, int b)
{
    assert(b != 0);

    printf("%d 除以 %d 的商是 %d, 余数是 %d。\n", a, b, a / b, a % b);
}

int main(void)
{
    int a, b;

    printf("a = ");
    scanf("%d", &a);

    printf("b = ");
    scanf("%d", &b);

    div(a, b);

    return 0;
}
```

```
运行示例1
a = 7⏎
b = 2⏎
7除以2的商是3, 余数是1。
```

```
运行示例2
a = 7⏎
b = 0⏎
Assertion failed: b != 0, file \C\chap01\assert_div.c, line 11
```

　　函数 div 的作用是显示 a 除以 b 的商以及余数。如果 b 为 0 的话,就无法进行除法运算(程序运行时会报错)。在本程序中,在 b != 0 不成立时(即 b 为 0 时),就会报错并终止程序。

　　函数 div 开头的 assert(b != 0) 可以理解为"这个函数期望 b 不为 0,反之就会终止程序"。顺便一提,英语 assert 的含义是"断言""主张"。

■ C++ 中 max2 的实现

　　在 C++ 中,可以用更加巧妙的方法实现 max2 的功能,我们来学习一下。

■ 内联函数

　　如代码清单 1-8 所示,定义前添加 inline 限定符的函数被称为**内联函数**(inline function)。内联函数和函数式宏的使用形式一样,都是展开后替换。由于这种形式不需要调用函数,节省了开销,所以内联函数的运行速度可以和宏媲美。使用 max2_inline.h 头文件的测试代码位于 chap01/max2_inline_test.cpp。

▶ 含有循环语句等复杂语句的大规模函数可能不会作为内联函数展开,在这种情况下编译器会把这种函数当作普通函数来处理。

```
/*
    定义内联函数 max2 的头文件（C++）
*/

//--- 内联函数 ---//
inline int max2(int a, int b)
{
    return a > b ? a : b;
}
```

但内联函数和宏也有不同之处，它不会产生由于实参被多次求值而导致的副作用。

只要是能用运算符 > 比较的数据类型都可以作为函数式宏 max2 的参数，而上面的 max2 则只能处理 int 型的值，这是内联函数的一个缺点。

函数重载

函数重载（function overloading）是指定义同名函数，但是这些函数的参数的数据类型或者个数必须不同。代码清单 1-9 所展示的头文件 max2_overload.h 演示了函数重载。

```
/*
    使用函数重载定义 max2 的头文件（C/C++）
*/

#ifdef __cplusplus                                              /* C++ */
    inline int    max2(int    a, int    b) { return a > b ? a : b; }
    inline long   max2(long   a, long   b) { return a > b ? a : b; }
    inline double max2(double a, double b) { return a > b ? a : b; }
#else                                                           /* C */
    #define max2(a, b)  ((a) > (b) ? (a) : (b))
#endif
```

根据在 C++ 中已经预先定义好的宏名 __cplusplus 来判断是使用 C++ 提供的内联函数还是 C 语言的函数式宏。使用 max2_overload.h 头文件的测试代码位于 chap01/max2_overload_test.cpp。

代码清单 1-9 中内联函数的参数只使用了 int 型、long 型、double 型 3 种类型。

函数模板

使用用于接收参数数据类型的**函数模板**（function template）可以解除数据类型的使用限制。

代码清单 1-10 所展示的头文件 max2_template.h 演示了使用函数模板定义 max2 的方法。

▶ 本头文件为 C++ 提供了函数模板，为 C 语言则提供了函数式宏。

```
/*
    使用函数模板定义 max2 的头文件（C/C++）
*/

#ifdef __cplusplus                                              /* C++ */
    template <typename Type> Type max2(const Type& a, const Type& b)
    {
        return a > b ? a : b;
    }
#else                                                           /* C */
    #define max2(a, b)  ((a) > (b) ? (a) : (b))
#endif
```

使用 max2_template.h 头文件的一个示例如代码清单 1-11 所示。

代码清单 1-11   chap01/max2_template_test.cpp

```cpp
/*
    使用函数模板 max2 的程序（C++）
*/

#include <iostream>

#include "max2_template.h"

using namespace std;

int main(void)
{
    int a, b;
    double x, y;

    cout << "整数 a 的值: ";    cin >> a;
    cout << "整数 b 的值: ";    cin >> b;
    cout << "实数 x 的值: ";    cin >> x;
    cout << "实数 y 的值: ";    cin >> y;

    cout << "max2(a, b) = " << max2(a, b) << '\n';
    cout << "max2(x, y) = " << max2(x, y) << '\n';

    return 0;
}
```

```
运行示例
整数 a 的值: 15 ⏎
整数 b 的值: 7 ⏎
实数 x 的值: 1.25 ⏎
实数 y 的值: 3.14 ⏎
max2(a, b) = 15
max2(x, y) = 3.14
```

在调用函数模板时，编译器会自动生成对应数据类型的函数实体。所以，不管数据类型是 int 还是 double，我们都不用手动创建具体的函数。

1-2　初始化

有些变量需要显式初始化，有些变量则不需要显式初始化，并且会提供一个默认值。我们来详细学习一下。

初始化和赋值

我收到一位匿名读者的来信，他问了我以下问题。

> 我一边参考朋友写的代码一边学习 C 语言。朋友的代码中有些变量没有初始化，但它们的值却是 0，而另一些变量又不是这样的。请老师告诉我其中的区别。

忘记初始化变量是程序员常犯的错误。但是，即使是一个小错误，也可能使程序运行时产生严重的问题。

听到初始化这个概念，大家的脑海里可能会浮现类似以下的声明。

```
int x = 5;
```

在以上声明中，用于指定 x 值的 5，被称为**初始值**（initializer），这里 x 被 5 初始化了。

另外，如代码清单 1-12 所示，也可以通过在初始值两边添加 {} 来初始化单一变量。

代码清单 1-12　　　　　　　　　　　　　　　　　　　　　　　　chap01/init.c

```
/*
    通过在初始值两边添加 {} 来将单一变量初始化
*/

#include <stdio.h>
int main(void)
{
    int n = {5};
    printf("n = %d\n", n);
    return 0;
}
```

运行示例
```
n = 5
```

▶ 如果上述代码无法编译或者运行结果不正确，就表明使用的编译器不是依据标准 C 语言来进行编译的。

接下来，大家考虑以下声明。

```
int y = 97.8;
```

int 型数据中不包括小数部分，所以 y 的初始值不是 97.8 而是 97。因此，我们可以得出以下结论。

注意　变量被初始化后的值不一定和初始值相等。

初始化和赋值看起来很相似，但是它们传递值的时机是不一样的。

初始化是指在变量生成的同时就将值放入变量的过程，而赋值是指在变量生成后将值放入变量的过程。大家有必要对这两者进行区分。

```
int m = 3;      /* 初始化 */
int x;

/* … */

x = 0;          /* 赋值 */
```

> **注意** 初始化是指在变量生成的同时将值放入变量的过程，它与在变量生成后再将值放入变量的过程是不一样的。

对象

我们考虑以下两个声明。

```
const int a;         /* 常变量(？)*/
int       b;         /* 变量 */
```

在使用 const 来声明变量 a 后，a 的值就不可以变更了。**变量**（variable）这个词就是指值是可变的，所以将 a 称为变量就有点不合适了。

但就算如此，也不能把 a 称为常量，因为常量的字面量就是它们的值，例如整型常量 153、浮点型常量 32.5、字符常量 'x' 等。

变量的正式名称是**对象**（object），a 和 b 都是对象。

在标准 C 语言中对象的定义如图 1-10 所示。可以把对象大致理解为"带有值的一定大小的存储空间"。

> 对象是指可以根据内容表示为一定值的运行环境中的一段存储空间。位域之外的对象由一位以上的连续字节组成。其字节的数量和顺序以及编码规则会有明确的规定或由编译器定义。
>
> 在引用对象时，可以把对象当作一种特定的类型。

图 1-10　对象的定义

▶ 变量和对象的关系与名字（name）和标识符（identifier）的关系相似。其中，对象和标识符才是正式名称，不过在不需要严格区分使用的语境下也可以使用变量和名字。比如说，被称为"C 语言圣经"的《C 程序设计语言》（作者是布莱恩·柯尼汉和丹尼斯·里奇）中也在混用变量和对象。

对象的初始化与决定其寿命的存储期有很深的联系。我们顺便来复习一下这方面的知识。

自动存储期

下面来理解一下代码清单 1-13。

代码清单 1-13

```
/*
    具有自动存储期的对象的初始化
*/

#include <math.h>
#include <stdio.h>

void func(int no)
{
    register int i;
    auto int x = 100;

    printf("x = %d\n", x);

    for (i = 0; i < no; i++) {
        double x = sin((double)i / no);
        printf("x = %f\n", x);
    }
    printf("x = %d\n", x);
}

int main(void)
{
    func(10);

    return 0;
}
```

运行结果
x = 100
x = 0.000000
x = 0.099833
x = 0.198669
x = 0.295520
x = 0.389418
x = 0.479426
x = 0.564642
x = 0.644210
x = 0.717356
x = 0.783327
x = 100

函数 func 的形参 no 和函数中定义的变量 i、x 只存在于该函数的运行期间，它们在函数开始运行时被创建，在函数终止后被销毁。

类似 no、i、x 的这种对象只在声明的语句块内存在，它们的寿命也就是生存期，被称为**自动存储期**（automatic storage duration）。

具有自动存储期的对象有以下几种，如图 1-11 所示。

> ■ 函数接收的形参。
>
> ■ 函数中按以下方式定义的对象。
> · 不使用存储类型修饰符定义的对象。
> · 使用存储类型修饰符 auto 定义的对象。
> · 使用存储类型修饰符 register 定义的对象。

图 1-11 具有自动存储期的对象

▶ 存储类型修饰符 auto 可以省略。存储类型修饰符 register 会告诉编译器 "最好把某个对象分配到可以高速访问的寄存器中"。不过，即使是用 register 声明的对象，实际上也可能没有被分配到寄存器中。

在函数 func 中，存在两个 x。在函数开始处被声明的 x 可以存在到函数末尾 }，而 for 语句中被声明的 x 则只能存在到 for 语句末尾 }。

▶ 在同名标识符同时存在多个的情况下，只有在当前语句块中被声明的标识符有效，外部的同名标识符会暂时被忽略。

上述情况和在运行的对象的存储期无关，而与源代码中标识符的有效范围（即作用域）有关。

在 for 语句中声明的 x 的初始值（阴影部分的代码）是一个函数调用表达式。拥有自动存储期的对象的初始值可以不是常量。

for 语句中循环生成的 x 会由 sin((double)i/no) 的返回值来初始化。

对象的生成和初始化的时机，可以按照以下方式理解。

> **注意** 具有自动存储期的对象会在程序运行到声明部分时被生成和初始化。

*

在没有赋初始值时，具有自动存储期的对象的初始值就会变成不确定值。

> **注意** 若具有自动存储期的对象在初始化时未赋初始值，则其初始值就会变成不确定值。

运行代码清单 1-14 中的代码来验证以上结论。

代码清单 1-14　　　　　　　　　　　　　　　　　　　　　chap01/auto2.c

```
/*
    在没有赋初始值时，具有自动存储期的对象的初始值就会变成不确定值
*/
#include <stdio.h>

int main(void)
{
    int x;                      /* 初始值变成不确定值 */
    printf("x = %d\n", x);
    return 0;
}
```

```
运行示例
x = 957
```

上述代码的运行结果就是一个不确定值。变量 x 的初始值可能是 957，也可能是 -38，当然还可能刚好是 0。

另外，有些编译器在检测到对没有初始化的对象进行求值后会终止程序。

静态存储期

与自动存储期相对的是**静态存储期**（static storage duration）。我们将通过代码清单 1-15 来学习两者的区别。

在函数外被定义的 ft 和其他函数的运行无关，从程序运行开始到结束一直存在。ft 的寿命就是静态存储期。

另外，像 st 那样，在函数中使用存储类型修饰符 static 来声明的对象的生存期也是静态存储期。

代码清单 1-15   chap01/storage_duration1.c

```c
/*
   对象的静态 / 自动存储期及其初始化
*/

#include <stdio.h>

int ft = 0;                    /* 静态存储期 */

void func(void)
{
    int        at = 0;    /* 自动存储期 */
    static int st = 0;    /* 静态存储期 */

    ft++;
    at++;
    st++;
    printf("ft = %d  at = %d  st = %d\n", ft, at, st);
}

int main(void)
{
    int i;

    for (i = 0; i < 8; i++)
        func();

    return 0;
}
```

运行结果
ft = 1   at = 1   st = 1
ft = 2   at = 1   st = 2
ft = 3   at = 1   st = 3
ft = 4   at = 1   st = 4
ft = 5   at = 1   st = 5
ft = 6   at = 1   st = 6
ft = 7   at = 1   st = 7
ft = 8   at = 1   st = 8

具有静态存储期的对象有以下几种，如图 1-12 所示。

- 在函数外被定义的对象
- 在函数中使用 static 定义的对象

图 1-12　具有静态存储期的对象

这些对象在程序运行时会一直存在，并且它们只会被初始化一次，之后程序执行到它们的声明语句时会跳过。

> **注意**　具有静态存储期的对象会在程序运行前的准备阶段生成及初始化，并在程序运行阶段一直存在。

▪具有静态存储期的 ft 和 st

变量 ft 和 st 在程序运行时一直存在。它们在程序运行前被初始化为 0，然后每当函数 func 被调用时自增，所以它们的值代表调用函数 func 的次数。

▪具有自动存储期的 at

每当函数 func 被调用，程序执行到 at 的声明语句时，at 都会被生成并被初始化为 0。

在声明具有静态存储期的 ft 和 st 时，若不进行赋初始值的操作会怎么样呢？如右边的代码（chap01/storage_duration2.c）所示。

```c
int ft;

void func(void)
{
    int        at = 0;
    static int st;
    /* … */
}
```

不必担心 ft 和 st 的初始值会变成不确定值，其实右边的代码与代码清单 1-15 的运行结果相同，具体原因如下。

> **注意** 若具有静态存储期的对象在初始化时未赋初始值，其值会被初始化为 0。

另外，具有静态存储期的对象的初始值必须是常量表达式。因此，**2** 处的声明会报错（代码位于 chap01/storage_duration3.c）。

```
void func(void)
{
❶  int        at = sin(0.9);    /* 正常运行 */
❷  static int st = sin(0.9);    /* 报错 */
}
```

*

上述两种存储期的概要总结如表 1-1 所示。

表 1-1　两种存储期的概要总结

类型	自动存储期	静态存储期
对象生成	在程序执行到声明语句时生成	在程序运行前的准备阶段生成
初始化	如不进行显式初始化，初始值就会变成不确定值	如不进行显式初始化，初始值就会变成 0
初始值	可以不是常量表达式	必须是常量表达式
销毁	执行完声明对象的语句块即被销毁	在程序终止时的清理阶段被销毁

我们将在第 3 章学习另一种存储期，即动态存储期。

■ 标识符的有效范围和初始化

在标识符被声明、名字被确定的一瞬间，即被赋初始值之前的时间点，标识符就变得有效了。请大家用代码清单 1-16 中的代码来验证一下。

代码清单 1-16   chap01/self_init.c

```
/*
    用不确定值的变量来初始化变量自身
*/

#include <stdio.h>

int x = 1;

int main(void)
{
    int x = x;                /* 用变量的值来初始化变量自身 */

    printf("x = %d\n", x);

    return 0;
}
```

运行示例
```
x = 957
```

▶ 每次运行后显示的值可能都不相同。而且，一些编译器在检测到使用了未初始化的对象的值后，会终止程序的运行。

用于初始化变量 x 的初始值 x 并不是函数外定义的 x，而是在 main 函数中声明的 x。

　　具有自动存储期的变量 x 的初始值是不确定值，而 x 被这个值初始化了，因此，这样的初始值是多余的，没有任何意义。

　　如代码清单 1-17 所示，其中的变量的初始值都是什么？这个问题就作为作业，请大家仔细思考一下。

代码清单 1-17　　　　　　　　　　　　　　　　　　　　　　　　　　　　　　chap01/initialize_xyz1.c

```c
/*
    变量的有效范围和初始化
*/

#include <stdio.h>

int z = 1;

int main(void)
{
    int x = z;
    int z = 0;
    int y = z;

    return 0;
}
```

▶　大家自行添加输出 x、y、z 这 3 个变量的值的 printf 函数，上述问题的答案位于 chap01/initialize_xyz2.c。

专栏 1-2 ┃ **C++ 的初始化**

　　在 C++ 中，以下两种声明方式等价。

```c
int i = 5;          /* 方式 1：C 语言和 C++ 通用 */
int i(5);           // 方式 2：C++ 特有而 C 语言不支持
```

　　请大家使用代码清单 1C-2 中的代码来演示以上两种声明方式。

代码清单 1C-2　　　　　　　　　　　　　　　　　　　　　　　　　　　　　chap01/initialize.cpp

```cpp
/*
    使用两种方式进行初始化（C++）
*/

#include <iostream>

using namespace std;

int main(void)
{
    int x = 5;              /* 用 5 将 x 初始化 */
    int y(5);               /* 用 5 将 y 初始化 */

    cout << "x = " << x << '\n';
    cout << "y = " << y << '\n';

    return 0;
}
```

```
运行结果
x = 5
y = 5
```

　　为了保证类对象初始化的通用性，C++ 导入了方式 2。作为例子，我们来看一下 Complex 类，如下所示。

```
class Complex {                          // 复数类
  double re, im;
public:
  // 构造函数
  Complex(double r, double i = 0.0) : re(r), im(i)
  {
  }

  // ...
};
```

Complex 类的对象可以以如下方式来声明，相关代码位于 chap01/Complex1.cpp。

```
Complex a(5.2, 7.5);         // 声明 X：使用两个参数
Complex b(5.2);              // 声明 Y：使用一个参数
```

在 () 中用半角逗号分隔的两个参数将传递到构造函数中。另外，如果参数只有一个，可以不用 () 进行声明，如下所示。

```
Complex b = 5.2;             // 声明 Z：使用一个参数
```

那么，声明 Y 使用了方式 2，而声明 Z 使用了方式 1。int 型和 double 型等基本数据类型的对象都可以像类这样进行初始化和声明。

另外，在 C++11 中，还可以用如下形式进行初始化，相关代码位于 chap01/Complex2.cpp。

```
int n{5};
Complex c{5.2, 7.5};
```

也就是说，不仅是类，int 型等基本数据类型的变量都可以用 {} 形式的初始值来进行初始化。

数组的初始化

数组的初始化的经典示例如下所示。

```
int a[3] = {1, 2, 3};
```

阴影部分的 {1, 2, 3} 是用于初始化数组 a 的初始值。{} 中的 1、2、3 是数组中各元素的初始值，数组的元素 a[0]、a[1]、a[2] 将按照顺序分别被 1、2、3 初始化。

当然，初始值的数量不能超过数组的元素数量。例如，将 3 个初始值赋给元素数量为 2 的数组时会报错。

```
int c[2] = {1, 2, 3};        /* 错误 */
```

接下来，我们来编译和运行代码清单 1-18 所示的程序。

代码清单 1-18   chap01/static_ary.c

```
/*
    初始化具有自动存储期的数组
*/

#include <stdio.h>

int vx[3] = {1, 2, 3};        /* 静态存储期 */

int main(void)
{
    int i;
    int           ma[3] = {1, 2, 3};     /* 自动存储期，在旧版本 C 语言中不支持 */
```

运行结果
```
vx[0] = 1    ma[0] = 1    ms[0] = 1
vx[1] = 2    ma[1] = 2    ms[1] = 2
vx[2] = 3    ma[2] = 3    ms[2] = 3
```

```
    static int ms[3] = {1, 2, 3};        /* 静态存储期，在旧版本 C 语言中支持        */

    for (i = 0; i < 3; i++)
        printf("vx[%d] = %d  ma[%d] = %d  ms[%d] = %d\n",
                               i, vx[i], i, ma[i], i, ms[i]);
    return 0;
}
```

使用标准 C 语言之前的 C 语言不能给具有自动存储期的数组赋初值，如果函数内的数组没有使用 static 来声明就不能进行初始化（也就是说，ms 可以通过编译而 ma 不能通过编译）。当然，在标准 C 语言中，已经没有这样的限制了。如果对于数组 ma 的声明仍然出现以下错误消息，就表明使用的编译器不是依据标准 C 语言进行编译的。

错误 无法对具有自动存储期的数组进行初始化。

*

让我们看一下代码清单 1-19 的代码。其中对于元素数量为 3 的数组 b，只赋了一个初始值。以下规则适用于这种情况。

注意 在初始值的数量少于数组的元素数量时，没有分配到初始值的元素将被初始化为 0。

代码清单 1-19   chap01/ary_init.c

```
/*
    验证未分配到初始值的元素将被初始化为 0
*/

#include <stdio.h>

int main(void)
{
    int i;
    int b[3] = {1};        /* 3 个元素分别被初始化为 1、0、0 */

    if (b[1] != 0 || b[2] != 0)
        puts(" 未被正确初始化。");
    else
        for (i = 0; i < 3; i++)
            printf("b[%d] = %d\n", i, b[i]);

    return 0;
}
```

运行结果
```
b[0] = 1
b[1] = 0
b[2] = 0
```

也就是说，b 的声明可按照图 1-13 那样解释。而且，若想将数组全部元素初始化为 0，那么声明将极其简洁，如图 1-14 所示。

如果没有赋初值的 b[1] 和 b[2] 或者 x[1]～x[999] 没有初始化成 0，就表明使用的编译器不是依据标准 C 语言进行编译的。

*

如下所示，要是不赋初值的话会怎么样呢？

```
    int d[3];
```

如果数组在函数外定义，又或者在函数内使用 static 定

```
int b[3] = {1};
```
⬇ 像这样解释
```
int b[3] = {1, 0, 0};
```

图 1-13 被省略的初始值

```
int x[1000] = {0};
```

要将全部元素初始化为 0，只需写一个 0 就够了。

图 1-14 将全部元素初始化为 0

义，这些情况下数组的寿命是静态存储期，因此数组的全部元素都会被初始化为 0。

在函数内的情况下，如果数组未使用 static 定义，其寿命是自动存储期，因此数组的全部元素都会被初始化为不确定值，这与定义单个对象的情况相同。

*

至今为止，以下的问题，我已经被问到过多次。

如右边代码所示，将值用 { } 标识一并赋给数组的各元素时为什么会报错呢？

```
int x[3];
/* ... */
x = {0, 1, 2}; /* 错误 */
```

{ } 是专门用于赋初始值的语法，其他情况不能使用。在 C 语言中，不能将值用 { } 标识一并赋给数组各元素。

■ 多维数组的初始化

关于多维数组的初始化，一维数组的初始化规则可以递归适用。我们来看代码清单 1-20 的示例。

代码清单 1-20   chap01/ary_2d1.c

```
/*
     二维数组的初始化
*/

#include <stdio.h>

int main(void)
{
    int i, j;
    int x[3][2] = {{1, 2},
                   {3, 4},
                   {5, 6},
                  };
    for (i = 0; i < 3; i++)
        for (j = 0; j < 2; j++)
            printf("x[%d][%d] = %d\n", i, j, x[i][j]);

    return 0;
}
```

运行结果
x[0][0] = 1
x[0][1] = 2
x[1][0] = 3
x[1][1] = 4
x[2][0] = 5
x[2][1] = 6

数组 x 中的元素如图 1-15 所示，以 x[0][0]、x[0][1]、x[1][0]、x[1][1]、x[2][0]、x[2][1] 的顺序排列在存储空间里。

所有的元素都有对应的初始值，按照上述顺序被初始化。

```
int x[3][2] = {{1, 2},
               {3, 4},
               {5, 6},
              };
```

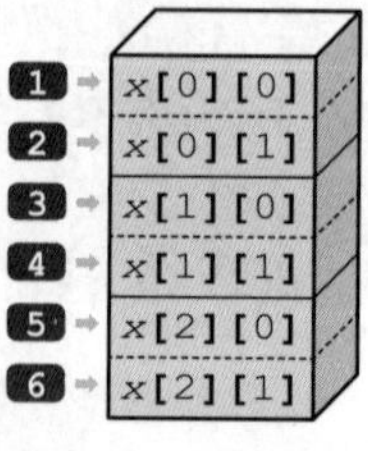

图 1-15　二维数组的初始化（其一）

试着将声明的初始值横向排列。

```
int x[3][2] = { {1, 2}, {3, 4}, {5, 6}, };
```

最后的逗号有点多余，其实把这个逗号去掉，初始化的情况也完全一样。

```
int x[3][2] = { {1, 2}, {3, 4}, {5, 6} };
```

最后的逗号是为了让初始值的排列看起来更加协调，添加或不添加都不会影响初始化的结果。

初始化的语法很复杂，如图 1-16 所示。

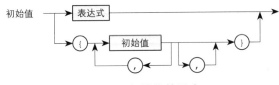

图 1-16　初始化的语法

如图 1-16 所示，一维数组的初始化也可以按照如下方式来声明。

```
int d[3] = {1, 2, 3,};        /* 最后一个初始值后的逗号可有可无 */
```

*

"如果初始值的数量少于数组的元素数量，没有分配到初始值的元素将被初始化为 0"这个规则同样适用于多维数组，如图 1-17 所示。

图 1-17 中的代码位于 chap01/ary_2d2.c。

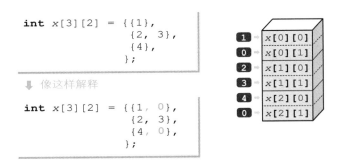

图 1-17　二维数组的初始化（其二）

多维数组的初始值并不一定需要使用嵌套 {}，如图 1-18 所示，也可以按照顺序直接进行设置。

图 1-18 中的代码位于 chap01/ary_2d3.c。

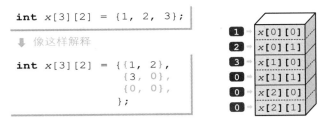

图 1-18　二维数组的初始化（其三）

另外，我们会在第 4 章学习字符串的初始化，在第 7 章学习结构体和共用体的初始化。

■ 使用 typedef 名的数组的初始化

接下来讲使用 typedef 名的数组的初始化。我们来回想一下 typedef 声明到底是什么。例如，以下这个声明。

```
typedef int INTEGER;      /* 表示 INTEGER 是 int 的同义词 */
```

经过以上声明，INTEGER 和 int 表示同样的含义。

```
INTEGER a;                /* a 本质上是 int 型 */
```

也就是说，上面的声明和下面的声明其实是等价的。

```
int a;                    /* a 是 int 型 */
```

顺便一提，很多人误以为 typedef 声明会创造新的数据类型，但其实只是声明别名，并不是新的数据类型。

> **注意** typedef 声明只是给予现有数据类型一个新的名字（同义词），并没有创造一个新的数据类型。

另外，新取的名字（上例中为 INTEGER）称为 typedef 名。

*

接下来，我们思考代码清单 1-21 所示的代码。其中元素类型为 int、元素数量为 5 的一个数组类型（本质上是 int[5] 型）被赋予了一个 typedef 名，即 Int5ary[5]。

代码清单 1-21   chap01/typdef_ary1.c

```
/*
    验证使用 typedef 名的数组的初始化
*/

#include <stdio.h>

int main(void)
{
    int i;
    typedef int Int5ary[5];        /* 元素类型为 int、元素数量为 5 的一个数组类型）*/
    Int5ary x = {1, 2, 3};

    for (i = 0; i < 5; i++)
        printf("x[%d] = %d\n", i, x[i]);

    return 0;
}
```

```
运行结果
x[0] = 1
x[1] = 2
x[2] = 3
x[3] = 0
x[4] = 0
```

使用 typedef 名的数组的初始化和普通数组的初始化基本相同。

对于元素数量为 5 的数组 x，初始值只有 3 个，所以没有分配到初始值的元素将被初始化为 0。

也就是说，代码中阴影部分的声明实际上和如下所示的声明相同（通过运行结果能验证这个结论）。

```
int x[5] = {1, 2, 3, 0, 0};
```

接下来，我们来看代码清单 1-22 所示的程序。

代码清单 1-22   chap01/typdef_ary2.c

```c
/*
    使用 typedef 名的不完全类型的数组的初始化
*/

#include <stdio.h>

int main(void)
{
    int i;
    typedef int IntAry[];          /* 元素类型为 int 的数组类型 */
    IntAry a = {1, 2, 3};              /* 元素数量为 3 */
    IntAry b = {1, 2, 3, 4, 5};        /* 元素数量为 5 */

    for (i - 0; i < 3; i++)
        printf("a[%d] = %d\n", i, a[i]);

    for (i = 0; i < 5; i++)
        printf("b[%d] = %d\n", i, b[i]);

    return 0;
}
```

运行结果
```
a[0] = 1
a[1] = 2
a[2] = 3
b[0] = 1
b[1] = 2
b[2] = 3
b[3] = 4
b[4] = 5
```

在上述代码中，IntAry 作为元素类型为 int 的数组类型的 typedef 名，没有指定元素数量。

数组 a 和 b 都是使用 IntAry 型声明的。这种情况下，声明时的初始值的数量决定了数组的元素数量。因此，数组 a 的元素数量为 3，数组 b 的元素数量为 5。

也就是说，a 和 b 的声明本质上和如下所示的声明相同。

```c
int a[3] = {1, 2, 3};            /* a是int[3]型 */
int b[5] = {1, 2, 3, 4, 5};      /* b是int[5]型 */
```

▶ IntAry 是元素数量不确定的不完全类型（incomplete type）。不完全类型的对象无法被创建，在根据初始值个数确定元素数量后，它们才会变成完全类型的。

因此，若使用以下声明将会报错。

    IntAry c;

使用以上声明的代码位于 chap01/typedef_ary3.c，请实际尝试编译来验证这个错误消息。

第 2 章

类型转换

用于比较有符号的负整数 −1 和无符号正整数 1U 大小的表达式 −1<1U 的结果为假。没想到，编译器竟然认为负值 −1 大于正值 1U。

当不同类型的操作数混在一起进行运算时，将自动进行隐式类型转换。不过，这种类型转换在何时进行？又是怎样进行的呢？

本章我们将学习有关类型转换的知识。

2-1 类型转换

本节学习关系式、if 语句、类型转换等知识。

■ -1 和 1 哪个大?

A 同学问了我以下问题。

> 我发现了一个现象,可能会造成严重的错误。
>
> if(-1 < 1U) 的结果为假。也就是说,if(int 型的负值 < unsigned int 型的正值) 的结果为假。
>
> 我觉得 if 语句的条件判断机制应该是:右边的值在被转换为 int 型后,只要不超过 int 型可表示的最大值,结果就应该为真。
>
> 这个问题是我弄错了吗?还是说,我用的编译器出了问题?

据说,if 语句产生的"意外"让 A 同学大吃一惊,于是他写了个程序来研究这个问题,如代码清单 2-1 所示。

代码清单 2-1   chap02/compare1.c

```
/*
    有符号整数和无符号整数的比较
*/

#include <stdio.h>

int main(void)
{
    int      sdata = -1;          /* 有符号整数 */
    unsigned udata =  1;          /* 无符号整数 */

    printf("sdata < udata 即 -1 < 1U 的结果为 ");
    if (sdata < udata)
        puts("真。");
    else
        puts("假。");

    printf("sdata < (int)udata 即 -1 < (int)1U 的结果为 ");
    if (sdata < (int)udata)
        puts("真。");
    else
        puts("假。");

    return 0;
}
```

```
                        运行结果
 sdata < udata 即 -1 < 1U 的结果为假。
 sdata < (int)udata 即 -1 < (int)1U 的结果为真。
```

▶ 如果 short 型、int 型、long 型前不添加类型修饰符 signed 或 unsigned,就默认为有符号类型,也就是说 int 型和 signed int 型等价。

int 型的变量 sdata 的值为 -1,而 unsigned int 型的变量 udata 的值为 1。

代码清单 2-1 中第一个 if 语句的目的是验证出现问题的条件判断机制。运行结果表明,以下表达式被判定为假。

```
sdata < udata                    /* -1 < 1U 的结果为假 */
```

在第二个 if 语句中,使用类型转换运算符将 unsigned int 型的变量 udata 的值暂时转换为 int 型来进行比较。

```
sdata < (int)udata               /* -1 < (int)1U 的结果为真 */
```

以上结论可以通过运行结果来验证。除了 -1 和 1 的比较, -5 和 100 等的比较都可以验证类似结论。

由此看来图 2-1 所示的结论是成立的。

```
int 型的负值 < unsigned int 型的正值 ➡假

int 型的负值 < int 型的正值           ➡真
```

图 2-1　有符号整数和无符号整数的比较结果

if 语句的求值

根据代码清单 2-1 中的第二个 if 语句和 A 同学认为的 if 语句的条件判断机制"右边的值在被转换为 int 型后……"这两个线索,我想 A 同学的想法应该是"在比较运算符两边的表达式都转换为 int 型之后,再进行 if 语句条件表达式的求值"。

▶ 我们将在专栏 2-2 中详细学习表达式的求值。

然而,这个想法是错误的。请大家思考如下两个浮点数的比较结果。

```
if (3.14 < 3.21)
```

如果将小于号两边的数转换为 int 型后再进行条件表达式求值的话,即

```
if ((int)3.14 < (int)3.21)
```

它与下式等价。

```
if (3 < 3)
```

如果是这样,那么求值结果将会为假。这样的结果就和 A 同学的想法不一致了。

*

为了解决这个问题,我们来学习一些关键知识,即关系式、if 语句、类型转换的相关知识。

关系运算符和关系式

用于判断大小关系的**关系运算符**(relational operator)包括 <、>、<=、>= 这 4 种。它们都是双目运算符(见专栏 2-1),需要两个操作数。含有关系运算符的表达式称为**关系式**(relational expression),如下所示。

$$\alpha < \beta$$

这个关系式的值是什么呢？下面来看一个例子。如右图所示，声明两个 double 型的变量 x、y，然后我们来思考以下两个关系式的值。

```
double x = 15.7;
double y = 32.8;
```

```
x < y        /* 真：成立 */
x > y        /* 假：不成立 */
```

在 C 语言中，真和假这两个概念是用数值来处理的，如下所示。

> **注意** 在 C 语言中，0 被看作假，除 0 以外的值被看作真。

也就是说，不管是 5 还是 -32，只要不是 0 的值都被看作真。

不过，要是关系式的求值结果都是 5 或 -32 这样分散的值就麻烦了。于是，就有了以下的规则。

· 若大小关系的判断结果为真，关系式的值就是 int 型的 1。
· 若大小关系的判断结果为假，关系式的值就是 int 型的 0。

具体示例如图 2-2 所示。对表达式 x、y 分别求值，结果分别为 double 型的 15.7 和 32.8。因此，关系式 x < y 的求值结果是 int 型的 1。

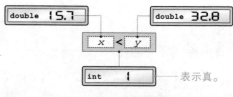

图 2-2　关系式的求值结果

以下是关于关系运算符的一个问题，经常有人问我这个问题。

> 在判断 b 是否大于 a 且小于 c 时，为什么不能使用 a < b < c 这种形式？

由于关系运算符是具有左结合性的双目运算符，所以表达式 a < b < c 和 (a < b) < c 是等价的。因此，这个表达式的求值结果如下所示。

- 当 a 小于 b 时，原式就可以看成 1 < c，也就是说要是 c 大于 1 的话结果就是 1，反之就是 0。
- 当 a 大于 b 时，原式就可以看成 0 < c，也就是说要是 c 大于 0 的话结果就是 1，反之就是 0。

对于上面的问题，正确的写法是 a < b && b < c。

▶ 专栏 2-4 列出了全部的运算符。

相等运算符和等式

相等运算符（equality operator）的作用是判断两个操作数是否相等。使用运算符 ==、!= 的**等式**（equality expression）在成立时的求值结果是 int 型的 1，反之则是 int 型的 0。

让我们用程序来验证使用关系运算符和相等运算符的表达式的值（即关系式和等式的求值结果）。请大家尝试运行代码清单 2-2 的代码。

代码清单 2-2 chap02/evaluation.c

```c
/*
    显示关系式和等式的求值结果
*/

#include <stdio.h>

int main(void)
{
    int nx, ny;

    printf("nx 的值: ");    scanf("%d", &nx);
    printf("ny 的值: ");    scanf("%d", &ny);

    printf("nx <  ny : %d\n", nx <  ny);
    printf("nx <= ny : %d\n", nx <= ny);
    printf("nx >  ny : %d\n", nx >  ny);
    printf("nx >= ny : %d\n", nx >= ny);
    printf("nx == ny : %d\n", nx == ny);
    printf("nx != ny : %d\n", nx != ny);

    return 0;
}
```

```
运行示例
nx 的值: 12 ↵
ny 的值: 7 ↵
nx <  ny : 0
nx <= ny : 0
nx >  ny : 1
nx >= ny : 1
nx == ny : 0
nx != ny : 1
```

运行以上程序，我们可以得出：不管输入什么值，关系式和等式的求值结果都只能是 1 或者 0。

注意 在对关系式和等式进行求值（无关操作数的类型）时，若表达式成立，结果将为 int 型的 1，反之则为 int 型的 0。

专栏 2-1 | **运算符和操作数**

在编程语言的世界里，我们把 + 或 - 等用于进行运算的符号称为**运算符**（operator），把运算符作用的对象称为**操作数**（operand）。

以下面这个进行加法运算的表达式为例，其中运算符是 +，操作数是 a 和 b。

$a + b$

像这样，需要两个操作数的运算符被称为**双目运算符**（binary operator）。在 C 语言的运算符中，除双目运算符以外，还有**单目运算符**（unary operator）和**三目运算符**（ternary operator）。

专栏 2-2 | **表达式和求值**

▪ **表达式是什么**

表达式（expression）这个术语经常出现在编程的世界里，表达式是以下 3 项的总称（并不是准确的定义）。

- 变量。
- 常量。
- 使用运算符将变量或常量组合而成的式子。

我们来看下面这个式子。

`n + 52`

变量 n、整型常量 52，以及使用运算符 + 将其组合而成的 n + 52 都是表达式。

再看下面这个式子。

`x = n + 52`

在上述表达式中，x、n、52、n + 52、x = n + 52 都是表达式。

一般来说，我们将使用某运算符将操作数组合而成的表达式称为 ×× 表达式。例如，使用赋值运算符将 x 和 n + 52 组合，可以得到表达式 x = n + 52，这个表达式称为**赋值表达式**（assignment expression）。

▪ 表达式的求值

从原则上说，所有的表达式都有对应的值（特殊的数据类型 void 例外，它没有值），而这个值可以在程序运行时显示出来。

我们把得出表达式的值的这一过程称为**求值**（evaluation），程序的运行过程正是对各个表达式逐一求值的过程。

求值过程的具体示例如图 2C-1 所示（在此图中，将 int 型变量 n 的值设为 135）。

由于变量 n 的值是 135，所以表达式 n、52、n+52 的求值结果分别是 135、52、187。当然，这 3 个值的类型都是 int 型。

在本书中，求值过程都将采用图 2C-1 所示的电子温度计形式的展示方法。左边的小字表示类型，右边的大字表示值。

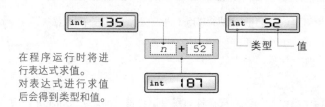

图 2C-1　表达式的求值（int 型 + int 型）

图 2C-2 展示了关系表达式的求值过程，在 no > ans 关系表达式中，使用了关系运算符 > 比较两个 int 型变量的大小。关系运算符用于判断两个操作数的值（求值结果）的大小关系。按照图 2C-2 中的情况，由于判断条件不成立，所以表达式 no > ans 的求值结果是表示假的"int 型的 0"。

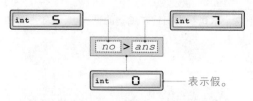

图 2C-2　表达式的求值（int 型 > int 型）

另外，如果 no 的值大于 7，表达式 no > ans 的求值结果将变为表示真的"int 型的 1"。在图 2C-2 中，作为运算对象的左右两边的操作数是 int 型，求值结果也是 int 型。

图 2C-3 展示的是使用**条件运算符**（conditional operator）的表达式的求值示例，条件运算符属于三目运算符。如果第一操作数的求值结果非零，那么条件表达式的求值结果就是第二操作数的求值结果，反之则是第三操作数的求值结果。如图 2C-3 所示，由于第一操作数 7.5 < 8.4 的求值结果是 1，所以条件表达式的结果就是第二操作数的求值结果"int 型的 12"。

另外，如果第一操作数为 7.5 > 8.4，条件表达式的结果则是第三操作数的求值结果"int 型的 64"。

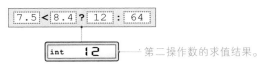

图 2C-3 表达式的求值（条件表达式）

如果条件表达式中的第一操作数的求值结果为 0，那么第二操作数的求值将不会进行；如果非零，那么第三操作数的求值将不会进行。例如，在表达式 x++ > y ? x++ : y 中，如果 x 大于 y，那么 x 将会自增两次，反之则只会自增一次。

作为运算的对象，操作数的类型不一定都是相同的。图 2C-4 展示了 int 型的 15 和 double 型的 15.0 分别除以 int 型的 2 和 double 型的 2.0 的运算示例。根据普通算术类型转换的规则，只要表达式中一个操作数为 double 型，那么运算结果也为 double 型。

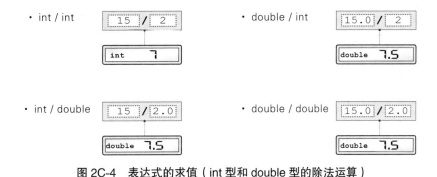

图 2C-4 表达式的求值（int 型和 double 型的除法运算）

if 语句的控制表达式

我们已经学习了关系式的有关内容，接下来讲解 if 语句。

请思考代码清单 2-3 中的代码。它的作用是将整数读入变量 nx 中，判断读入值是否为 0，并显示结果。

代码清单 2-3

chap02/if1.c

```
/*
    具有基本控制表达式的 if 语句的使用示例
*/

#include <stdio.h>

int main(void)
{
    int nx;

    printf("请输入 nx 的值: ");
    scanf("%d", &nx);

    if (nx)
        puts("结果不为 0。");
    else
        puts("结果为 0。");

    return 0;
}
```

运行示例 1
请输入 nx 的值: 12 ⏎
结果不为 0。

运行示例 2
请输入 nx 的值: 0 ⏎
结果为 0。

在 if 语句中，用于判断的括号中的表达式称为控制表达式。并且，如代码清单 2-3 所示，控制表达式可以是单独的表达式，也就是说控制表达式可以不是关系式或者等式。

不管是何种表达式，求值结果非零就会被看作真，反之则被看作假。

使用相等运算符 == 和 != 来改写代码清单 2-3 中的 if 语句，结果如图 2-3 所示。

▶ 这两段代码分别位于 chap02/if1a.c 和 chap02/if1b.c 中。

```
if (nx != 0)
    puts("结果不为 0。");
else
    puts("结果为 0。");
```

```
if (nx == 0)
    puts("结果为 0。");
else
    puts("结果不为 0。");
```

*

经常有人问我以下问题。

图 2-3　使用相等运算符改写 if 语句

我曾把用于判断 a 和 b 是否等价的语句 if(a == b) 误写成 if(a = b)，像这样在 if 语句的条件判断中进行赋值的操作，为什么在程序编译的时候不会报错呢？

表达式 a = b 是赋值表达式而非比较值的大小的等式。赋值表达式的求值结果是赋值后的左操作数的类型和值。

在以上 if 语句中，先把 b 赋给 a，再判断赋值后的 a 的值是否为 0，运行过程如下所示。

代码清单 2-4

chap02/if_assign.c

```
/*
    当控制表达式为赋值表达式时 if 语句的使用示例
*/

#include <stdio.h>

int main(void)
{
    int a, b;

    printf("a 的值是: ");    scanf("%d", &a);
    printf("b 的值是: ");    scanf("%d", &b);
```

运行示例 1
a 的值是: 7 ⏎
b 的值是: 5 ⏎
■ a = 5
■ b = 5

```
    if (a = b)
        printf("■ a = %d\n■ b = %d\n", a, b);
    else
        printf("□ a = %d\n□ b = %d\n", a, b);

    return 0;
}
```

▪ **当变量 b 的值非零时（运行示例 1）**

把非零值赋给变量 a 后，赋值表达式 a = b 的求值结果变为非零值。调用第一个 printf 函数，显示■字符。

▪ **当变量 b 的值为 0 时（运行示例 2）**

把 0 赋给变量 a 后，赋值表达式 a = b 的求值结果变为 0。调用第二个 printf 函数，显示□字符。在理解上述过程时大家可以参考图 2-4，编译器没有报错就意味着代码的语法是正确的。

▶ 不过，一些友好的编译器会给出警告消息，提示代码可能存在拼写错误。

图 2-4 当控制表达式为赋值表达式时的 if 语句

在编写"判断 a 和 b 是否都为 0"的代码时，我常常发现初学者会犯右图所示的错误。

```
if (a = b = 0)
   语句
```

由于基本赋值运算符 = 具有右结合性，所以控制表达式会被看作 a = (b = 0)。

由于赋值运算符 = 会先把 0 赋给 b，所以赋值表达式 b = 0 的求值结果将为 0。这个 0 又会赋给 a，赋值表达式 a = 0 的求值结果也将为 0。因此，if 下方的语句将不会被执行。这个 if 语句就和 a = b = 0; 等价，仅执行赋值语句。

以上控制表达式正确的写法应该是 a ==0 && b == 0。

隐式类型转换

让我们来回想一下 A 同学编写的 if 语句。

```
if (-1 < 1U)
```

我们知道，这个判断条件之所以不成立，是因为关系式 -1 < 1U 的求值结果为 0。

在比较某些类型的表达式时，似乎有着特殊的规则。

*

下面我们来思考一下不同类型的操作数之间的加法运算。

```
5 + 31.6                    /* int 型 + double 型 */
```

如图 2-5 所示，在进行加法运算前，左边的 int 型的操作数会提升为 double 型，这就是**隐式类型转换**（implicit type conversion）。

也就是说，上述表达式和以下的表达式等价。

```
(double)5 + 31.6    /* double型 + double型 */
```

这是 double 型的操作数之间的加法运算，其结果也是 double 型的。也就是说，5.0 + 31.6 的运算结果是 double 型的 36.6。

当然，不只是加法运算，减法和乘法运算也采用同样的机制。

在运算的时候，由于程序内部会进行隐式类型转换，所以大家必须要谨慎对待。

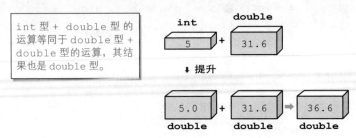

> int 型 + double 型的运算等同于 double 型 + double 型的运算，其结果也是 double 型。

图 2-5　加法运算中的隐式类型转换

▶ 与隐式类型转换相对，通过添加类型转换运算符 ( ) 进行的类型转换，被称为显式类型转换（explicit type conversion）。

普通算术类型转换

不管是加法运算 a + b 还是比较运算 a < b，在进行这些运算时，为了确保公平性，必须要让两个操作数处于相同地位。

将两个操作数变为同一类型的操作数被称为**普通算术类型转换**（usual arithmetic conversion），所遵循的规则如图 2-6 所示。

---

a 若有一个操作数为 long double 型，则将另一个操作数转换为 long double 型。

b 若有一个操作数为 double 型，则将另一个操作数转换为 double 型。

c 若有一个操作数为 float 型，则将另一个操作数转换为 float 型。

d 若操作数均不符合以上情况，则根据以下规则对两个操作数进行整型提升。

   1 若有一个操作数为 unsigned long 型，则将另一个操作数转换为 unsigned long 型。

   2 在一个操作数为 long 型、另一个操作数为 unsigned 型的情况下，若 long 型能表示 unsigned 型的所有值，则将 unsigned 型的操作数转换为 long 型。反之，将两个操作数都转换为 unsigned long 型。

   3 若有一个操作数为 long 型，则将另一个操作数转换为 long 型。

   4 若有一个操作数为 unsigned 型，则将另一个操作数转换为 unsigned 型。

   5 否则将两个操作数都转换为 int 型。

   浮点型操作数的值以及浮点型表达式的结果可以超出数据类型所要求的精度和范围进行显示，但是结果的数据类型不会发生变化。

图 2-6　普通算术类型转换规则

前面举例的 int 型和 double 型的加法运算 5 + 31.6 适用于 b 规则。

*

A 同学遇到的问题与 d 规则的**整型提升**（integral promotion）有关。

在 2-2 节中，我们将以有符号整数和无符号整数为基础，进一步学习整数之间的类型转换。

2-2 有符号整数和无符号整数

不管是有符号整数还是无符号整数，在计算机内存中，都使用固定基数记数法来表示。计算机使用的固定基数记数法的基数为 2，也就是二进制记数法。

无符号整数在内存中的表示

在内存中，无符号整数的二进制值直接和位相对应。

例如，十进制的 25 表示成二进制值就是 11001，在内存中，这个值的高位会被 0 填充，变成 0000000000011001，如图 2-7 所示。

▶ 在图 2-7 中，$\mathtt{int}$ 型的位数为 16。

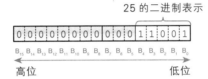

图 2-7 16 位无符号整数 25 的二进制表示

n 位无符号整数的每个位从低位开始分别表示为 B_0、B_1、B_2、……、B_{n-1}，根据这些位可以按照以下表达式来求出整数的值。

$$B_{n-1} \times 2^{n-1} + B_{n-2} \times 2^{n-2} + \cdots + B_1 \times 2^1 + B_0 \times 2^0$$

例如，位串为 0000000010101011 的整数就可以写成如下形式。

$$0 \times 2^{15} + 0 \times 2^{14} + \cdots + 0 \times 2^8$$
$$+ 1 \times 2^7 + 0 \times 2^6 + 1 \times 2^5 + 0 \times 2^4 + 1 \times 2^3 + 0 \times 2^2 + 1 \times 2^1 + 1 \times 2^0$$

上式的值为十进制的 171。

另外，无符号整数的位数由编译器决定，通常是 8、16、32、64 中的一种。表 2-1 列出了这些位数相应的无符号整数可以表示的最小值和最大值。

例如，位数为 16 的无符号整数可以表示 0～65535，它们的位串如图 2-8 所示。

表 2-1 无符号整数的表示范围

位数	最小值	最大值
8	0	255
16	0	65535
32	0	4294967295
64	0	18446744073709551615

	十进制数		十六进制数

在全部的位为 0 时表示最小值。——• 0 `0 0 0 0 0 0 0 0 0 0 0 0 0 0 0 0` 0000

1 `0 0 0 0 0 0 0 0 0 0 0 0 0 0 0 1` 0001

2 `0 0 0 0 0 0 0 0 0 0 0 0 0 0 1 0` 0002

3 `0 0 0 0 0 0 0 0 0 0 0 0 0 0 1 1` 0003

⋮ ⋮

32766 `0 1 1 1 1 1 1 1 1 1 1 1 1 1 1 0` 7FFE

32767 `0 1 1 1 1 1 1 1 1 1 1 1 1 1 1 1` 7FFF

32768 `1 0 0 0 0 0 0 0 0 0 0 0 0 0 0 0` 8000

32769 `1 0 0 0 0 0 0 0 0 0 0 0 0 0 0 1` 8001

⋮ ⋮

65532 `1 1 1 1 1 1 1 1 1 1 1 1 1 1 0 0` FFFC

65533 `1 1 1 1 1 1 1 1 1 1 1 1 1 1 0 1` FFFD

65534 `1 1 1 1 1 1 1 1 1 1 1 1 1 1 1 0` FFFE

在全部的位为 1 时表示最大值。——•65535 `1 1 1 1 1 1 1 1 1 1 1 1 1 1 1 1` FFFF

图 2-8　16 位无符号整数的值和在内存中的表示

如上图所示，16 位无符号整数在全部的位为 0 时表示最小值 0，在全部的位为 1 时表示最大值 65535。

一般来说，n 位的二进制数可以表示的无符号整数的值的范围为 $0 \sim 2^n-1$，总共有 2^n 个数。

▶ 类似地，n 位的十进制数可以表示的值的范围为 $0 \sim 10^n-1$，总共有 10^n 个数。例如，4 位的十进制数可以表示的值的范围为 $0 \sim 9999$，总共有 10000 个数。

专栏 2-3　整数类型可以表示的最小值和最大值

在标准头文件 limits.h 中，用于表示各个整数类型的最大值和最小值的宏的定义如下所示（下面列出的只是一种情况，实际上值的大小由具体的编译器决定）。

```
#define UCHAR_MAX    255U              /* unsigned char 的最大值 */
#define SCHAR_MIN    -127              /* signed char 的最小值 */
#define SCHAR_MAX    +127              /* signed char 的最大值 */
#define CHAR_MIN     0                 /* char 的最小值 */
#define CHAR_MAX     UCHAR_MAX         /* char 的最大值 */
#define SHRT_MIN     -32767            /* short int 的最小值 */
#define SHRT_MAX     +32767            /* short int 的最大值 */
#define USHRT_MAX    65535U            /* unsigned short 的最大值 */
#define INT_MIN      -32767            /* int 的最小值 */
#define INT_MAX      +32767            /* int 的最大值 */
#define UINT_MAX     65535U            /* unsigned int 的最大值 */
#define LONG_MIN     -2147483647L      /* long int 的最小值 */
#define LONG_MAX     +2147483647L      /* long int 的最大值 */
#define ULONG_MAX    4294967295UL      /* unsigned long 的最大值 */
```

■ 有符号整数在内存中的表示

　　根据编译器的不同，有符号整数在内存中的表示也不同。常用的有以下 3 种表示方法：补码、反码、符号和绝对值。下面我们将依次学习。

　　首先来看这 3 种表示方法的共同之处，即用最高位表示数值的正负，如图 2-9 所示。

　　如果某数为负数，则其符号位为 1；如果某数不为负数，则其符号位为 0。

　　接着我们来看表示具体数值的其他位的使用方法，这也是 3 种表示法的不同点。

图 2-9　有符号整数的符号位

▪ 补码

　　多数编译器中使用补码（2's complement representation）表示方法，使用这种表示方法的有符号整数表示如下。

$$-B_{n-1} \times 2^{n-1} + B_{n-2} \times 2^{n-2} + \cdots + B_1 \times 2^1 + B_0 \times 2^0$$

　　如果位数为 n，则这种表示方法能够表示 $-2^{n-1} \sim 2^{n-1}-1$ 的值（见表 2-2）。

　　在 int 型（即 signed int 型）的位数为 16 的编译器中，这种表示方法能够表示 $-32768 \sim 32767$ 的 65536 个值，如图 2-10 a 所示。

▪ 反码

　　使用反码（1's complement representation）表示方法的有符号整数表示如下。

$$-B_{n-1} \times (2^{n-1}-1) + B_{n-2} \times 2^{n-2} + \cdots + B_1 \times 2^1 + B_0 \times 2^0$$

　　如果位数为 n，则这种表示方法能够表示 $-2^{n-1}+1 \sim 2^{n-1}-1$ 的值，只比补码表示方法的少一个（见表 2-3）。

　　在 int 型位数为 16 的编译器中，这种表示方法能够表示 $-32767 \sim 32767$ 的 65535 个值，如图 2-10 b 所示。

▪ 符号和绝对值

　　使用符号和绝对值（sign and magnitude representation）表示方法的有符号整数表示如下。

$$(1-2 \times B_{n-1}) \times (B_{n-2} \times 2^{n-2} + \cdots + B_1 \times 2^1 + B_0 \times 2^0)$$

　　这种表示方法能够表示的值的范围和反码表示方法的一样（见表 2-3）。

　　在 int 型位数为 16 的编译器中，这种表示方法能够表示 $-32767 \sim 32767$ 的 65535 个值，如图 2-10 c 所示。

	a 补码	**b** 反码	**c** 符号和绝对值
`0 0 0 0 0 0 0 0 0 0 0 0 0 0 0 0`	0	0	0
`0 0 0 0 0 0 0 0 0 0 0 0 0 0 0 1`	1	1	1
`0 0 0 0 0 0 0 0 0 0 0 0 0 0 1 0`	2	2	2
`0 0 0 0 0 0 0 0 0 0 0 0 0 0 1 1`	3	3	3
⋮			
`0 1 1 1 1 1 1 1 1 1 1 1 1 1 1 0`	32766	32766	32766
`0 1 1 1 1 1 1 1 1 1 1 1 1 1 1 1`	32767	32767	32767

非负值在内存中的表示相同，都和无符号整数一样。

`1 0 0 0 0 0 0 0 0 0 0 0 0 0 0 0`	−32768	−32767	−0
`1 0 0 0 0 0 0 0 0 0 0 0 0 0 0 1`	−32767	−32766	−1
`1 0 0 0 0 0 0 0 0 0 0 0 0 0 1 0`	−32766	−32765	−2
`1 0 0 0 0 0 0 0 0 0 0 0 0 0 1 1`	−32765	−32764	−3
⋮			
`1 1 1 1 1 1 1 1 1 1 1 1 1 0 1 0`	−6	−5	−32762
`1 1 1 1 1 1 1 1 1 1 1 1 1 0 1 1`	−5	−4	−32763
`1 1 1 1 1 1 1 1 1 1 1 1 1 1 0 0`	−4	−3	−32764
`1 1 1 1 1 1 1 1 1 1 1 1 1 1 0 1`	−3	−2	−32765
`1 1 1 1 1 1 1 1 1 1 1 1 1 1 1 0`	−2	−1	−32766
`1 1 1 1 1 1 1 1 1 1 1 1 1 1 1 1`	−1	−0	−32767

负值在内存中的表示因表示方法而异。

图 2-10　16 位有符号整数的值和在内存中的表示

▶ 无论使用 3 种表示方法中的哪一种，有符号整数和无符号整数的共通部分，即非负数部分（在 16 位编译器中，它的范围为 0～32767）的位串都是一样的。

表 2-2　有符号整数的表示范围（补码）

位数	最小值	最大值
8	−128	127
16	−32768	32767
32	−2147483648	2147483647
64	−9223372036854775808	9223372036854775807

表 2-3　有符号整数的表示范围（反码、符号和绝对值）

位数	最小值	最大值
8	−127	127
16	−32767	32767
32	−2147483647	2147483647
64	−9223372036854775807	9223372036854775807

整型提升

字符型和整型之间的类型转换的结果经常出乎我们的意料。作为示例，我们来看代码清单 2-5 的代码。

代码清单 2-5   chap02/uchar_int.c

```c
/*
    unsigned char 型和 int 型的运算
*/

#include <stdio.h>
#include <limits.h>

int main(void)
{
    int x;
    unsigned char ch = UCHAR_MAX;        /* unsigned char 型的最大值 */

    printf("ch 的值为 %d。\n", ch);

    x = ch + 1;

    printf("\nx = ch + 1;\n");
    printf("x 的值为 %d。\n", x);

    x = ++ch;

    printf("\nx = ++ch;\n");
    printf("x 的值为 %d。\n", x);

    return 0;
}
```

```
运行示例
ch 的值为 255。

x = ch + 1;
x 的值为 256。

x = ++ch;
x 的值为 0。
```

▶ 在运行示例中，ch 和 x 的值由 char 型的位数而定。

使用表示 unsigned char 型的最大值的 UCHAR_MAX 来初始化变量 ch，若 char 型位数为 8，UCHAR_MAX 的值就是 255。在显示 ch 的值后，将执行下列语句，该语句的右边是 unsigned char 型的 ch 和 int 型的 1 的加法运算。

    x = ch + 1;

这里用到了整型提升，其规则如图 2-11 所示。

> 在可以使用 int 型或 unsigned int 型的表达式中，也可以使用有符号或无符号类型的 char、short int、int 位域，还可以使用枚举型。无论哪种情况，如果用 int 型可以表示出原数据类型的所有数值，就将值转换为 int 型，否则转换为 unsigned int 型。

图 2-11　整型提升规则

只要 char 型和 int 型的位数不等，那么 unsigned char 型的所有值都可以用 int 型来表示，所以根据整型提升规则，ch 将转换为 int 型。

也就是说，x = ch + 1; 语句将按照如下解释，把 256 赋给 x。

    x = (int)ch + 1;   /* x = 255 + 1 */

在接下来的赋值表达式中，进行右操作数 ++ch 的求值。

```
x = ++ch;
```

根据自增运算符 ++ 的定义，表达式 ++ch 与下式等价。

```
ch = ch + 1              /* 表达式 ++ch 进行的运算 */
```

以上表达式进行的是 unsigned char 型和 int 型的加法运算，需进行整型提升。

```
ch = (int)ch + 1         /* ch = 255 + 1 */
```

上式表示把 255 + 1，即 256 赋给 ch。

但是，256 这个值超过了 unsigned char 型可表示的范围。因此，这里的 int 型会降级为 unsigned char 型。

有符号整数和无符号数数之间的类型转换的规则如图 2-12 所示。

在整数类数据类型之间互相转换时，若原数值能用转换后的数据类型表示，则数值不会发生变化。

在将有符号整数转换为位数相同或位数更多的无符号整数时，如果有符号整数不为负数，则数值不会发生变化。否则，若无符号整数的位数较多，先将有符号整数提升为与无符号整数长度相同的有符号整数，然后将其与无符号整数类型可表示的最大数加 1 后的值相加，将有符号整数转换为无符号整数。

在补码表示方法中，若无符号整数的位数较多，在转换后，除了高位用原符号位填充之外，位串不变。

在将整数类数据类型的数转换为位数更少的无符号整数时，用它除以比位数较少的数据类型可表示的最大无符号整数大 1 的数，所得的非负余数就是转换后的值。

在将整数类数据类型的数转换为位数更少的有符号整数、将无符号整数转换为位数相同的有符号整数时，如果不能正确表示转换后的值，则此时的操作由编译器而定。

图 2-12　有符号整数和无符号整数之间的类型转换的规则

蓝色阴影部分的规则适用于上述赋值表达式。

因此，值 256 除以 255（unsigned char 型的最大值）+1，即 256 后，得到的余数 0 将会赋给 ch。

把 0 这个赋给 x 后，变量 ch 和 x 就都变为 0 了。

下面我们来看另一种类型转换，如代码清单 2-6 所示。

代码清单 2-6   chap02/schar_int.c

```
/*
    signed char 型和 int 型的运算
*/

#include <stdio.h>
#include <limits.h>

int main(void)
{
    int x;
    signed char ch = CHAR_MAX;              /* signed char 型的最大值 */

    printf("ch 的值为 %d。\n", ch);

    x = ch + 1;

    printf("\nx = ch + 1;\n");
    printf("x 的值为 %d。\n", x);

    x = ++ch;

    printf("\nx = ++ch;\n");
    printf("x 的值为 %d。\n", x);

    return 0;
}
```

```
运行示例
ch 的值为 127。

x = ch + 1;
x 的值为 128。

x = ++ch;
x 的值为 0。
```

使用表示 signed char 型的最大值的 CHAR_MAX 来初始化变量 ch，若 char 型位数为 8，CHAR_MAX 的值就是 127。在显示 ch 的值后，将执行下列语句。

    x = ch +1;

signed char 型的所有值都可以用 int 型来表示，所以根据整型提升规则，ch 将转换为 int 型。因此，以上语句将按照如下解释，把 128 赋给 x。

    x = (int)ch + 1;   /* x = 127 + 1 */

在接下来的赋值表达式中，进行右操作数 ++ch 的求值。

    x = ++ch;

由于表达式 ++ch 与下式等价，127 + 1，即 128 将被赋给 ch。

    ch = (int)ch + 1   /* ch = 127 + 1 */

因为 128 这个值超过了 signed char 型的表示范围，所以 int 型会降级为 signed char 型。图 2-12 中的灰色阴影部分的规则适用于此时的情况。

因此，最终 ch 的值将由编译器而定。

▶ 标准 C 语言中定义 "若无法表示转换后的值，此时的操作将由编译器定义"。这表明，若无法表示转换后的值，编译器也可以选择报错并终止程序。不过，一般来说，根据编译器自身的规则，都可以得出相应的运算结果（值）。

有符号整数和无符号整数之间的类型转换

有符号整数和无符号整数之间的类型转换的规则十分复杂，表 2-4 整理了相对容易理解的规则。

▶ 以下规则不必全部记住，在需要时参考即可。

表 2-4 有符号整数和无符号整数之间的类型转换的规则

signed X ➡ signed Y		
X 型 ≤ Y 型		x
X 型 > Y 型	x 可以用 **signed** Y 表示	x
	x 不能用 **signed** Y 表示	由编译器而定
unsigned X ➡ signed Y		
X 型 < Y 型		x
X 型 ≥ Y 型	x 可以用 **signed** Y 表示	x
	x 不能用 **signed** Y 表示	由编译器而定
signed X ➡ unsigned Y		
X 型 < Y 型	$x \geq 0$	x
	$x < 0$	**(signed** Y)x + (1 + Y_MAX)
X 型 = Y 型	$x \geq 0$	x
	$x < 0$	x + (1 + Y_MAX)
X 型 > Y 型	$x \geq 0$	x % (1 + Y_MAX)
	$x < 0$	(1 + Y_MAX) - (-x % (1 + Y_MAX))
unsigned X ➡ unsigned Y		
X 型 ≥ Y 型		x
X 型 > Y 型		x % (1 + Y_MAX)

（表中标注：代码清单 2-6 指向 signed X > signed Y "x 不能用 signed Y 表示" 行；代码清单 2-5 指向 signed X > unsigned Y "$x \geq 0$" 行）

表 2-4 中最左列的类似 X 型 ≤ Y 型的表达式用于比较 X 型和 Y 型的位数大小，最右列则表示 X 型的 x 转换为 Y 型后的值。

若最右列中填的是 x，则表示转换后的值不变。

Y_MAX 表示无符号类型的最大值，若 unsigned Y 型为 unsigned int 型，则其最大值为 UINT_MAX；若 unsigned Y 型为 unsigned long int 型，则其最大值为 ULONG_MAX。

*

代码清单 2-5 和代码清单 2-6 中的 x = ++ch 依据的类型转换规则就是表 2-4 中灰色阴影部分的规则。

▪ 代码清单 2-5

由 int 型转换为 unsigned char 型，因为 x 的值为 256，所以可以得到 256 % (1 + UCHAR_MAX)，即 256 % 256，最终结果为 0。

▪ 代码清单 2-6

由 int 型转换为 signed char 型，转换后的值由编译器而定。

■ 问题的解决

回到本章开头的问题，由于 -1 ＜ 1U 中的操作数分别是 signed int 型和 unsigned int 型，所以这里所适用的是普通算术类型转换的④号规则（见图 2-6）。

> 若有一个操作数为 unsigned 型，则将另一个操作数转换为 unsigned 型。

A 同学为了验证 sdata ＜ udata 是否成立，写过以下比较表达式。

　　*sdata ＜ (***int***)udata*　　　　/* 代码清单 2-1 的第二个 if 语句中 */

然而，以上表达式实际上会按照如下方式解释。

　　(**unsigned**)*sdata ＜ udata*

我们用显式类型转换进行验证，如代码清单 2-7 所示。

代码清单 2-7　　　　　　　　　　　　　　　　　　　　　　　chap02/compare2.c

```
/*
    有符号整数和无符号整数的比较
*/

#include <stdio.h>

int main(void)
{
    int      sdata = -1;        /* 有符号整数 */
    unsigned udata =  1;        /* 无符号整数 */

    printf("sdata < udata 即 -1 < 1U 的结果为 ");
    if (sdata < udata)
        puts("真。");
    else
        puts("假。");

    printf("(unsigned)sdata < udata 即 (unsigned)-1 < 1U 的结果为 ");
    if ((unsigned)sdata < udata)
        puts("真。");
    else
        puts("假。");

    return 0;
}
```

运行结果
sdata < udata 即 -1 < 1U 的结果为 假。 (unsigned)sdata < udata 即 (unsigned)-1 < 1U 的结果为 假。

在此处进行的 int 型转换为 unsigned int 型的类型转换属于表 2-4 中的以下情况，转换后的值的表达式为 x + (1 + Y_MAX)。

> **signed** X → **unsigned** Y　…　X 型 ＝ Y 型　…　x ＜ 0

将代码清单 2-7 中的相应数代入，得到 -1 + (1 + UINT_MAX)，若 unsigned int 型位数为 16，那么 UINT_MAX 的值就是 65535，所以转换后的值是 65535。

最后，-1 ＜ 1U 会被看作以下表达式，结果是假。到此，本章开头的问题就得到解决了。

　　65535U ＜ 1U　　　/* 这个表达式就是 -1 < 1U 的原形 */

代码清单 2-8 验证了将 -1 转换为 unsigned int 型的结果为 UINT_MAX。

chap02/minus_one.c

```
/*
    验证将 -1 转换为 unsigned int 型的结果为 UINT_MAX
*/

#include <stdio.h>
#include <limits.h>

int main(void)
{
    printf("(unsinged)-1 = %u\n", (unsigned)-1);
    printf("UINT_MAX     = %u\n", UINT_MAX);

    return 0;
}
```

```
运行示例
(unsigned)-1 = 65535
UINT_MAX     = 65535
```

代码清单 2-9 使用了条件运算符 "？ :"，将代码清单 2-7 重写，这使得代码更加简洁。

chap02/compare3.c

```
/*
    有符号整数和无符号整数的比较（使用条件运算符）
*/

#include <stdio.h>

int main(void)
{
    int       sdata = -1;        /* 有符号整数 */
    unsigned  udata =  1;        /* 无符号整数 */

    printf("sdata < udata 即 -1 < 1U 的结果为 %s。\n",
                            (sdata < udata) ? "真" : "假");

    printf("(unsigned)sdata < udata 即 (unsigned)-1 < 1U 的结果为 %s。\n",
                      ((unsigned)sdata < udata) ? "真" : "假");

    return 0;
}
```

```
运行结果
sdata < udata 即 -1 < 1U 的结果为 假。
(unsigned)sdata < udata 即 (unsigned)-1 < 1U 的结果为 假。
```

像这样，将条件表达式的第二操作数和第三操作数写成字符串字面量的技巧，在编程时会经常用到，请大家牢记。

▶ 条件表达式 a ? b : c 的求值结果为下列两项之一（见专栏 2-2）。

· 若表达式 a 的求值结果不为 0，则条件表达式的求值结果为表达式 b 的求值结果。

· 若表达式 a 的求值结果为 0，则条件表达式的求值结果为表达式 c 的求值结果。

在代码清单 2-9 中，表达式 b、c 都是字符串字面量（其类型为字符指针）。

■ 补码表示的有符号整数到无符号整数的类型转换

在表 2-4 的规则中，较复杂的就是有符号整数到无符号整数的类型转换的规则。不过，我们可以从在内存中的表现（而非值）来看这种类型转换，这样十分便于理解。

下面作为示例，我们来看补码表示的 8 位整数和 16 位整数的类型转换情况。

■ 转换为位数相同的类型

类似 int 型到 unsigned int 型或 long 型到 unsigned long 型的类型转换，其规则十分简单，如下所示。

> **注意** 在进行有符号整型到位数相同的无符号整型的类型转换时，位不发生变化。

8 位有符号整型的 0、正值、负值转换为同样 8 位无符号整型的值的示例如图 2-13 **a** 所示。

■ 转换为位数较多的类型

在进行类似 char 型到 unsigned int 型或 int 型到 unsigned long 型的类型转换时，会发生符号扩展，转换后新生成的位（高位）将被转换前的符号位填充。

> **注意** 在进行有符号整型到位数较多的无符号整型的类型转换时，将发生符号扩展，高位会被转换前的符号位填充。

8 位有符号整型的正值和负值转换为 16 位无符号整型的值的示例如图 2-13 **b** 所示。

■ 转换为位数较少的类型

在进行类似 long 型到 unsigned short 型或 int 型到 unsigned char 型的类型转换时，高位将被舍去。

> **注意** 在进行有符号整型到位数较少的无符号整型的类型转换时，高位将被舍去。

16 位有符号整型的正值和负值转换为 8 位无符号整型的值的示例如图 2-13 **c** 所示。

a 8位有符号整数到8位无符号整数的类型转换

位不发生变化。

0	`0 0 0 0 0 0 0 0`	42	`0 0 1 0 1 0 1 0`	-86	`1 0 1 0 1 0 1 0`
↓		↓		↓	
0	`0 0 0 0 0 0 0 0`	42	`0 0 1 0 1 0 1 0`	170	`1 0 1 0 1 0 1 0`

b 8位有符号整数到16位无符号整数的类型转换

高位会被转换前的符号位填充（符号扩展）。

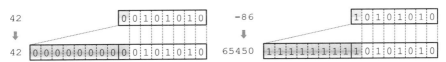

42	`0 0 1 0 1 0 1 0`	-86	`1 0 1 0 1 0 1 0`
↓		↓	
42	`0 0 0 0 0 0 0 0 0 0 1 0 1 0 1 0`	65450	`1 1 1 1 1 1 1 1 1 0 1 0 1 0 1 0`

c 16位有符号整数到8位无符号整数的类型转换

高位将被舍去。

10922	`0 0 1 0 1 0 1 0 1 0 1 0 1 0 1 0`	-21846	`1 0 1 0 1 0 1 0 1 0 1 0 1 0 1 0`
↓		↓	
170	`1 0 1 0 1 0 1 0`	170	`1 0 1 0 1 0 1 0`

图 2-13 补码表示的有符号整数到无符号整数的类型转换的示例

专栏 2-4 | **运算符的优先级和结合性**

在 C 语言中，有很多运算符。表 2C-1 中罗列了 C 语言中所有的运算符。我们在使用运算符的时候，必须要正确理解运算符的优先级和结合性。

▪ 优先级

在表 2C-1 中，运算符越靠上，**优先级**（precedence）越高。例如，用于进行乘除法运算的 * 和 / 比用于进行加减法运算的 + 和 - 的优先级高，这与我们实际生活中使用的数学规则是一样的。因此，a + b * c 会被解释成 a + (b * c)，而不是 (a + b) * c。由于 * 的优先级更高，虽然 + 写在前面，但还是会先进行 * 的运算。

▪ 结合性

接下来，我们来学习**结合性**（associativity）。

假如用〇表示需要两个操作数的双目运算符，那么对于表达式 a 〇 b 〇 c，左结合性运算符会将该表达式做如下解释。

　(a 〇 b) 〇 c　　　　　　　　　　　　　左结合性

右结合性运算符则会将该表达式做如下解释。

　a 〇 (b 〇 c)　　　　　　　　　　　　　右结合性

也就是说，在遇到优先级相同的运算符时，结合性指明了表达式应从左往右运算还是从右往左运算。

例如，用于执行减法运算的双目运算符 - 是具有左结合性的，因此以下两个表达式是等价的。

　5 - 3 - 1 ➡ (5 - 3) -1　　　　　　左结合性

如果 – 运算符具有右结合性，那么 5-3-1 就会解释为 5-(3-1)，答案就错了。用于进行赋值运算的运算符 = 是具有右结合性的，因此以下两个表达式是等价的。

　a = b = 1 ➡ a = (b = 1)　　　　　右结合性

*

以下代码的作用是，对于有 n 个元素的数组 a，把等于 x 的值跳过后，把 0、1、2、……、n - 1 的值赋给数组 a（例如 x 为 3，就把 0、1、2、4、5、……、n - 1 赋给数组）。

```
a for (i = j = 0; i < n; i++)        b for (i = 0, j = 0; i < n; i++)
      if (i != x)                           if (i != x)
          a[j++] = i;                           a[j++] = i;
```

▪ 实现示例 a（chap02/skip1.c）

如阴影部分所示，赋值表达式的值会变成赋值后的左操作数的值。对赋值表达式 j = 0 求值后，j 的值就为 0，然后 0 作为右操作数又赋给左操作数 i。

因此，在 j 的值变成 0 后，i 的值才会变成 0。

- **实现示例 b** (chap02/skip2.c)

　　如阴影部分所示，使用了逗号运算符指定左操作数和右操作数的求值顺序。一般来说，在对逗号表达式 x，y 进行求值时，先对 x 求值，再对 y 求值。由于具有指定运算顺序的性质，逗号运算符又被称为顺序运算符。所以，这里先对赋值表达式 i = 0 求值，再对赋值表达式 j = 0 求值。

　　因此，在 i 的值变成 0 后，j 的值才会变成 0。

表 2C-1　运算符一览表

优先级	运算符	形式	名称（通称）	结合性
1	()	x(y)	函数调用运算符	左
	[]	x[y]	下标运算符	左
	.	x . y	. 运算符（句点运算符）	左
	->	x -> y	-> 运算符（箭头运算符）	左
	++	x++	后置自增运算符	左
	--	y--	后置自减运算符	左
2	++	++x	前置自增运算符	右
	--	--y	前置自减运算符	右
	sizeof	sizeof (x)	sizeof 运算符	右
	&	&x	单目运算符 &（取址运算符）	右
	*	*x	单目运算符 *（间接运算符）	右
	+	+x	单目运算符 +	右
	-	-x	单目运算符 -	右
	~	~x	~ 运算符（按位求补运算符）	右
3	!	!x	逻辑非运算符	右
	()	(x)y	类型转换运算符	右
4	*	x * y	双目运算符 *	左
	/	x / y	/ 运算符	左
	%	x % y	% 运算符	左
5	+	x + y	双目运算符 +	左
	-	x - y	双目运算符 -	左
6	<<	x << y	<< 运算符	左
	>>	x >> y	>> 运算符	左
7	<	x < y	< 运算符	左
	<=	x <= y	<= 运算符	左
	>	x > y	> 运算符	左
	>=	x >= y	>= 运算符	左

（续）

优先级	运算符	形式	名称（通称）	结合性
8	==	*x* == *y*	== 运算符	左
	!=	*x* != *y*	!= 运算符	左
9	&	*x* & *y*	按位与运算符	左
10	^	*x* ^ *y*	按位异或运算符	左
11	|	*x* | *y*	按位或运算符	左
12	&&	*x* && *y*	逻辑与运算符	左
13	||	*x* || *y*	逻辑或运算符	左
14	? :	*x* ? *y* : *z*	条件运算符	右
15	=	*x* = *y*	基本赋值运算符	右
	+= -= *= /= %= <<= >>= &= ^= |=		复合赋值运算符★	右
16	,	*x* , *y*	逗号运算符	左

★ 复合赋值运算符的形式都是 x @= y。

第 3 章

关于指针

我收到过很多关于指针的提问。指针对于 C 语言学习者来说，似乎永远是一个难点。

本章将围绕基础并且重要，却又很少被正确理解的关于指针的知识点进行讲解。

3-1 指针和地址

本节将学习指针的基础知识。

地址和取址运算符

对象会占用一部分的存储空间，**地址**（address）用于表示对象在存储空间中的位置。

如图 3-1 所示，x、y、z 分别位于 122 号、124 号、128 号存储空间中。

使用被称为**取址运算符**（address operator）的**单目运算符 &**（unary operator &）可以得到对象的首地址（可简称地址）。

代码清单 3-1 用于显示对象的地址。

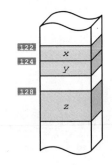

图 3-1 存储空间中的对象

代码清单 3-1   chap03/adrs_var.c

```c
/*
    显示对象的地址
*/

#include <stdio.h>

int main(void)
{
    int  x;
    int  y;
    long z;

    printf("x 的地址 = %p\n", &x);
    printf("y 的地址 = %p\n", &y);
    printf("z 的地址 = %p\n", &z);

    return 0;
}
```

```
运行示例
x 的地址 = 122
y 的地址 = 124
z 的地址 = 128
```

▶ 在不同的编译器、不同的运行环境、不同的运行时间下，以上代码的运行结果都会有所不同，以上的运行结果只是一个示例（下同）。另外，使用取址运算符 & 得到的地址并不一定和对象的物理地址相同。

使用格式控制符 %p（p 是 pointer 的首字母）输出的结果格式由编译器而定，一般来说会输出 4～16 位的十六进制数。

*

数组中的每个元素的地址也可以通过取址运算符来获得，我们试着用代码清单 3-2 所示的程序来验证一下。

代码清单 3-2   chap03/adrs_ary.c

```c
/*
    显示数组各元素的地址
*/

#include <stdio.h>

int main(void)
{
    int a[5];

    printf("a[0] 的地址 = %p\n", &a[0]);
    printf("a[1] 的地址 = %p\n", &a[1]);
    printf("a[2] 的地址 = %p\n", &a[2]);
    printf("a[3] 的地址 = %p\n", &a[3]);
    printf("a[4] 的地址 = %p\n", &a[4]);

    return 0;
}
```

```
            运行示例
a[0] 的地址 = 240
a[1] 的地址 = 242
a[2] 的地址 = 244
a[3] 的地址 = 246
a[4] 的地址 = 248
```

对于使用存储类型修饰符 register 进行声明的对象，无法使用取址运算符获取地址。这是因为这种对象有可能位于寄存器中，而非一般的存储空间中。

注意 无法使用取址运算符获得使用存储类型修饰符 register 声明的对象的地址。

因此，在使用取址运算符获得使用存储类型修饰符 register 声明的对象的地址时，编译器会报错，如代码清单 3-3 所示。

代码清单 3-3   chap03/adrs_reg.c

```c
/*
    验证使用存储类型修饰符 register 声明的对象的地址是无法通过取址运算符获得的
*/

#include <stdio.h>

int main(void)
{
    register int x;

    printf("x 的地址 = %p\n", &x);  /* 错误 */

    return 0;
}
```

```
         运行结果
由于编译错误，程序无法运行。
```

专栏 3-1 | **C++ 中的存储类型修饰符 register 和取址运算符**

虽然 C++ 中的存储类型修饰符 register 保留与 C 语言中的存储类型修饰符 register 之间的兼容性，但是两者也有不同之处。C++ 支持对使用 register 声明的对象通过取址运算符进行取地址。因此，代码清单 3-3 的 C++ 版本的代码（chap03/adrs_reg_cpp.cpp）可以正确运行。

指针和间接运算符

有两个 int 型的变量 x、y，它们的值表示社团人数。如图 3-2 所示，它们分别位于 122 号、124 号存储空间中。

接下来，声明一个**指针**（pointer），如下所示。

  `int *ptr;` `/* ptr 是 int * 型的指针 */`

经过声明，ptr 就变成了 int * 型的指针，其值为 int 型对象的地址。对 ptr 指针进行如下赋值操作，x 的地址，即 122 号存储空间就保存在指针 ptr 中。

  `ptr = &x;` `/* 把地址赋给 ptr */`

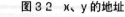

图 3-2 x、y 的地址

在这种情况下，我们有以下规定。

> **注意** 当指针 ptr 的值为对象 x 的地址时，一般说 "ptr 指向 x"。

ptr 指针的值是保存社团人数的存储空间的地址，而不是表示社团人数的整数值。

ptr 为 int * 型，而 x 为 int 型，不要将两者的类型弄错（见图 3-3）。

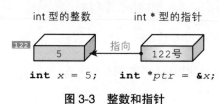

图 3-3 整数和指针

*

在访问指针指向的对象时，就要用到叫作**间接运算符**（indirect operator）的**单目运算符** *（unary operator*）。

我们来看图 3-4，一个 "箱子" 用虚线连接在对象 x 旁。"箱子" 的名字叫 *ptr，是 x 的别名。若 x 的值为 5，表达式 *ptr 的求值结果也为 5。

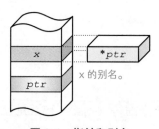

图 3-4 指针和别名

> **注意** 当指针 ptr 指向 x 时，带有间接运算符的 *ptr 就会变成间接表示 x 的别名。

*

代码清单 3-4 用于演示在一个指针已经指向某个对象时，再把其他对象的地址赋给这个指针。

我们结合图 3-5 来看代码的运行过程。一开始，把 &x 赋给 ptr（见图 3-5**ⓐ**），之后把 &y 赋给 ptr（见图 3-5**ⓑ**）。

| 代码清单 3-4 | chap03/indirection.c |

```
/*
    通过指针间接改变对象的值
*/

#include <stdio.h>

int main(void)
{
    int x = 5;          /* 社员 x 有 5 人 */
    int y = 3;          /* 社团 y 有 3 人 */
    int *ptr;

    ptr = &x;                      /* ptr 指向 x */
    printf("x   = %d\n", x);
    printf("y   = %d\n", y);
    printf("ptr  = %p\n", ptr);      /* ptr 指向的地址 */
    printf("*ptr = %d\n\n", *ptr); /* ptr 指向的变量的值 */

 ①  ptr = &y;                      /* ptr 指向 y */
 ②  *ptr = 4;                      /* 通过 ptr 来变更社团 y 的人数 */
    printf("x   = %d\n", x);
    printf("y   = %d\n", y);
    printf("ptr  = %p\n", ptr);      /* ptr 指向的地址 */
    printf("*ptr = %d\n", *ptr);      /* ptr 指向的变量的值 */

    return 0;
}
```

```
运行示例
x    = 5
y    = 3
ptr  = 122
*ptr = 5

x    = 5
y    = 4
ptr  = 124
*ptr = 4
```

在图 3-5 **ⓐ** 中，指针 ptr 指向 x，对 ptr 使用间接运算符得到的 *ptr 的值是社团 x 的人数 5。

在图 3-5 **ⓑ** 中，指针 ptr 指向 y，对 ptr 使用间接运算符得到的 *ptr 的值是社团 y 的人数。此时，把 4 赋给 *ptr 就等同于把 4 赋给 y，社团 y 的人数就会变成 4。

若把代码中的 **①** 删除，ptr 还是指向 x，**②** 中被赋值的就是 x 而非 y。因此，在通过指针 ptr 对 *ptr 赋值时，被赋值的对象是在运行时（动态）确定的。

与之对应，在把值赋给类似 x、y 的 int 型对象时，被赋值的对象是在编译时（静态）确定的。

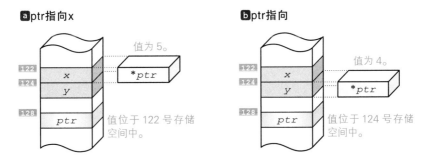

图 3-5　通过间接运算符访问对象

3-2 指针和函数调用

本节学习作为函数参数的指针的相关内容。

■ 值传递

代码清单 3-5 实现了用于增加或减少社团人数的函数，下面我们来看这个程序。

代码清单 3-5   chap03/inc_dec_wrong.c

```c
/*
    社团人数的增减（错误）
*/

#include <stdio.h>

/*--- 增加人数 ---*/
void increment(int no)
{
    ++no;              /* 使 no 的值加 1 */
}

/*--- 减少人数 ---*/
void decrement(int no)
{
    --no;              /* 使 no 的值减 1 */
}

int main(void)
{
    int x = 5;         /* 社团 x 有 5 人 */
    int y = 3;         /* 社团 y 有 3 人 */

    increment(x);      /* 使社团 x 人数加 1 */
    decrement(y);      /* 使社团 y 人数减 1 */

    printf("社团 x 的现有人数 = %d\n", x);
    printf("社团 y 的现有人数 = %d\n", y);

    return 0;
}
```

```
          运行结果
社团 x 的现有人数 = 5
社团 y 的现有人数 = 3
```

调用 increment 函数和 decrement 函数后，x 应该变成 6、y 应该变成 2 才对。可是，实际上 x 和 y 的值并没有改变。

在调用函数时参数传递的方法是**值传递**（pass by value），它传递的是值而不是实体。

也就是说，作为接收方的**形参**（parameter）是作为传递方的**实参**（argument）的值的副本。

注意 | 由于参数传递的方法是值传递，形参接收的是实参的值的副本。

在标准 C 语言中，实参和形参的定义如图 3-6 所示。

- 实参指在调用函数或函数式宏时，括号中用半角逗号分隔的表达式或标识符。其英文全称通常为 "actual argument" 或 "actual parameter"。
- 形参指在函数声明或定义时被声明的一部分对象，这些对象在进入函数的一瞬间就得到值；又或者指在定义函数式宏时，括号中用半角逗号分隔的标识符。其英文全称通常为 "formal argument" 或 "formal parameter"。

图 3-6　实参和形参的定义

图 3-7 展示了 increment 函数的参数传递过程（错误）。

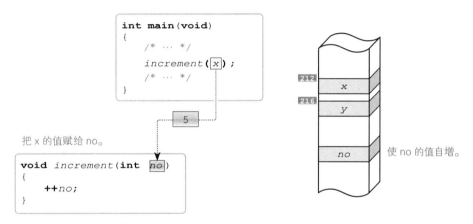

图 3-7　increment 函数的参数传递过程（错误）

如果把实参 x 看作原始胶片，那么 increment 函数的形参 no 就像胶片冲洗后得到的照片。就算在照片上乱画，也不会对胶片产生影响。所以，参数传递是单向的。

increment 函数接收到的是社团 x 的人数而不是社团 x 本身，就算形参 no 的值变了，x 的值也不会变化。

注意 改变函数中的形参的值，对实参无影响。

在这种情况下，要修改社团人数就需要用到指针。

▧ 传递指针给函数

正确的程序如代码清单 3-6 所示。图 3-8 展示了 increment 函数的参数传递过程（正确）。

```
/*
    社团人数的增减
*/

#include <stdio.h>

/*--- 增加人数 ---*/
void increment(int *no)
{
    ++*no;                  /* *使 no 的值加 1 */
}

/*--- 减少人数 ---*/
void decrement(int *no)
{
    --*no;                  /* *使 no 的值减 1 */
}

int main(void)
{
    int x = 5;              /* 社团 x 有 5 人 */
    int y = 3;              /* 社团 y 有 3 人 */

    increment(&x);          /* 使社团 x 人数加 1 */
    decrement(&y);          /* 使社团 y 人数减 1 */

    printf(" 社团 x 的现有人数 = %d\n", x);
    printf(" 社团 y 的现有人数 = %d\n", y);

    return 0;
}
```

```
运行结果
社团 x 的现有人数 = 6
社团 y 的现有人数 = 2
```

increment(&x);

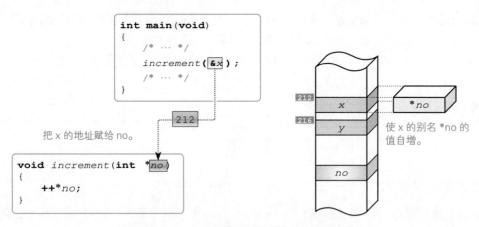

图 3-8　increment 函数的参数传递过程（正确）

　　下列语句表示在调用 increment 函数时，将社团 x 的地址传递给函数，并告诉 increment 函数，212 号存储空间中的社团 x 人数加 1。

　　指针 no 接收到 x 的地址，于是 no 就指向 x，*no 就变成 x 的别名。此时，使 *no 的值自增就等同于使 x 的值自增。

　　通过上述例子，我们能够明白 * 运算符为什么被称为间接运算符了。

*

一位读者问了我以下问题。

对指针变量 ptr 来说，++*ptr 和 (*ptr)++ 等价吗？

等价，对非指针的变量 x 来说，++x 和 (x)++ 等价，指针变量的情况与之相同。

不过，值得注意的是 (*ptr)++ 的括号不能省略，因为 * 和 ++ 是具有相同优先级的右结合性运算符。

专栏 3-2 | **C++ 中的引用传递**

C++ 支持把参数作为实体的**传引用调用**（call by reference），此时需要在声明形参时加上"&"，如代码清单 3C-1 所示。

代码清单 3C-1   chap03/reference.cpp

```cpp
/* C++ 中的引用传递示例 */

#include <iostream>

using namespace std;

//--- 增加人数 ---//
void increment(int& no)
{
    ++no;               // 使 no 的值加 1
}

int main(void)
{
    int x = 5;          // 社团 x 有 5 人

    increment(x);       // 使社团 x 人数加 1

    cout << "社团 x 的现有人数 = " << x << '\n';

    return 0;
}
```

运行示例
社团 x 的现有人数 = 6

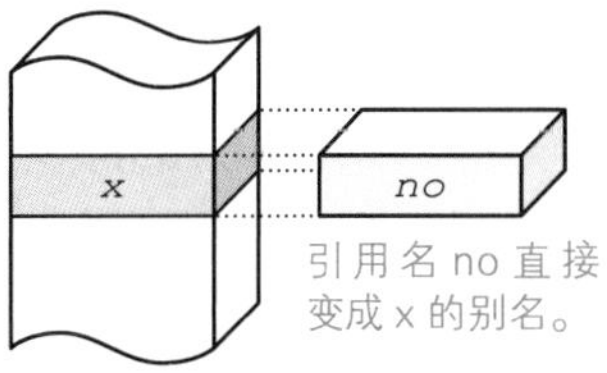

引用名 no 直接变成 x 的别名。

图 3C-1 引用

如图 3C-1 所示，形参 no 变成了实参 x 的别名。因此，在 increment 函数中，若使 no 的值自增 1，则 main 函数中的 x 的值也会增加 1。

■ 传递指针的指针给函数

我们已经知道，如果要用函数来改变 int 型的值，可以使用 int * 型的参数来实现。下面是一般的规则。

注意 如果要用函数来改变 Type 型的值，在函数里，可以使用指向 Type 的指针类型（即 Type * 型）的参数来实现。

在 Type 是指针时以上规则也适用。例如，要改变 int * 型的值，就可以使用指向 int * 型的指针类型（即 int ** 型）的参数来实现。

我们使用代码清单 3-7 的程序来演示一下，可以同时结合图 3-9 的内容来理解。

代码清单 3-7   chap03/swap.c

```c
/*
    交换两个整数和指针
*/

#include <stdio.h>
/*--- 交换两个 int 型的整数（交换 a 和 b 指向的整数）---*/
void swap_int(int *a, int *b)
{
    int temp = *a;
    *a = *b;
    *b = temp;
}

/*--- 交换两个 int * 型的指针（交换 a 和 b 指向的指针）---*/
void swap_intptr(int **a, int **b)
{
    int *temp = *a;
    *a = *b;
    *b = temp;
}

int main(void)
{
    int x, y;
    int *p1 = &x;
    int *p2 = &y;

    puts("p1 指向 x, p2 指向 y。");
    printf(" 整数 x: ");     scanf("%d", &x);
    printf(" 整数 y: ");     scanf("%d", &y);

    swap_int(&x, &y);              /* 交换整数 x 和 y 的值 */

    puts(" 整数 x 和 y 的值已交换完成。");
    printf("p1 指向的值为 %d。\n", *p1);
    printf("p2 指向的值为 %d。\n", *p2);

    swap_intptr(&p1, &p2);         /* 交换指针 p1 和 p2 的值 */

    puts(" 指针 p1 和 p2 的值已交换完成。");
    printf("p1 指向的值为 %d。\n", *p1);
    printf("p2 指向的值为 %d。\n", *p2);

    return 0;
}
```

```
运行示例
p1指向x, p2指向y。
整数x: 15⏎
整数y: 37⏎
整数x和y的值已交换完成。
p1指向的值为37。
p2指向的值为15。
指针p1和p2的值已交换完成。
p1指向的值为15。
p2指向的值为37。
```

ⓐswap_int 函数

swap_int 函数的形参 a 和 b 都为 int * 型，这个函数的作用是交换 a 和 b 指向的 int 型整数。

在 main 函数中，通过传递 &x 和 &y 来交换变量 x 和 y 的值，它们的值 15 和 37 将被交换。

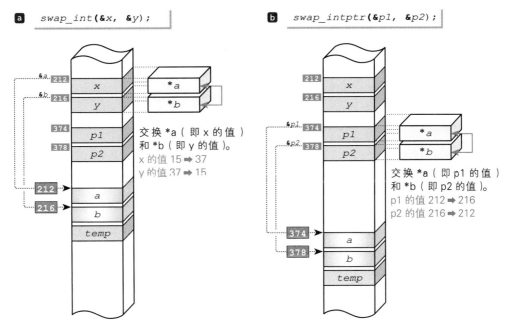

图 3-9 int 型值的交换和 int * 型值的交换

ⓑ swap_intptr 函数

swap_intptr 函数的形参 a 和 b 都是 int ** 型，这个函数的作用是交换 a 和 b 指向的 int * 型指针值。

在 main 函数中，通过传递 &p1 和 &p2 来交换变量 p1 和 p2 的值，交换的结果如下所示。

- 交换前：p1 指向 212 号中的 x，p2 指向 216 号中的 y。
- 交换后：p1 指向 216 号中的 y，p2 指向 212 号中的 x。

3-3 指针和数组

本节学习关系十分密切的指针和数组。

数组的传递

经常有人问我下列关于数组的问题。

> 某函数的参数是数组，怎样才能知道接收到的数组中的元素数量呢？

我们来看一个新手写的程序，如代码清单 3-8 所示。他的本意是想读取数组中的各个元素值，并显示元素值之和。sumup 函数用于求含有 n 个元素的数组 v 的元素值之和。

代码清单 3-8   chap03/sum_wrong.c

```c
/*
    求数组中的元素值之和（错误）
*/

#include <stdio.h>

/*--- 返回数组 v 中的元素值之和（错误）---*/
int sumup(int v[n])
{
    int i;
    int sum = 0;

    for (i = 0; i < n; i++)
        sum += v[i];
    return sum;
}

int main(void)
{
    int i;
    int a[5];
    int na = sizeof(a) / sizeof(a[0]);       /* 数组 a 中的元素数量 */

    printf("请输入 %d 个整数。", na);
    for (i = 0; i < na; i++) {
        printf("a[%d]: ", i);
        scanf("%d", &a[i]);
    }
    printf(" 总和 = %d\n", sumup(a));

    return 0;
}
```

> 运行结果
> 由于编译错误，程序无法运行。

由于编译错误，以上程序无法运行，因为形参并没有传递数组中的元素数量。

用于调用 sumup 函数的语句 sumup(a) 看似传递了数组 a 本身，其实并非如此，因为有如下规则。

注意 不带下标运算符 [] 的数组名表示指向数组的首元素的指针。

传递到 sumup 函数中的 a 是指向首元素 a[0] 的指针 &a[0]，因此，数组的传递按照以下规则进行。

> **注意** sumup 函数的参数接收的是指向首元素的指针，而不是数组本身。数组中的元素数量要通过另一个参数来接收。

我们可以通过代码清单 3-9 来验证，不带下标运算符的数组名会被解释为指向首元素的指针。

▶ 运行结果中具体的值由编译器而定，不过显示的两个值一定相等。

代码清单 3-9　　　　　　　　　　　　　　　　　　　　　　　　chap03/ary_ptr.c

```
/*
   显示指向数组的首元素的指针
*/

#include <stdio.h>

int main(void)
{
    double x[5];

    printf("x     = %p\n", x);
    printf("&x[0] = %p\n", &x[0]);

    return 0;
}
```

```
运行示例
x     = 1234
&x[0] = 1234
```

不过，在两种例外的情况下，数组名会被解释为数组本身。

一种情况是在数组名作为 sizeof 运算符的操作数时。

代码清单 3-8 的阴影部分中的表达式 sizeof(a) 就以 sizeof（数组名）的格式来获得数组的大小（即数组占用的字节数）。

> **注意** 数组 a 的大小（占用的字节数）可以通过 sizeof(a) 来获得。

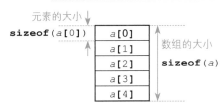

图 3-10　数组、元素的大小和元素数量

如图 3-10 所示，可以通过数组的大小除以元素的大小来获得数组中的元素数量，这个方法大家一定要掌握。

> **注意** 数组 a 中的元素数量可以通过 sizeof(a) / sizeof(a[0]) 来获得。

▶ 虽然数组 a 中的元素数量也可以通过 sizeof(a) / sizeof(int) 来获得，但并不推荐使用这个方法。因为改变数组的类型（例如改成 long 型）后，求元素数量的表达式也必须要随之改变。

数组名被解释为数组本身的另一种情况将在 "指针、数组和数据类型" 这一节学习。

正确的代码如代码清单 3-10 所示。

代码清单 3-10   chap03/sum.c

```
/*
    求数组中的元素值之和
*/

#include <stdio.h>

/*--- 返回数组 v 中的元素值之和 ---*/
int sumup(int v[], int n)
{
    int i;
    int sum = 0;

    for (i = 0; i < n; i++)
        sum += v[i];
    return sum;
}

int main(void)
{
    int i;
    int a[5];
    int na = sizeof(a) / sizeof(a[0]);       /* 数组 a 中的元素数量 */

    printf(" 请输入 %d 个整数。\n", na);
    for (i = 0; i < na; i++) {
        printf("a[%d]: ", i);
        scanf("%d", &a[i]);
    }
    printf(" 总和 = %d\n", sumup(a, na));

    return 0;
}
```

运行结果
请输入 5 个整数。
a[0]: 12⏎
a[1]: 24⏎
a[2]: 35⏎
a[3]: -13⏎
a[4]: 6⏎
总和 = 64

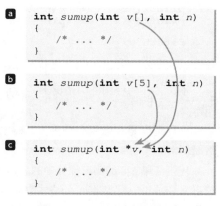

```
a  int sumup(int v[], int n)
   {
       /* ... */
   }

b  int sumup(int v[5], int n)
   {
       /* ... */
   }

c  int sumup(int *v, int n)
   {
       /* ... */
   }
```

图 3-11 sumup 函数的声明

　　sumup 函数的参数分别是 v 和 n，v 接收指向数组的首元素的指针，n 接收元素数量。

　　sumup 函数定义中的第一个形参 v 是指针而非数组，因此图 3-11 中的 3 个声明全部等价。

　　在图 3-11 b 中，虽然指定了元素数量为 5，但这个值会被忽略。

▶ 将 5 改成 6 或者 4 也不会出现编译错误，程序将正常运行，请实际动手验证一下。

接下来，我们来思考一下，为什么 sumup 函数中的指针 v 可以像数组一样使用呢？
我们会想到指针有如下规则。

注意　当指针 ptr 指向数组内的某个元素 e 时，ptr + i 是指向元素 e 后第 i 个元素的指针；ptr - i 是指向元素 e 前第 i 个元素的指针。

　　因此，ptr + 3 是指向元素 e 后第 3 个元素的指针，加上间接运算符 * 后，*(ptr + 3) 就变成了元素 e 后第 3 个元素的别名。

　　另外，指针和数组在写法上具有兼容性。

注意　*(ptr + i) 和 ptr[i] 等价。

我们通过图 3-12 来整理一下函数之间数组的传递。

▶ 在图 3-12 中，使用了 * 而非 [] 来声明 sumup 函数的形参 v。

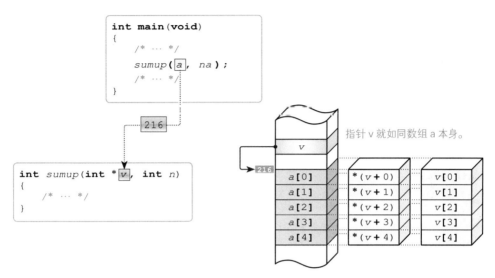

图 3-12 函数之间数组的传递

sumup 函数中的 v 是指向 a[0] 的指针，a[0] 是在 main 函数中定义的数组 a 的首元素。因此，v + 3 指向 a[3]，*(v + 3) 也可以写成 v[3]。

在 sumup 函数中，可以在指针 v 后面添加下标运算符 [] 来访问数组 a 中的各元素 a[0]、a[1]、……、a[n - 1]。

▶ 我们修改一下 main 函数中调用 sumup 函数的表达式。

· sumup(&a[1], na - 1) 可以求出 a[1] ～ a[4] 的值的总和。

※ 此时，v[0] ～ v[3] 是 a[1] ～ a[4] 的别名。

· sumup(&a[2], 2)　可以求出 a[2] ～ a[3] 的值的总和。

※ 此时，v[0] ～ v[1] 是 a[2] ～ a[3] 的别名。

如上所示，也可以向函数传递非首元素的指针。sumup 函数原来的注释是 "返回数组 v 中的元素值之和"，更加准确的注释为 "把指针 v 指向的元素作为首元素，返回首元素后的 n 个元素值之和"。

▇ 表示数组末尾的哨兵

若已知数组中的元素不为某个值，那么在取这个值的元素之前的元素被视为 "有效的元素"。

代码清单 3-11 就根据上述规则来求数组中的元素之和。

代码清单 3-11   chap03/sum_sentinel.c

```c
/*
    求数组中元素之和（sumup 函数不使用元素数量）
*/

#include <stdio.h>

#define INVALID  -1       /* 哨兵（无效值）*/

/*--- 求哨兵 INVALID 之前的元素之和 ---*/
int sumup(int v[])
{
    int i;
    int sum = 0;

    for (i = 0; v[i] != INVALID; i++)
        sum += v[i];
    return sum;
}

int main(void)
{
    int i;
    int a[128];
    int na = sizeof(a) / sizeof(a[0]);          /* 数组 a 中的元素数量 */

    printf("请输入 %d 个非负整数（结束请输入 -1）。\n", na - 1);
    for (i = 0; i < na - 1; i++) {
        printf("a[%d]: ", i);
        scanf("%d", &a[i]);
        if (a[i] == INVALID) break;       /* 终止输入 */
    }
    if (i == na - 1)                      /* 若未输入 INVALID 的值 */
        a[i] = INVALID;                   /* 使末尾的元素值变为 INVALID 的值 */

    printf("总和 = %d\n", sumup(a));

    return 0;
}
```

```
            运行示例
请输入 127 个非负整数（结束请输入 -1）。
a[0]: 12 ⏎
a[1]: 35 ⏎
a[2]: 67 ⏎
a[3]: -1 ⏎
总和 = 114
```

在本程序中，只有非负值的元素才被视为有效元素，所以通过输入 INVALID 的值（即 -1）来结束输入。

▶ 虽然数组 a 中的元素有 128 个，但是最多只能输入 127 个值（即 a[0] ～ a[126]），如果最后没有输入 -1，将会把 -1 赋给 a[127]。

因为 sumup 函数用于求 INVALID（即 -1）之前的元素之和，所以不需要用到元素数量。如图 3-13 ⓐ 所示，-1 作为**哨兵**（sentinel），使结束循环的条件变得简单。

本程序在数组中的元素为非负值的前提下才能够正确运行。

可是，若 sumup 函数接收的数组中不含值为 -1 的元素，for 语句就会陷入无限循环。另外，若 -1 变成合法值，程序也会崩溃。因此，我们应当避免使用这种方法。

*

但是，在对字符串进行处理时，经常会用到哨兵。不过，此时的哨兵是字符串中的空字符 '\0'，示例如代码清单 3-12 所示。

代码清单 3-12　　　　　　　　　　　　　　　　　　　　　　　　　　　chap03/putstr.c

```
/*
    显示字符串
*/

#include <stdio.h>

/*--- 通过遍历逐一显示字符串中的字符 ---*/
void putstr(const char s[])
{
    int i;

    for (i = 0; s[i] != '\0'; i++)
        putchar(s[i]);
}

int main(void)
{
    char str[128];

    printf("请输入字符串: ");
    scanf("%s", str);

    putstr(str);
    putchar('\n');

    return 0;
}
```

```
          运行示例
请输入字符串: ABCD⏎
ABCD
```

putstr 函数用于显示字符串 s（即逐一显示字符串中空字符之前的所有字符），如图 3-13 **b** 所示。这里 for 语句的结构和 sumup 函数中的几乎相同。

除了以上示例以外，在计算字符串的长度、复制字符串时，也会将空字符 '\0' 用作结束循环的条件。

▶ 我们将在第 4 章中学习关于字符串的知识。

a 代码清单3-11中的遍历

0	1	2	3	4	5
12	35	67	−1	−	−

遍历到 −1 为止。

b 代码清单3-12中的字符串的遍历

0	1	2	3	4	5
A	B	C	D	\0	−

遍历到空字符为止。

图 3-13　使用哨兵遍历数组和字符串

指针、数组和数据类型

在函数之间传递数组时，传递的指针可能是指向数组本身的指针，而非指向数组中的首元素的指针，示例程序如代码清单 3-13 所示。

▶ 本程序是在代码清单 3-10 的基础上修改得到的。

代码清单 3-13   chap03/sum_aryptr.c

```
/*
    求数组中的元素值之和（指向数组的指针版）
*/

#include <stdio.h>

/*--- 返回数组 v 中的元素值之和 ---*/
int sumup(int (*v)[5])
{
    int i;
    int sum = 0;

    for (i = 0; i < 5; i++)
        sum += (*v)[i];
    return sum;
}

int main(void)
{
    int i;
    int a[5];
    int na = sizeof(a) / sizeof(a[0]);          /* 数组 a 中的元素数量 */

    printf("请输入%d 个整数。\n", na);
    for (i = 0; i < na; i++) {
        printf("a[%d]: ", i);
        scanf("%d", &a[i]);
    }
    printf("总和 = %d\n", sumup(&a));

    return 0;
}
```

```
运行结果
请输入 5 个整数。
a[0]: 12 ⏎
a[1]: 24 ⏎
a[2]: 35 ⏎
a[3]: -13 ⏎
a[4]: 6 ⏎
总和 = 64
```

■ 指向数组的指针

在调用 sumup 函数时传递的实参为 &a 而不是 a，这是指向数组本身（全部数组元素）的指针。

注意 若 a 是数组，&a 就是指向数组的指针。

由于使用取址运算符可以获得对象的首地址，所以表示"数组 a 的首地址"的 &a 和表示"数组 a 的首元素 a[0] 的首地址"的 a（即 &a[0]）的值应该是相同的。虽然这两个指针类型不同，但它们的值是相同的。

▶ 在以下两种情况下，不带下标运算符的数组名会被解释为指向数组本身而非首元素的指针。其一就是在数组名作为 & 运算符的操作数时，其二就是在数组名作为 sizeof 运算符的操作数时。

■ 接收的数组类型

sumup 函数接收的形参 v 的类型如下所示。

指向元素类型为 int 型、元素数量为 5 的数组（即 int[5] 型的数组）的指针。

如图 3-14 所示，指针 v 指向数组 a 的整体，*v 是数组 a 的别名。因此，可以对 *v 添加下标运算符，通过 (*v)[0]、(*v)[1]……(*v)[4] 来访问数组 a 中的各个元素。

当然，若指针指向的数组的元素数量不等于 5，该数组是不能被 v 接收的（除非进行强制转换）。

注意 若参数为指向数组整体的指针，则指针指向的数组和参数表示的数组的元素类型以及数量必须一致。因此，参数不能接收元素数量不同的数组。

　　某函数若只能接收特定元素数量的数组，就不能用于其他数组了。

　　使用这种函数（如只能接收元素数量为 5 的数组的函数）的情况很少，因此我们很少能够见到类似代码清单 3-13 中的代码。

　　但是，大家又会下意识地使用指向数组的指针作为函数的参数。这会在什么情况下用到呢？我们将在下一节学习。

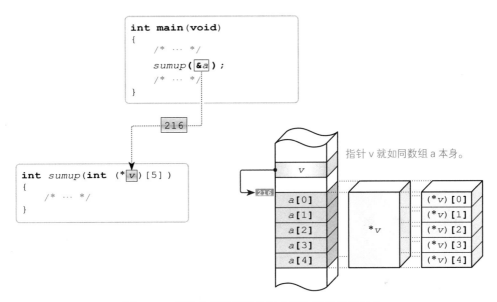

图 3-14 函数之间数组的传递（指向数组的指针）

3-4　指针和多维数组

本节学习有关指针和多维数组的知识。

数据类型的派生和多维数组

将作为基本数据类型的 int 型指针化之后，就变成了 int　* 型（指向 int 型的指针）。若再次将它指针化，就变成了 int　** 型（指向 int 型的指针的指针）。

通过对基本数据类型进行派生，就可以自由生成新的数据类型（见专栏 3-3），如指针数组、指向数组的指针、将它们列为成员的结构体······

多维数组就是通过数组化派生出的类型。例如，图 3-15 所示的元素类型为 int 型、元素数量为 12（4 ×3）的二维数组就是按照以下方式（""⇨[]⇨【】）逐步派生出来的。

> 【元素类型为 [元素类型为 "int"、元素数量为 3 的数组] 的元素数量为 4 的数组 】

▶ 为了让派生的过程更加易懂，图 3-15 的 ⒞ 将二维数组中的元素分成了 4 行 3 列，事实上存储空间中的元素是连续的。

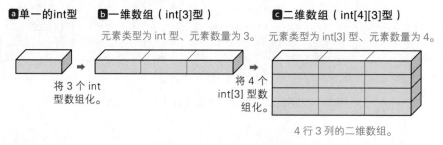

ⓐ单一的int型　　　ⓑ一维数组（int[3]型）　　　ⓒ二维数组（int[4][3]型）

元素类型为 int 型、元素数量为 3。　　元素类型为 int[3] 型、元素数量为 4。

将 3 个 int 型数组化。　　将 4 个 int[3] 型数组化。

4 行 3 列的二维数组。

图 3-15　二维数组的派生过程

专栏 3-3 | 派生类型

C 语言中的**派生类型**（derived type）有以下几种。

· 某种类型的对象的数组。

· 返回某种类型的对象的函数。

· 指向某种类型的对象的指针。

· 包含多种类型的对象的结构体。

· 可以包含数种类型的对象之一的共用体。

派生类型可以递归使用，事实上可以生成无穷的数据类型。

我们可以根据专栏 3-3 的内容得到以下结论。

注意 多维数组的元素也可以是数组。

代码清单 3-14 用于求出并显示二维数组各行的元素之和。

代码清单 3-14   chap03/matrix1.c

```
/*
    求出并显示二维数组各行的元素之和
*/

#include <stdio.h>

/*--- 求出并显示二维数组 v 各行的元素之和 ---*/
void sum(int v[][3], int n)
{
    int i, j;

    for (i = 0; i < n; i++) {
        int sum = 0;

        for (j = 0; j < 3; j++)
            sum += v[i][j];
        printf(" 第 %d 行的元素之和 = %d\n", i, sum);
    }
}

int main(void)
{
    int goukei;                          /* 总和 */
    int a[][3] = {{11, 12, 13},
                  {14, 15, 16},
                  {17, 18, 19},
                  {20, 21, 22},
                 };

    int na = sizeof(a) / sizeof(a[0]);   /* 数组 a 的元素数量（行数）*/

    sum(a, na);

    return 0;
}
```

运行结果
第 0 行的元素之和 =36
第 1 行的元素之和 =45
第 2 行的元素之和 =54
第 3 行的元素之和 =63

在 main 函数中声明的数组 a 是 4 行 3 列的二维数组。

sum 函数分别显示了第 0 行～第 3 行中每行的 3 个元素之和。具体来说，和是按照如下方式求得的。

· 第 1 行的元素之和：将 v[0][0]、v[0][1]、v[0][2] 相加得到的值。

· 第 2 行的元素之和：将 v[1][0]、v[1][1]、v[1][2] 相加得到的值。

· 第 3 行的元素之和：将 v[2][0]、v[2][1]、v[2][2] 相加得到的值。

· 第 4 行的元素之和：将 v[3][0]、v[3][1]、v[3][2] 相加得到的值。

我们来详细学习以上程序。

图 3-16 展示了用于求二维数组的元素数量的表达式。

求二维数组 a 的元素数量的表达式和求一维数组的一样，如下所示。

    sizeof(a) / sizeof(a[0])

用二维数组的总大小除以蓝色阴影部分元素的大小可以得到二维数组的行数为 4。

另外，使用以下表达式可以求得二维数组的列数为 3。

$$\texttt{sizeof}(a[0]) \ / \ \texttt{sizeof}(a[0][0])$$

使用以下表达式可以求得二维数组的构成元素（无法再分割的元素）的数量为 12。

$$\texttt{sizeof}(a) \ / \ \texttt{sizeof}(a[0][0])$$

*

很多读者都问过我关于传递给 sum 函数的参数的问题。

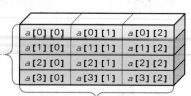

二维数组的构成元素的数量
$$\texttt{sizeof}(a) \ / \ \texttt{sizeof}(a[0][0])$$

二维数组的元素数量（行数）
$$\texttt{sizeof}(a) \ / \ \texttt{sizeof}(a[0])$$

作为元素的一维数组的元素数量（列数）
$$\texttt{sizeof}(a[0]) \ / \ \texttt{sizeof}(a[0][0])$$

图 3-16　二维数组的元素数量

> 在将二维数组 a 传递给 sum 函数时，为什么参数 a 表示 &a[0] 而不是 &a[0][0]？两者有什么区别吗？

表达式 a 是指向首元素 a[0]（见图 3-16 的蓝色阴影部分）的指针，而不是指向 a[0][0] 的指针。对此，我们可以通过以下说明来理解。

①不带下标运算符的数组名是指向数组首元素的指针。

②数组 a 的元素类型是 int[3] 型（即元素类型为 int 型、元素数量为 3 的数组）。

③a 是指向首元素 a[0]（数据类型为 int[3] 型，即元素类型为 int 型、元素数量为 3 的数组）的指针。

一般的说法如下所示。

注意　不管是一维数组还是多维数组，在函数间传递参数时，数组名都表示指向首元素（多维数组的首元素也是数组）的指针。

▶ &a[0] 为 int(*)[3] 型（指向 int[3] 型的指针类型），&a[0][0] 为 int *型（指向 int 型的指针类型）。专栏 3-4 中将介绍在 C++ 中确认对象的类型的方法。

图 3-17 展示了代码清单 3-14 的程序中实参 a 和形参 v 的关系。

由于指针 v 指向 a[0]，所以 *v（即 v[0]）是由 a[0][0]、a[0][1]、a[0][2] 这 3 个元素构成的数组 a[0]（即图 3-16 中蓝色阴影部分）的别名。

▶ *v 后面的 *(v+1)，即 v[1] 是由 a[1][0]、a[1][1]、a[1][2] 这 3 个元素构成的数组 a[1] 的别名，对于 a[2] 和 a[3] 也是同样的道理。

作为首元素 a[0] 的别名，v[0] 的类型是 int[3] 型，即元素类型为 int 型、元素数量为 3 的数组。因此，可以通过对指针 v[0] 添加下标运算符 []，即 v[0][0]、v[0][1]、v[0][2] 来访问存储空间中的各个 int 型元素。

虽然 sum 函数的形参 v 是用 [] 声明的，但是它接收的是指向元素类型为 int 型、元素数量为 3 的数组的指针。

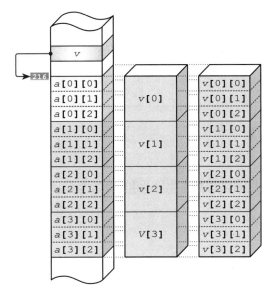

图 3-17 二维数组和指向首元素的指针

所以，图 3-18 中的 3 个定义完全等价。

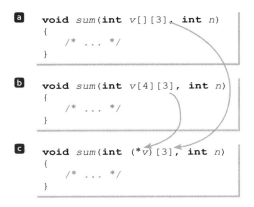

图 3-18 接收二维数组的函数的定义

▶ 和之前一维数组的情况相同，图 3-18 **b** 中指定的元素数量 4 将会被忽略。

如图 3-18 **c** 所示，像 int(*v)[3] 这种指向数组的指针类型已经出现了。虽然元素数量不同于（接收指向数组的指针并求元素值之和的）代码清单 3-13 中 sumup 函数的形参的元素数量，但是类型相同。这样我们就能理解之前讲过的如下结论了。

但是，大家又会下意识地使用指向数组的指针作为函数的参数。

在传递多维数组时，形参是指向数组首元素的指针，因为首元素本身就是数组，所以实际上传递的就是指向数组的指针。

多维数组和指针

我们来试着运用间接运算符 * 来对代码清单 3-14 中的程序进行修改，修改后的程序如代码清单 3-15 所示。

代码清单 3-15　　　　　　　　　　　　　　　　　　　　　　　　　　　chap03/matrix2.c

```
/*
    求出并显示二维数组各行的元素之和（间接运算符版）
*/
#include <stdio.h>

/*--- 求出并显示二维数组 v 各行的元素之和 ---*/
void sum(int (*v)[3], int n)
{
    int i, j;

    for (i = 0; i < n; i++) {
        int sum = 0;

        for (j = 0; j < 3; j++)
            sum += (*v)[j];
        printf(" 第 %d 行的元素之和 =%d\n", i, sum);
        v++;
    }
}

int main(void)
{
    int goukei;                      /* 总和 */
    int a[][3] = {{11, 12, 13},
                  {14, 15, 16},
                  {17, 18, 19},
                  {20, 21, 22},
                 };

    int na = sizeof(a) / sizeof(a[0]);    /* 数组 a 的元素数量（行数）*/

    sum(a, na);

    return 0;
}
```

```
运行示例
第 0 行的元素之和 =36
第 1 行的元素之和 =45
第 2 行的元素之和 =54
第 3 行的元素之和 =63
```

sum 函数的形参 v 还是和代码清单 3-14 中的一样，接收的都是指向 a[0] 的指针。

如图 3-19 ⓐ 所示，*v 是 a[0] 的别名。另外，可以通过对 *v 添加下标运算符，即 (*v)[0]、(*v)[1]、(*v)[2] 来表示 *v 中的 3 个元素。通过 sum 函数内的 for 语句来求出并显示一行中的 3 个元素之和。

显示之后，指针 v 自增，代码如下所示。

　　v++;

指针自增后，就指向后一个元素，因此 v 就指向 a[1] 了，如图 3-19 ⓑ 所示。也就是说，*v 变成了 a[1] 的别名。

在本程序中，通过不断地让指针 v 自增（即让指针指向后一个元素）来进行求和。

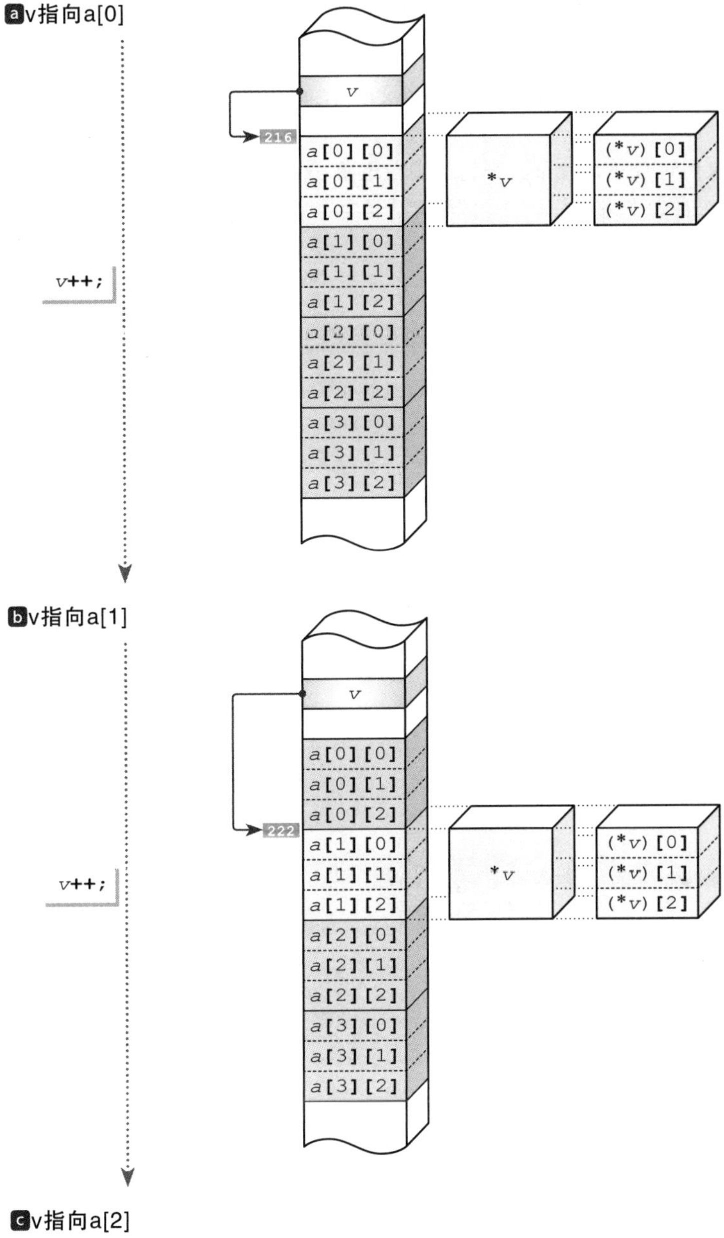

图 3-19 二维数组的遍历

专栏 3-4 | **通过 C++ 中的 typeid 运算符来获取类型信息**

sizeof 运算符用于查询表达式或对象的大小。C++ 也提供了类似的运算符，即 **typeid 运算符**（ typeid operator ）。

若大家没有用过 C++，也不必强行去细致理解 typeid 运算符。我们只要知道，包含头文件 typcinfo 后，按照以下格式书写就可以获取括号中的 "数据类型" 或 "表达式" 的 "表示数据类型的字符串"。

typeid(数据类型).name()
typeid(表达式).name()

不过，通过 typeid 运算符得出的字符串由具体编译器而定。

我们来试着用 typeid 运算符获取类型信息，如代码清单 3C-2 所示。

代码清单 3C-2   chap03/typeid1.cpp

```
/*
    显示多种变量或常量的类型信息
*/

#include <iostream>
#include <typeinfo>

using namespace std;

int main()
{
    char c;
    short h;
    int i;
    long l;

    cout << "变量 c 的类型: " << typeid(c).name() << '\n';
    cout << "变量 h 的类型: " << typeid(h).name() << '\n';
    cout << "变量 i 的类型: " << typeid(i).name() << '\n';
    cout << "变量 l 的类型: " << typeid(l).name() << '\n';

    cout << "字符字面量 'A' 的类型: "   << typeid('A').name()  << '\n';
    cout << "整数字面量 100 的类型: "   << typeid(100).name()  << '\n';
    cout << "整数字面量 100U 的类型: "  << typeid(100U).name() << '\n';
    cout << "整数字面量 100L 的类型: "  << typeid(100L).name() << '\n';
    cout << "整数字面量 100UL 的类型: " << typeid(100UL).name() << '\n';
}
```

```
                         运行示例
变量c的类型: char
变量h的类型: short
变量i的类型: int
变量l的类型: long
字符字面量'A'的类型: char
整数字面量100的类型: int
整数字面量100U的类型: unsigned int
整数字面量100L的类型: long
整数字面量100UL的类型: unsigned long
```

上述程序显示了多种基本的类型信息。虽然具体结果由编译器而定，不过大部分的编译器都会显示类型名或者类型名对应的信息。

另外，有一点需要注意，像 'A' 这类字符常量（字符字面量）在 C 语言中被视为 int 型，而在 C++ 中被视为 char 型。

使用 typeid 运算符同样可以获取 float 型和 double 型的信息，请大家自行编程验证。

*

代码清单 3C-3 突出了本章的主题之——指针和数组的类型信息。仔细阅读并对比程序和运行结果，可以加深对指针或数组的类型的理解。

代码清单 3C-3   chap03/typeid2.cpp

```cpp
/*
    显示数组或指针的类型信息
*/

#include <iostream>
#include <typeinfo>

using namespace std;

void func(int d1[], int d2[][3], int d3[][4][3])
{
    cout << "d1: " << typeid(d1).name() << '\n';
    cout << "d2: " << typeid(d2).name() << '\n';
    cout << "d3: " << typeid(d3).name() << '\n';
}

int main()
{
    int n;
    int* p1;
    int** p2;
    int a1[3];
    int a2[4][3];
    int a3[5][4][3];

    cout << "n    : " << typeid(n).name()    << '\n';
    cout << "&n  : " << typeid(&n).name()   << '\n';
    cout << "*&n : " << typeid(*&n).name()  << '\n';
    cout << "p1   : " << typeid(p1).name()   << '\n';
    cout << "*p1  : " << typeid(*p1).name()  << '\n';
    cout << "p2   : " << typeid(p2).name()   << '\n';
    cout << "*p2  : " << typeid(*p2).name()  << '\n';
    cout << "**p2: " << typeid(**p2).name() << '\n';

    cout << "a1    : " << typeid(a1).name()    << '\n';
    cout << "&a1[0]: " << typeid(&a1[0]).name() << '\n';

    cout << "a2         : " << typeid(a2).name()       << '\n';
    cout << "&a2[0]    : " << typeid(&a2[0]).name()    << '\n';
    cout << "&a2[0][0]: " << typeid(&a2[0][0]).name() << '\n';

    cout << "a3              : " << typeid(a3).name()              << '\n';
    cout << "&a3[0]         : " << typeid(&a3[0]).name()         << '\n';
    cout << "&a3[0][0]     : " << typeid(&a3[0][0]).name()     << '\n';
    cout << "&a3[0][0][0]: " << typeid(&a3[0][0][0]).name() << '\n';

    func(a1, a2, a3);
}
```

运行示例

```
n    : int
&n   : int *
*&n  : int
p1   : int *
*p1  : int
p2   : int * *
*p2  : int *
**p2: int
a1    : int [3]
&a1[0]: int *
a2       : int [4][3]
&a2[0]    : int (*)[3]
&a2[0][0]: int *
a3           : int [5][4][3]
&a3[0]       : int (*)[4][3]
&a3[0][0]    : int (*)[3]
&a3[0][0][0]: int *
d1: int *
d2: int (*)[3]
d3: int (*)[4][3]
```

这里使用了 typeid 运算符来帮助我们更好地理解数据类型。这个运算符是为了获取在程序运行时，进行动态类型转换后的**运行期类型信息**（Run-Time Type Information，RTTI）而引入 C++ 的。因此，在使用多态类时，typeid 运算符会发挥很大的作用。

3-5 动态对象的生成

本节学习基础的存储空间的动态分配，以在程序运行的任意时间点生成动态对象。

动态存储期

我收到了一个关于存储空间的动态分配的提问。

> 虽然我理解如何动态分配数组，但我不懂如何动态分配和使用结构体或字符串数组，请您为我解惑。

在程序运行过程中，我们可以在需要时分配一定大小的存储空间，用完还可以将其释放或销毁。也就是说，我们可以自由地分配存储空间。例如生成一个元素数量为 7128 或 159 的数组。

我们把通过上述方式生成的对象的寿命（即生存期）称为**动态存储期**（allocated storage duration）。

calloc 函数和 malloc 函数是用来分配存储空间（即生成具有动态存储期的对象）的函数。这两个函数从被称为**堆**（heap）的**空闲空间**（free store）中分配存储空间，并返回指向存储空间的首地址的指针。

calloc	
头文件	#include <stdlib.h>
格式	void *calloc(size_t nmemb, size_t size);
功能	为 nmemb 个大小为 size 个字节的对象分配存储空间，该存储空间内的所有位都会被初始化为 0。
返回值	若分配成功，则返回一个指向已分配存储空间的首地址的指针；若分配失败，则返回空指针。

malloc	
头文件	#include <stdlib.h>
格式	void *malloc(size_t size);
功能	为大小为 size 个字节的对象分配存储空间，分配后的对象的初始值为不确定值。
返回值	若分配成功，则返回一个指向已分配存储空间的首地址的指针；若分配失败，则返回空指针。

另外，当我们不再需要已分配的存储空间时，由于它不会自动释放，所以需要程序员手动释放。我们可以使用 free 函数来释放存储空间。

free	
头文件	#include <stdlib.h>
格式	void free(void *ptr);
功能	释放 ptr 指向的存储空间，使其可以用于下次分配。若 ptr 为空指针，则不进行任何操作。除此之外，当 free 函数的实参与之前通过 calloc 函数、malloc 函数或 realloc 函数返回的指针不一致时，或者当 ptr 指向的存储空间已经通过调用 free 函数或 realloc 函数释放时，则做未定义处理。
返回值	无。

调用 calloc 函数给 int 型对象分配存储空间，再调用 free 函数释放存储空间的过程如图 3-20 所示。

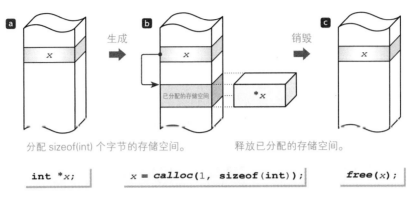

图 3-20 存储空间的动态分配与释放的过程

calloc 函数的返回值保存在指针中，我们不再需要已分配的存储空间时，将把相应指针传递给 free 函数以释放存储空间。

void 指针

上述 3 个函数用于分配及释放 int 型对象、double 型对象、数组和结构体等所有类型对象的存储空间，因此其返回和接收的指针是兼容性很强的"万能"指针，即指向 void 型的指针（void * 型）。

▶ 如果上述函数返回和接收的是某种特定类型的指针，就会出现问题。

指向 void 型的指针可以指向任意类型的对象，是一种特殊类型的指针。指向 void 型的指针的值可以赋给指向任意类型的指针，反之亦可。

▶ 专栏 3-5、3-6 整理了有关指向 void 型的指针的注意事项。

单个对象的生成

下面来为 int 型对象动态分配存储空间。代码清单 3-16 中的程序将整数值赋给生成的 int 型对象，并显示该对象的值。

代码清单 3-16   chap03/alloc1.c

```
/*
   将整数值赋给生成的 int 型对象，并显示该对象的值
*/

#include <stdio.h>
#include <stdlib.h>

int main(void)
{
    int *x;

    x = calloc(1, sizeof(int));                       /* 分配存储空间 */
```

运行结果
```
*x = 123
```

```
if (x == NULL)
    puts(" 存储空间分配失败。");
else {
    *x = 123;
    printf("*x = %d\n", *x);
    free(x);                                    /* 释放存储空间 */
}

return 0;
}
```

赋给指针 x 的是 calloc 函数已分配的存储空间的首地址。

如图 3-21 所示，已分配的存储空间（见图 3-21 **b**）可以通过 *x 来访问，就好像真的存在变量 *x 一样。

将整数值 123 赋给 *x，再用 printf 函数显示 *x 的值。

另外，calloc 函数会将已分配的存储空间全部初始化为 0，因此如果删除程序中的以下语句，运行结果就会变成 *x = 0，请大家实际验证一下。

    *x = 123;

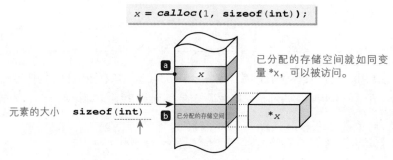

图 3-21　动态分配 int 型对象的存储空间

某位读者问了我以下问题。

代码清单 3-17 所示的程序用于把从键盘上读取的值存入 calloc 函数生成的对象中，但无法运行，这是怎么回事呢？

蓝色阴影部分的 &x 是指针 x 的地址，它用于读取从键盘输入的值。因此，用于存放 scanf 函数读取的整数值的不是由 calloc 函数分配的存储空间，而是存放指针 x 的存储空间。

①用于存放 scanf 函数读取的整数值的不是由 calloc 函数分配的存储空间（见图 3-21 **b**），而是存放指针 x 的存储空间（见图 3-21 **a**）。由于 x 本身的值会被改写，所以 x 就不能指向已分配的存储空间了。不仅如此，为了释放存储空间而调用的 free 函数会接收不正确的值（由 calloc 函数分配的存储空间的地址以外的值）。

②如果 int 型对象的大小为 4 字节，指针的大小为 2 字节，scanf 函数就会把值一直写到指针 x 的存储空间（见图 3-21 **a**）后面的 2 字节。如果在这部分存储空间里存入了其他变量，那么它的值就被破坏。

传递给 scanf 函数的必须是 x 指向的 int 型对象的地址。因为 x 本身是指针，所以不需要使用取址运算符，因此阴影部分必须是以下代码。

```
    scanf("%d", x);
```

代码清单 3-17   chap03/alloc2.c

```
/*
   将值存入动态生成的整数中（错误）
*/

#include <stdio.h>
#include <stdlib.h>

int main(void)
{
    int *x;

    x = calloc(1, sizeof(int));                /* 分配存储空间 */

    if (x == NULL)
        puts("存储空间分配失败。");
    else {
        printf("请输入一个整数值：");
        scanf("%d", &x);                       /* 有问题？ */
        printf("你输入了 %d。\n", *x);
        free(x);                               /* 释放存储空间 */
    }

    return 0;
}
```

```
┌─────────── 运行示例 ───────────┐
│ 请输入一个整数值：12 ↵         │
│ 你输入了 97876。              │
└──────────────────────────────┘
```

也就是说，将指针 x 的值直接传递给 scanf 函数才是正确的方法。大家改写程序（chap03/alloc2.c）来验证一下。

■ 数组对象的生成

我们来动态生成数组对象。动态生成元素类型为 int 型的数组的程序如代码清单 3-18 所示。

代码清单 3-18   chap03/alloc_ary1.c

```
/*
   动态生成 int 型数组
*/

#include <stdio.h>
#include <stdlib.h>

int main(void)
{
    int *x;
    int i, nx;

    printf("生成的数组的元素数量：");
    scanf("%d", &nx);

    x = calloc(nx, sizeof(int));               /* 分配存储空间 */

    if (x == NULL)
        puts("存储空间分配失败。");
    else {
        for (i = 0; i < nx; i++)               /* 赋值 */
            x[i] = i;

        for (i = 0; i < nx; i++)               /* 显示值 */
            printf("x[%d] = %d\n", i, x[i]);

        free(x);                               /* 释放存储空间 */
    }

    return 0;
}
```

```
┌─────────── 运行示例 ───────────┐
│ 生成的数组的元素数量：5 ↵      │
│ x[0] = 0                      │
│ x[1] = 1                      │
│ x[2] = 2                      │
│ x[3] = 3                      │
│ x[4] = 4                      │
└──────────────────────────────┘
```

本程序中 int 型数组的生成和销毁过程如图 3-22 所示。

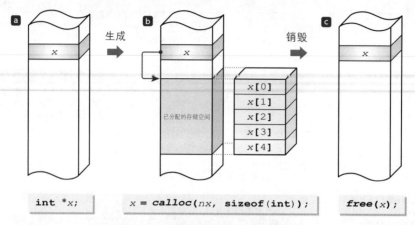

图 3-22　int 型数组的生成和销毁过程

calloc 函数会返回已分配的存储空间的地址，并赋给 x。

根据指针和数组在写法上具有的兼容性，可以用 x[0]、x[1]、x[2]……这种方式来访问已分配的存储空间。在本程序中，把与下标相同的值 0、1、2……从前往后依次赋给已分配的存储空间中的数组的元素，并按顺序依次显示这些值。

虽然运行示例中的元素数量为 5，但实际上这个值可以设置为任意合理的值，因此实现了在运行程序时动态改变数组的元素数量。

代码清单 3-16 和代码清单 3-18 中调用 calloc 函数的情况十分相似，表 3-1 对比了两者。

表 3-1　单一对象和数组对象的存储空间的分配和释放对比

类型	代码清单 3-16	代码清单 3-18
对象	int 型对象	元素数量为 *nx* 的 **int** 型数组对象
指针的声明	**int** *x;	**int** *x;
存储空间的分配	x = **calloc**(1, sizeof(int));	x = **calloc**(*nx*, sizeof(int));
存储空间的释放	**free**(x);	**free**(x);

表 3-1 中的两个 calloc 函数只有第一个操作数的值不同，除此之外全部相同，并没有类似"只为 int 型对象分配存储空间""只为数组对象分配存储空间"的定义，其中的缘由如下。

注意 calloc 函数或 malloc 函数分配的只是存储空间而非特定类型的对象。

另外，这种存储空间还被称为**原始内存**（raw memory）。

专栏 3-5 | 在 C++ 中动态对象的生成

在 C++ 中，不使用库函数，通过运算符就可以生成和销毁对象。

例如，可以通过以下语句来生成 `int` 型对象。

```
int* x = new int;          // 使用 new 运算符
```

可以通过以下语句来销毁 int 型对象。

```
delete x;                  // 使用 delete 运算符
```

可以通过以下语句来生成元素数量为 5、类型为 int 型的数组对象。

```
int* x = new int[5];       // 使用 new[] 运算符
```

可以通过以下语句来销毁这个数组对象。

```
delete[] x;                // 使用 delete[] 运算符
```

多维数组对象的生成

接下来，我们来动态生成二维数组，示例程序如代码清单 3-19 所示。

代码清单 3-19   chap03/alloc_ary2.c

```
/*
    动态生成二维数组
*/

#include <stdio.h>
#include <stdlib.h>

int main(void)
{
    int (*x)[3];
    int n;                  /* 元素数量 */

    puts("为 n×3 的二维数组分配存储空间。");
    printf("n 的值: ");
    scanf("%d", &n);

    x = calloc(n * 3, sizeof(int));              /* 分配存储空间 */

    if (x == NULL)
        puts("存储空间分配失败。");
    else {
        int i, j;

        for (i = 0; i < n; i++)
            for (j = 0; j < 3; j++)
                printf("x[%d][%d] = %d\n", i, j, x[i][j]);
        free(x);                        /* 释放存储空间 */
    }

    return 0;
}
```

运行示例
```
为 n×3 的二维数组分配存储空间。
n 的值: 4 ↵
x[0][0] = 0
x[0][1] = 0
x[0][2] = 0
x[1][0] = 0
x[1][1] = 0
...
x[3][1] = 0
x[3][2] = 0
```

上述程序生成的 4×3 的二维数组如图 3-23 所示。

指针 x 的类型是指向元素类型为 `int`、元素数量为 3 的数组的指针类型，即指向 `int[3]` 型的指针类型。这个类型与代码清单 3-15 中接收二维数组的 sum 函数的形参的类型相同。

因此，可以添加两个下标运算符 [ ] 来让指针 x 等同于二维数组，如图 3-23 所示。

当然，行数 n 的值可以自由变更。如果 n 的值为 5，就会为 5×3 的二维数组分配存储空间。

不过，列数 3 不能改变，因为无法声明不完全类型的对象（例如指向元素数量不确定的数组的指针）。

当然，三维及以上的数组也是同样的道理，只有最高维的元素数量才可以改变。

> **注意** 请在头文件中使用头文件保护符，以保证头文件在第二次及以后被包含的时候能够跳过定义等代码部分。

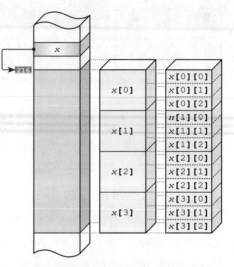

图 3-23 生成的 4×3 二维数组

请大家尝试生成一个三维数组，为 n×4×3 的三维数组分配存储空间的程序如代码清单 3-20 所示。

代码清单 3-20   chap03/alloc_ary3.c

```c
/*
    动态生成三维数组
*/

#include <stdio.h>
#include <stdlib.h>

int main(void)
{
    int (*x)[4][3];
    int n;                  /* 最高维的元素数量 */

    puts("为 n×4×3 的数组分配存储空间。");
    printf("n 的值: ");
    scanf("%d", &n);

    x = calloc(n * 4 * 3, sizeof(int));       /* 分配存储空间 */

    if (x == NULL)
        puts("存储空间分配失败。");
    else {
        int i, j, k;

        for (i = 0; i < n; i++)
            for (j = 0; j < 4; j++)
                for (k = 0; k < 3; k++)
                    printf("x[%d][%d][%d] = %d\n", i, j, k, x[i][j][k]);
        free(x);                        /* 释放存储空间 */
    }

    return 0;
}
```

```
运行示例
为 n×4×3 的数组分配存储空间。
n 的值: 5 ⏎
x[0][0][0]  = 0
x[0][0][1]  = 0
x[0][0][2]  = 0
x[0][1][0]  = 0
x[0][1][1]  = 0
...
x[4][3][1]  = 0
x[4][3][2]  = 0
```

在本程序中，只有最高维的元素数量 n 是可以改变的（即较低维度的元素数量 4 和 3 都是固定值）。请大家也尝试验证生成四维数组，程序位于 chap03/alloc_ary4.c 中。

▶ 本节学习了单一对象和数组对象的动态生成，我们将在第 4 章学习有关字符串的动态生成的内容。另外，我们将在第 10 章、第 11 章、第 12 章、第 13 章学习有关结构体的动态生成及其应用示例的内容。

代码清单 3-16 中调用 calloc 函数的部分如下。

A `x = calloc(1, sizeof(int));`   /* 隐式类型转换 */

calloc 函数返回的 void * 型的指针值赋给了 int * 型的变量。因此，在赋值的过程中会发生隐式类型转换，这一点请大家注意。

若使用显式类型转换，则代码如下所示。

B `x = (int *)calloc(1, sizeof(int));`   /* 显式类型转换 */

void * 型的指针可以赋给指向任意类型的指针，反之亦可，因此不必进行显式类型转换。

但是在 C++ 中，把指向 void 型的指针赋给指向其他类型的指针时，必须进行强制类型转换（也就是说，在 C 语言中用 **A** 和 **B** 都可以，但在 C++ 中只能用 **B** ）。

不过，为什么在 C++ 中，宁愿牺牲与 C 语言的兼容性也要进行强制类型转换呢？下面我们就来探寻这个问题的原因，同时深入学习指向 void 型的指针。

＊

并不是所有对象都能够存入任意地址指向的存储空间中。这是因为在某些环境中，为了能够快速读写对象，要将对象的开头存入编号为偶数的地址（例如编号为 2 的倍数的地址、4 的倍数的地址、8 的倍数的地址等指向的存储空间中），这种合理调节对象存储位置的行为就叫作**字节对齐**（alignment）。

假设 sizeof(double) 的值为 8，表示以 8 字节对齐。此时 double 型的对象的开头会被存入用 8 能够整除的地址指向的存储空间中。

此时指向 8 的倍数的地址（如编号为 8 的地址和编号为 16 的地址等）的指针能够正确地指向 double 型对象，然而指向编号为 1 和编号为 5 的地址的指针就无法正确指向 double 型对象。

我们用代码清单 3C-4 的程序来验证一下上述结论。

代码清单 3C-4   chap03/pointconv.c

```
/* 指针和类型转换 */

#include  <stdio.h>

int main(void)
{
    double  x;
    double  *pd;
    char    *pc = &x;       ■1

    pc++;                   ■2

    pd = (double *)pc;      ■3

    printf("pc = %p\n", pc);
    printf("pd = %p\n", pd);

    return 0;
}
```

```
运行示例
pc = 9
pd = 16
```

本程序中声明了两个指针，其中 pd 为 double * 型的指针、pc 为 char * 型的指针。我们假设 double 型的 x 存储在编号为 8 的地址指向的存储空间中，如图 3C-2 所示。

在 ■1 中，将指向 char 型的指针 pc 初始化为指向存有 x 的编号为 8 的地址。因为初始值 &x 是

double * 型的指针，所以程序会进行隐式类型转换，把 double * 型转换为 char * 型。

接下来在❷中，对 pc 进行自增运算。pc 自增后，就会指向当前元素后面的那个元素。因为字符的大小是 1 字节，所以自增后 pc 会指向编号为 9 的地址。

在❸中，程序把指针 pc 的值赋给了指向 double 型的指针 pd。但如果 double 型是以 8 字节对齐的，那么指向 double 型的指针就必须是 8 的倍数。虽然在不同编程环境下可能有所差别，但若以 8 字节为单位进行进位或舍位，就有可能变成编号为 8 或编号为 16 的地址。

本程序以 char * 型为例进行了说明，但在以 1 字节对齐、能够指向任意地址这一点上，void * 型与 char * 型是相同的。

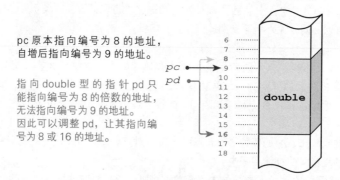

因赋值给不同类型的指针而使指针发生变化的示例。
※ 假设是 double 型以 8 字节对齐的环境。

pc 原本指向编号为 8 的地址，
自增后指向编号为 9 的地址。

指向 double 型的指针 pd 只能指向编号为 8 的倍数的地址，无法指向编号为 9 的地址。
因此可以调整 pd，让其指向编号为 8 或 16 的地址。

图 3C-2　代码清单 3C-4 中的两个指针

将指针转换成指向其他类型的指针是很危险的，因为这样可能改变指针本身的值。因此在 C++ 中，如果要把指向 void 的指针赋给指向其他类型的指针，就必须进行显式类型转换。

虽然在 C 语言中显式类型转换不是强制要求的，但在把指针的值赋给指向其他类型的指针时，需要让使用编译器和程序的人知道"在赋值时指针的值有可能发生变化"。因此，即使显式类型转换在 C 语言中不是强制要求的，我们还是要尽量使用它。

＊

calloc 函数、malloc 函数、realloc 函数一定会返回合理字节对齐后的值。例如，在某编译器中，最多以 8 字节对齐，原则上这些函数返回的地址都是用 8 能够整除的值。

在对这些函数返回的值进行赋值操作时，由于不需要考虑与字节对齐的统一性，因此在把 void * 型指针转换成指向其他类型的指针时，（如果忽略 C 语言与 C++ 的源代码级别的兼容性）不必非要进行显式转换。

第 4 章

字符串和指针

在 C 语言中，字符串本质是字符数组。字符串和指针息息相关，由于无法理解指针，所以有很多人也无法理解字符串。

本章学习有关字符串和指针的知识。

4-1 字符和字符串

很巧，关于字符串，我几乎同时收到了两封内容相似的来信。

字符和字符串

C 同学来信的内容如下所示。

> 和我使用多年的 COBOL 不同，C 语言会很严格地区分 `"CMAGAZINE"` 和 `'CMAGAZINE'`。以我的经验来看，两者的区别如下。
> · 在 `if` 语句的控制表达式中使用 `''`。
> 　例 `if(x == 'a')`
> · 在数组的初始化和 `printf` 等函数的参数中使用 `""`。
> 　例 `printf("abc\n");`
> · 在存入数据至数组时用 `""`。
> 　例 `name[2] = "abc";`
> 所以我得出了以下结论。
> · `'a'` 表示数据本身。
> · `"a"` 表示字符串的首地址。
> 我的想法正确吗？

D 同学来信的内容如下所示。

> 最近我在学习 C 语言，但由于我平时用的是 COBOL，所以我现在正为指针困扰着。
> "请在理论上说明 C 语言中没有指向字符串的指针这一数据类型。"
> 我不知道上述问题的答案是什么，您能告诉我吗？

这两封信让我回忆起，当初给 COBOL 程序员上 C 语言课的日子。在讲解 C 语言中的数据类型时，几乎所有的学生会问我该如何区分 `int` 和 `double`。

因为不同编程语言在处理数值和字符串的方式上会有差异，所以就算是 COBOL 程序员中的老手，在理解 C 语言的一些规则时也会感到困惑。

字符和字符常量

字符串就是字符的序列。我们首先来学习**字符**（character）和**字符常量**（character constant）。

代码清单 4-1 和代码清单 4-2 中的程序的结构几乎相同，分别用于将 `int` 型、`char` 型的变量赋值并显示。

▶ 代码清单 4-2 所显示的值取决于字符编码的标准。

代码清单 4-1	chap04/int_d.c

```
/*
    将 int 型的变量赋值并显示
*/

#include <stdio.h>

int main(void)
{
    int x = 5;

    printf("x = %d\n", x);

    return 0;
}
```

运行结果
```
x = 5
```

代码清单 4-2	chap04/char_d.cpp

```
/*
    将 char 型的变量赋值并显示
*/

#include <stdio.h>

int main(void)
{
    char c = 'A';

    printf("c = %d\n", c);

    return 0;
}
```

运行示例
```
c = 65
```

代码清单 4-2 将 char 型变量的值以整数显示。这种操作之所以被允许，是因为在 C 语言中，字符会被当作表示字符的一个整数来处理。

> **注意** 字符本质上是表示字符的字符编码的整数。

x 的初始值 5 是 int 型常量，而 c 的初始值 'A' 是字符常量。若计算机采用 ASCII 编码或 JIS 编码，'A' 的字符编码为十进制的 65。

在使用 ASCII 编码或 JIS 编码时，代码清单 4-3 和代码清单 4-4 的运行结果相同，不过，程序的可移植性和可读性不同。

▶ 在使用 ASCII 编码或 JIS 编码以外的字符编码标准的情况下运行代码清单 4-4，结果不一定是 'A'。

代码清单 4-3	chap04/char1.c

```
/*
    将字符赋给 char 型的变量并显示
*/

#include <stdio.h>

int main(void)
{
    char c = 'A';

    printf("c = '%c'\n", c);

    return 0;
}
```

运行结果
```
c = 'A'
```

代码清单 4-4	chap04/char2.c

```
/*
    将整数赋给 char 型的变量并显示
*/

#include <stdio.h>

int main(void)
{
    char c = 65;

    printf("c = '%c'\n", c);

    return 0;
}
```

运行示例
```
c = 'A'
```

通过这两个程序，我们可以得出以下结论。

> **注意** 字符常量就是表示字符的字符编码的常量。

▤ 字符的值

我们把在 C 语言程序中所有必不可少的字符的集合称为**基本字符集**（basic character set）。代码清单 4-5 中的程序以十六进制显示了该字符集所有字符及其对应值。

▶ 显示的值取决于字符编码的标准。

```c
/*
    显示基本字符集中的字符和对应值
*/

#include <stdio.h>

int main(void)
{
    int i;
    char cset[] = {
        'A', 'B', 'C', 'D', 'E', 'F', 'G', 'H', 'I', 'J', 'K', 'L', 'M',
        'N', 'O', 'P', 'Q', 'R', 'S', 'T', 'U', 'V', 'W', 'X', 'Y', 'Z',
        'a', 'b', 'c', 'd', 'e', 'f', 'g', 'h', 'i', 'j', 'k', 'l', 'm',
        'n', 'o', 'p', 'q', 'r', 's', 't', 'u', 'v', 'w', 'x', 'y', 'z',
        '0', '1', '2', '3', '4', '5', '6', '7', '8', '9',
        '!', '"', '#', '%', '&', '\'', '(', ')', '*', '+', ',', '-', '.',
        '/', ':', ';', '<', '=', '>', '?', '[', ']', '^', '_', '{', '|',
        '}', '~'
    };

    for (i = 0; i < sizeof(cset); i += 2)          /* 每行显示两个字符及其对应值 */
        printf("'%c' = %02X    '%c' = %02X\n",
                    cset[i], cset[i], cset[i+1], cset[i+1]);

    printf("' ' = %02X    '\\a' = %02X\n", ' ', '\a');
    printf("'\\b' = %02X    '\\f' = %02X\n", '\b', '\f');
    printf("'\\n' = %02X    '\\r' = %02X\n", '\n', '\r');
    printf("'\\t' = %02X    '\\v' = %02X\n", '\t', '\v');

    return 0;
}
```

运行示例

```
'A' = 41    'B' = 42        'g' = 67    'h' = 68        '&' = 26    ''' = 27
'C' = 43    'D' = 44        'i' = 69    'j' = 6A        '(' = 28    ')' = 29
'E' = 45    'F' = 46        'k' = 6B    'l' = 6C        '*' = 2A    '+' = 2B
'G' = 47    'H' = 48        'm' = 6D    'n' = 6E        ',' = 2C    '-' = 2D
'I' = 49    'J' = 4A        'o' = 6F    'p' = 70        '.' = 2E    '/' = 2F
'K' = 4B    'L' = 4C        'q' = 71    'r' = 72        ':' = 3A    ';' = 3B
'M' = 4D    'N' = 4E        's' = 73    't' = 74        '<' = 3C    '=' = 3D
'O' = 4F    'P' = 50        'u' = 75    'v' = 76        '>' = 3E    '?' = 3F
'Q' = 51    'R' = 52        'w' = 77    'x' = 78        '[' = 5B    ']' = 5D
'S' = 53    'T' = 54        'y' = 79    'z' = 7A        '^' = 5E    '_' = 5F
'U' = 55    'V' = 56        '0' = 30    '1' = 31        '{' = 7B    '|' = 7C
'W' = 57    'X' = 58        '2' = 32    '3' = 33        '}' = 7D    '~' = 7E
'Y' = 59    'Z' = 5A        '4' = 34    '5' = 35        ' ' = 20    '\a' = 07
'a' = 61    'b' = 62        '6' = 36    '7' = 37        '\b' = 08    '\f' = 0C
'c' = 63    'd' = 64        '8' = 38    '9' = 39        '\n' = 0A    '\r' = 0D
'e' = 65    'f' = 66        '!' = 21    '"' = 22        '\t' = 09    '\v' = 0B
                            '#' = 23    '%' = 25
```

数字字符的规律

标准 C 语言规定了数字字符 '0','1',…,'9' 的字符编码以 1 为单位递增。因此，减法表达式 '5' - '0' 的结果在任何字符编码标准下都为 5。

字母字符的规律

字母字符就没有数字字符那样的规律，'A','B',…,'Z' 的字符编码并非是以 1 为单位递增的。EBCDIC 编码主要运用于大型计算机中，事实上，使用该编码时，字母的编码就不连续了，不能保证 'B' - 'A' 的值就为 1，以及 'C' - 'A' 的值就和 'c' - 'a' 的值相等。如果程序中包含 'A' 加上 0～25 的值变成 'A'～'Z' 的运算或与之相反的运算，那么该程序就不具有可移植性，程序是否能够正常运行取决于字符编码的标准。

*

很多程序员会把字符常量的类型错误理解成 char 型。

注意 字符常量的类型是 int 型而非 char 型。

我们通过代码清单 4-6 来验证以上结论，请尝试运行以下程序。

代码清单 4-6   chap04/sizeof_char.c

```c
/*
     显示字符常量的大小
*/

#include <stdio.h>

int main(void)
{
    printf("sizeof(char) = %u\n", (unsigned)sizeof(char));
    printf("sizeof(int)  = %u\n", (unsigned)sizeof(int));
    printf("sizeof('A')  = %u\n", (unsigned)sizeof('A'));

    return 0;
}
```

```
运行示例
sizeof(char) = 1
sizeof(int)  = 2
sizeof('A')  = 2
```

通过以上程序，我们可以得知 sizeof('A') 的值和 sizeof(int) 的值相同，但和 sizeof(char) 的值不同。

▶ 本程序的运行结果是在 int 型大小为 2 字节的环境下得到的，若 int 型大小为 4 字节，sizeof(int) 和 sizeof('A') 的值将变为 4。

专栏 4-1 | **字符常量的类型为 int 型而非 char 型的原因**

在 C 语言发展初期，整数以 int 型为中心。因此，在进行运算或传递函数的参数时，char 型一律都提升为 int 型。

在此背景下，C 语言中的字符常量的类型变为 int 型。

在数据类型的区分上，比 C 语言更加严格的 C++ 中的字符常量的类型则是 char 型。因此，若是运行代码清单 4-6 的 C++ 版程序（chap04/sizeof_char_cpp.cpp），则会显示以下结果。

```
sizeof('A') = 1
```

■ 字符串

我们把字符序列称为**字符串**（string），它在标准 C 语言中的定义如图 4-1 所示。

到第一个空字符为止、包括这个空字符的字符序列称为字符串。

图 4-1 字符串的定义

我们来用代码清单 4-7 验证字符串截止于第一个空字符。

▶ 我们将在下一章学习有关空字符的知识。

```c
/*
    字符串的初始化和显示（验证字符串截止于第一个空字符）
*/

#include <stdio.h>

int main(void)
{
    char a[4] = {'S', 'X', '\0', '2'};       /* 'S', 'X', '\0', '2' */
    char b[4] = "ABC";                       /* 'A', 'B', 'C', '\0' */

    printf("a = %s\n", a);
    printf("b = %s\n", b);

    return 0;
}
```

```
运行结果
a = SX
b = ABC
```

我们结合数组 a 和 b 在内存中的表示来理解字符串，如图 4-2 所示。

图 4-2 **a** 中，数组 a 的元素以 'S'、'X'、'\0'、'2' 的顺序被初始化，由于第三个元素 a[2] 为空字符，所以数组 a 的前三个字符被看作字符串 "SX"。请注意字符串并不包括整个数组的元素。

图 4-2 **b** 中，数组 b 的声明的解释如下。

char b[4] = {'A', 'B', 'C', '\0'};　　　 /* 将自动添加空字符 */

数组 b 的元素以 'A'、'B'、'C'、'\0' 的顺序被初始化。

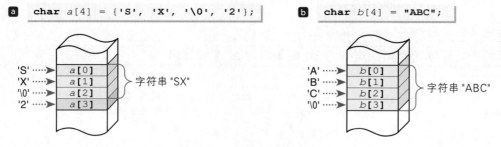

图 4-2　字符数组和字符串

有关字符串的初始化的规则比较复杂，我们来仔细学习一下。

在声明时，可以不给出数组的元素数量，如下的声明是被允许的。

char c1[] = "ABCDE";　　　　　 /* 数组的元素数量为 6 */

这时，数组 c1 的元素数量将变为 6，由初始值的字符数决定。

当然，当初始值的字符数超过数组的元素数量时将会报错。

char c2[3] = "ABCDEF";　　　　 /* 错误：初始值的字符数过多 */

不过，在不含空字符的初始值的字符数等于数组的元素数量时，数组末尾将不再添加空字符。因此，以下两种声明等价。

char c3[3] = "ABC";
char c3[3] = {'A', 'B', 'C'};

代码清单 4-8 验证了以上结论。数组 cary 不是字符串，我们应该把它看成字符的集合。

▶ 若编译器无法正常运行本程序，则表示该编译器不是依据标准 C 语言来进行编译的。

代码清单 4-8   chap04/char_ary_init.c

```
/*
    字符数组的初始化
*/

#include <stdio.h>

int main(void)
{
    char cary[3] = "RGB";          /* 不自动添加空字符 */

    puts(" 光的三原色 ");
    printf("cary[0] = \'%c\'\n", cary[0]);
    printf("cary[1] = \'%c\'\n", cary[1]);
    printf("cary[2] = \'%c\'\n", cary[2]);

    return 0;
}
```

```
                运行结果
光的三原色
cary[0] = 'R'
cary[1] = 'G'
cary[2] = 'B'
```

由于数组 cary 不包含空字符，所以我们不能使用以下语句来将数组 cary 作为字符串显示。

```
    printf("cary = %s\n", cary);
```

在这种情况下，printf 函数会显示到数组 cary 所在存储空间的后方的第一个空字符之前的所有字符。

专栏 4-2 | C++ 中字符串的初始化

在 C++ 中，数组的元素数量和不含空字符的初始值的字符数相等的声明不被允许，如下所示。

```
    char cary[3] = "RGB";          /* 在 C 语言中被允许，在 C++ 中会报错 */
```

字符串字面量

字符串字面量（string literal）指的是用双引号标识的字符序列，其末尾将自动添加空字符 '\0'，本质是 char 型的数组。

图 4-3 展示了两个字符串字面量和它们在内存中的表示。

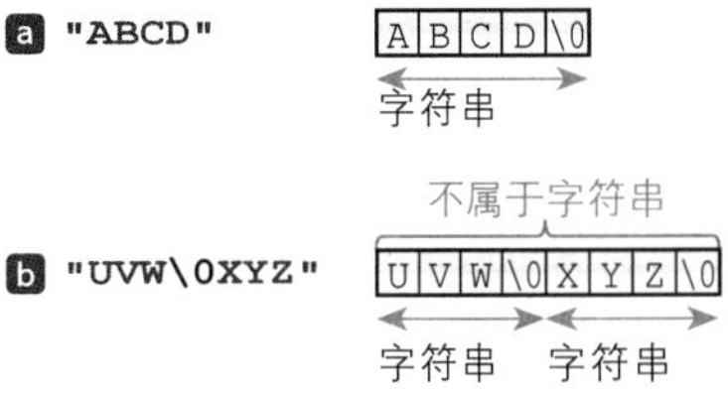

a "ABCD"

b "UVW\0XYZ"

图 4-3 字符串字面量

• 字符串字面量"ABCD"

该字符串字面量为 5 个字符的序列，由于其末尾是空字符，所以它属于字符串。

• 字符串字面量"UVW\0XYZ"

该字符串字面量为 8 个字符的序列，由于其中间含有空字符，所以它整体不属于字符串。

注意 字符串字面量不一定属于字符串。

■ 字符串字面量的连接

使用空白字符分隔的两个字符串字面量在编译时，会连接成一个字符串字面量，我们来用代码清单 4-9 所示的程序尝试验证。

代码清单 4-9   chap04/str_cat.c

```
/*
    验证相邻的两个字符串字面量的连接
*/

#include <stdio.h>

int main(void)
{
    puts("In translation phase 6, "    "adjacent string literal tokens "
        "are concatenated.");

    return 0;
}
```

运行结果
In translation phase 6, adjacent string literal tokens are concatenated.

▶ 在进行上述字符串字面量的连接时，即使在它们之间添加注释也不会影响结果。例如，"ABC" /*…*/ "DEF" 的连接结果是 "ABCDEF"。因为根据标准 C 语言的规则，注释将会被转换为空白字符，然后进行编译。

■ 字符串字面量的存储期

在程序运行时，字符串字面量始终位于存储空间的同一位置（不发生移动），即被指定了静态存储期。

注意　字符串字面量具有静态存储期。

■ 字符串字面量的类型和值

字符串字面量的类型和值如下所示。

注意　字符串字面量的类型为指向 char 型的指针，其值为首字符的地址。

我们用代码清单 4-10 的程序来验证以上结论。

代码清单 4-10   chap04/str_value.c

```
/*
    显示字符串字面量的值
*/

#include <stdio.h>

int main(void)
{
    char *ptr = "ABCD";                /* 初始化指向首字符的指针 */

    printf("ptr  = %s\n", ptr);        /* ptr 为指向首字符的字符串 */
    printf("ptr  = %p\n", ptr);        /* ptr 本身（地址）*/
    printf("*ptr = %c\n", *ptr);       /* ptr 指向的字符 */

    return 0;
}
```

运行示例
ptr = ABCD
ptr = 214
*ptr = A

使用字符串字面量 "ABCD" 的首字符 'A' 的地址来初始化 ptr。若使用 %p 来输出 ptr，则会显示 ptr 的地址。另外，对 ptr 使用间接运算符 *（即 *ptr）可以得到首字符 'A'。

▶ 我们将在 "用指针实现的字符串的操作" 部分学习更详细的内容。

■ 字符串字面量的大小

使用 sizeof 运算符可以得到字符串字面量（包含末尾的空字符）的大小，即在存储空间中所占的字节数。我们用代码清单 4-11 的程序来验证一下。

代码清单 4-11   chap04/str_size.c

```
/*
    显示字符串字面量的大小
*/

#include <stdio.h>

int main(void)
{
    printf("sizeof(\"ABC\") = %u\n",      (unsigned)sizeof("ABC"));
    printf("sizeof(\"UVW\\0XYZ\") = %u\n", (unsigned)sizeof("UVW\0XYZ"));

    return 0;
}
```

运行结果
sizeof("ABC") = 4
sizeof("UVW\0XYZ") = 8

即使字符串字面量中间部分存在空字符也没有关系，仍会显示全部字符所占的字节数。

■ 字符串字面量和字符串常量

由于字符串字面量这个名词的出现，**字符串常量**（string constant）就不再使用了。

注意 ┃ 在 C 语言中不存在字符串常量这个概念。

字符串常量不再使用的原因如下。

注意 ┃ 字符串字面量不一定是字符串常量。

我们来看代码清单 4-12 所示的程序，同时思考上述结论意味着什么。

代码清单 4-12   chap04/same_string.c

```
/*
    拼写相同的两个字符串字面量
*/

#include <stdio.h>

int main(void)
{
    char *s1 = "ABC";          /* s1 指向 "ABC" 的首字符 'A' */
    char *s2 = "ABC";          /* s2 指向 "ABC" 的首字符 'A' */

    *s1 = 'Z';                 /* 替换 s1 指向的字符 */

    printf("s1 = %s\n", s1);
    printf("s2 = %s\n", s2);

    return 0;
}
```

初始化指针 s1 和 s2，使它们同时指向 "ABC" 的首字符 'A'。如上述程序所示，当同时存在多个拼写相同的字符串字面量时，它们是否属于同一个字符串字面量呢？

如果不属于，就意味着指针 s1 和 s2 分别指向两个不同的字符串字面量实体，如图 4-4 **a** 所示。因此，即使使用阴影部分代码替换 s1 指向的字符，也不会对 s2 指向的字符产生影响。

另一方面，如果属于，就意味着指针 s1 和 s2 指向相同的字符串字面量实体（优点是节约存储空间），如图 4-4 **b** 所示。因此，替换 s1 指向的字符后，s2 指向的字符也将改变。

改变指向不同的字符串的指针后，字符串字面量的内容也将随之改变。关于此，在标准 C 语言中有如下定义。

"不必区分拼写相同的字符串字面量，变更字符串字面量的操作未被定义。"

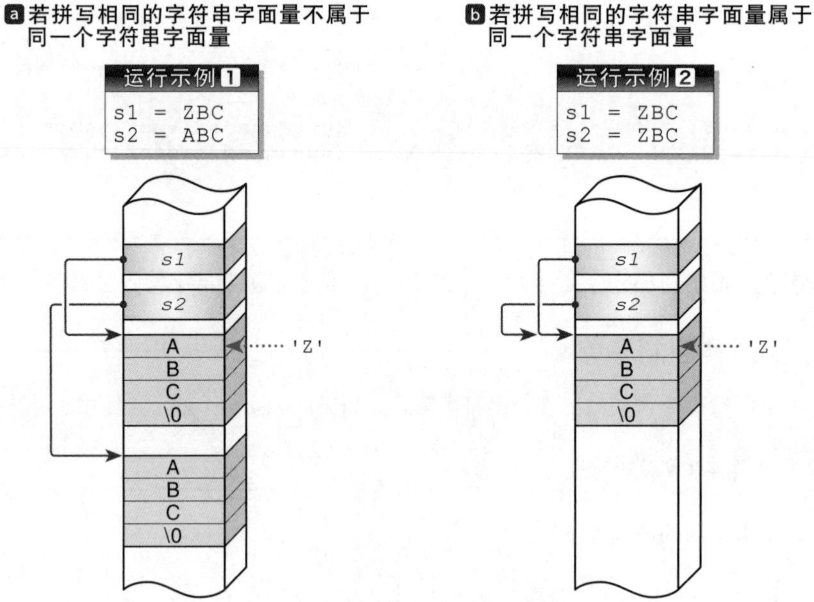

图 4-4　拼写相同的字符串字面量

因此，考虑到程序的可移植性，有如下结论。

注意　使用拼写相同的字符串字面量必须以共享同一块存储空间为前提。

另外，我们还要注意以下要点。

注意　字符串字面量应当是不可更改的。

如果不小心更改了字符串字面量中的内容，可能会违反存储空间的保护机制，也可能会导致程序崩溃。

▶　在这种情况下，代码清单 4-12 的程序并不能正常运行，我们也就不能得到图 4-4 所示的运行结果。

能否更改字符串字面量中的内容，与拼写相同的字符串字面量是否共享同一块存储空间有关，这涉及一些复杂的问题。

因此，不能把字符串字面量当作字符串常量。

专栏 4-3 │ **在 C++ 中字符串的类型**

在 C 语言中，字符串字面量的类型为 char 型的数组，而在 C++ 中，其类型则为 const char 型的数组。

因此，在 C++ 中，字符串字面量中的内容不可更改。

■ 用指针实现的字符串的操作——

我收到过很多有关字符串的实现的问题，如下所示。

字符串的声明似乎有两种方法，见代码清单 4–13 所示的程序。这两种方法有何不同？

在本书中，我们把像 ary 那样的字符串称为用数组实现的字符串，把像 ptr 那样的字符串称为用指针实现的字符串（两者都是非正式用语），这两种字符串完全不同。

代码清单 4-13   chap04/string.c

```c
/*
    用数组实现的字符串和用指针实现的字符串
*/

#include <stdio.h>

int main(void)
{
    char ary[] = "ABC";      /* 用数组实现的字符串 */
    char *ptr  = "XYZ";      /* 用指针实现的字符串 */

    printf("ary = %s\n", ary);
    printf("ptr = %s\n", ptr);

    return 0;
}
```

```
运行结果
ary = ABC
ptr = XYZ
```

■ 用数组实现的字符串

如图 4-5 所示，字符串为元素类型为 char 型、元素数量为 4 的数组，占 sizeof(ary) 字节的存储空间。

数组 ary 的元素 ary[0]、ary[1]、ary[2]、ary[3] 分别用 'A'、'B'、'C'、'\0' 进行初始化。

■ 用指针实现的字符串

如图 4-6 所示，ptr 只是一个指针，字符串字面量 "XYZ" 保存在别的地方。

ptr 被初始化，指向了字符串字面量 "XYZ" 的首字符 'X'。

指针和字符串字面量都会占用存储空间，共占 sizeof(char *) + sizeof("XYZ") 字节。

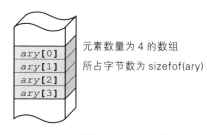

图 4-5 用数组实现的字符串

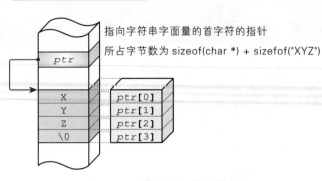

图 4-6　用指针实现的字符串

指向字符串的指针

我们来看指向字符串的指针。已知 px 是 char * 型的指针，我们先来研究执行如下赋值语句之后，px 会指向什么。

```
1  px = ary;      /* 等价于 px = &ary[0]; */
2  px = ptr;
```

1 指针 px 将指向字符串 "ABC" 所在的数组 ary 的首元素 &ary[0]，即 "ABC" 的首字符 'A'。

2 指针 px 将指向 ptr 所指向的字符串字面量 "XYZ" 的首字符 'X'。

接下来，我们来看指向整个字符串的方法。由于 ary 是元素类型为 char 型、元素数量为 4 的数组（即 char[4] 型的数组），设指向该数组的指针为 pz，pz 的声明如下所示。

```
char (*pz)[4];     /* 指向元素类型为 char 型、元素数量为 4 的数组的指针 */
```

对指针 pz 进行如下的赋值操作。

```
A  pz = &ary;      /* &ary 是指向整个数组的指针 */
B  pz = ptr;       /* 错误：数据类型不一致 */
```

A 指针 pz 将指向字符串 "ABC" 所在的（由 4 个元素组成的）数组 ary 整体。也就是说，指针 pz 指向字符串 "ABC"。

不过，若数组 ary 存储的是 "AB"，由于字符串只到长度为 4 的数组的前 3 位元素为止，所以整个数组 ary 并不是字符串。在这种情况下，我们不能说 pz 指向字符串。

B 由于指针 pz 和 ptr 数据类型不同，所以会报错。

两个分别指向不同长度的字符串的指针不互相兼容。

所以，指向字符串的首字符而非整个字符串的指针更具有兼容性。这是因为使用这种指针不需要考虑字符串的字符数量，只需要指向首字符即可。

注意	严格来说，不存在指向字符串的指针这种数据类型。在指向字符串时，需要利用指向字符串的首字符的指针。

不过，由于"指针 ptr 指向 "XYZ" 的首字符 'X'"这种说法太过啰唆，所以一般会省略成"指针 ptr 指向 "XYZ""。

▶ 在标准 C 语言中也使用了类似的省略说法。

■ 字符串数组

由于字符串的表示方法有用数组实现和用指针实现两种，所以字符串数组也可以分别通过这两种方法实现。

我们来看代码清单 4-14 所示的程序。

代码清单 4-14   chap04/string_ary.c

```c
/*
    用数组实现的字符串数组和用指针实现的字符串数组
*/

#include <stdio.h>

int main(void)
{
    int i;
    char a[][5] = {"LISP", "C", "Ada"};
    char *p[]   = {"PAUL", "X", "MAC"};

    for (i = 0; i < 3; i++)
        printf("a[%d] = %s\n", i, a[i]);

    for (i = 0; i < 3; i++)
        printf("p[%d] = %s\n", i, p[i]);

    return 0;
}
```

```
运行结果
a[0] = LISP
a[1] = C
a[2] = Ada
p[0] = PAUL
p[1] = X
p[2] = MAC
```

我们通过图 4-7 来理解数组 a 和 p。

a 用数组实现的字符串数组

数组 a 是 3 行 5 列的 char 型二维数组（即 char[3][5] 型的数组），因此，该数组的所有元素在存储空间中都是连续排列的。例如，a[0][4] 的后面一定是 a[1][0]。

另外，由于没有被赋初始值的元素都被初始化为 0，所以每行字符串的后面都是空字符。

数组所占的存储空间相当于 15(3×5) 个字符所占的空间。这个空间的大小和整个二维数组的大小（即 sizeof(a) 的值）相同。

b 用指针实现的字符串数组

指针 p 是元素类型为 char * 型、元素数量为 3 的数组。

元素 p[0]、p[1]、p[2] 的初始值分别是指向字符串字面量 "PAUL"、"X"、"MAC" 的首字符的指针。

如图 4-7 **b** 所示，之所以各个字符串字面量都间隔一定的距离，是因为不能保证它们在存储空间中是连续排列的。我们不能以 "X" 接在 "PAUL" 后或者 "MAC" 接在 "X" 后为前提条件来编程。

不仅数组 p 会占用 3 × sizeof(char *) 字节的存储空间，3 个字符串字面量也会分别占用相应的存储空间。

因此，求数组 p 所占的存储空间的表达式应该为 sizeof(p) + sizeof("PAUL") + sizeof("X") + sizeof("MAC")。

▶ sizeof(p) 等于 3 * sizeof(char*)。

a 用数组实现的字符串数组

二维数组

```
char a[][5] = {"LISP", "C", "Ada"};
```

所有元素连续排列。

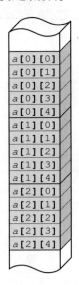

各构成元素的初始值为字符串字面量中的字符和空字符。

```
  0 1 2 3 4
0 L I S P \0
1 C \0\0\0\0
2 A d a \0\0
```

占用 sizeof(a) 字节的存储空间。

b 用指针实现的字符串数组

指针数组

```
char *p[] = {"PAUL", "X", "MAC"};
```

无法保证字符串排列的顺序和连续性。

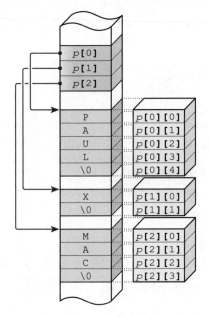

各元素被初始化为指向字符串字面量的首字符的指针。

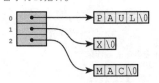

占用 sizeof(p) + sizeof("PAUL") + sizeof("X") + sizeof("MAC") 字节的存储空间。

图 4-7 字符串数组

4-2 字符串的处理

本节学习有关如何处理字符串的知识。

字符串的复制

P 同学曾经问过我有关字符串的复制的问题。

我写了一个用于复制字符串的函数 scp1（见代码清单 4-15），因为感觉自己写得很烦琐，于是又写了一个更简洁的版本 scp2，可是却无法得到正确结果，这是为什么呢？

P 同学的本意似乎是想用 scp1 函数将字符串 astr 复制到 bstr 中，用 scp2 函数将字符串 astr 复制到 cstr 中。

代码清单 4-15   chap04/str_cpy_wrong.c

```
/*
    进行字符串的复制
*/

#include <stdio.h>

/*--- 将字符串 f 复制到 t 中 ---*/
void scp1(char *f, char *t)
{
    while (*f != '\0') {
        *t = *f;
        f++;   t++;
    }
    *t = '\0';
}

/*--- 将字符串 f 复制到 t 中（存在问题）---*/
void scp2(char *f, char *t)
{
    do {
        *t++ = *f++;
    } while (*f);
}

int main(void)
{
    char astr[7] = "ABC";
    char bstr[7] = "XXXXXX";
    char cstr[7] = "YYYYYY";

    scp1(astr, bstr);           /* 用 scp1 函数将 astr 复制到 bstr 中 */
    scp2(astr, cstr);           /* 用 scp2 函数将 astr 复制到 cstr 中 */

    printf("astr = %s\n", astr);
    printf("bstr = %s\n", bstr);
    printf("cstr = %s\n", cstr);

    return 0;
}
```

```
运行结果
astr = ABC
bstr = ABC
cstr = ABCYYY
```

从运行结果中可以看出，scp2 函数并没有得到正确结果。

通过 scp2 函数复制字符串的过程如图 4-8 所示，此函数把指针 f 所指向的字符 *f 不断地赋给指针 t 所指向的字符 *t。

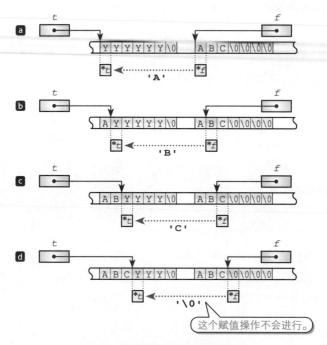

图 4-8　错误的复制字符串的过程

图 4-8 **a** 所示的是字符 'A' 的复制过程（把指针 f 所指向的字符 *f 赋给指针 t 所指向的字符 *t ）。在复制完成后，指针 f 和 t 均自增，从而都指向下一个字符。因此，接下来就会进行图 4-8 **b** 所示的字符 'B' 的复制操作了。

图 4-8 **c** 所示的是第三个字符 'C' 的复制过程。在复制完成后，通过程序中阴影部分的赋值语句（如下所示），复指针 t 和 f 均自增，从而都指向下一个字符。

```
*t++ = *f++
```

前三步的结果如图 4-8 **d** 所示，指针 f 指向了空字符。此时，由于 do 语句的控制表达式 *f 的值为 0，所以 do 语句的循环将会终止。

由此可知，作为字符串的结束标志的空字符的赋值操作并没有进行。

注意　在对程序进行调试的时候，如果语法和语句没有错误，那么应当试着对程序运行的流程进行仔细的检查。

代码清单 4-16 所示的是 4 个字符串的复制函数。

```
/*
    字符串的复制函数
*/

/*--- 复制字符串（1）---*/
char *scpy1(char *d, const char *s)
{
    int i = 0;

    while ((d[i] = s[i]) != '\0')
        i++;

    return d;
}
/*--- 复制字符串（2）---*/
char *scpy2(char *d, const char *s)
{
    char *p = d;

    while ((*d = *s) != '\0') {
        d++;
        s++;
    }

    return p;
}
/*--- 复制字符串（3）---*/
char *scpy3(char *d, const char *s)
{
    char *p = d;

    while ((*d++ = *s++) != '\0')
        ;

    return p;
}
/*--- 复制字符串（4）---*/
char *scpy4(char *d, const char *s)
{
    char *p = d;

    while (*d++ = *s++)
        ;

    return p;
}
```

　　以上 4 个函数看上去非常相似，其实它们的实现方法有些许不同。

　　由于程序员的个人喜好不同、各个函数的运行效率会受到编译器的影响，所以到底哪个函数最好不能一概而论。

　　我们只需做到能够很快地理解这些函数，并且自己也能够写出来即可。

　　由于以上 4 个函数都是基于复制字符串的标准库函数 strcpy 而完成的，所以它们的参数的顺序及返回值的类型都和 P 同学写的程序有所不同。

■ 参数

　　和 P 同学写的函数相比，这 4 个函数的参数的顺序相反，它们把第二个参数所指向的字符串赋给了第一个参数。另外，参数名 d 和 s 分别是 destination（目标）和 source（源）的首字母。

▶ 像这样名称使用英文单词首字母的情况在编程中十分常见，我们需要对英语有一定的了解，至少在看见 d 和
  s 成对出现的时候，能很快地知道它们是什么含义。

第二个参数 s 加上了 const，这意味着在函数中无法通过指针 s 来改变相应对象的值。
不过，这并不意味着作为实参传递的必须是指向常量对象的指针。

如图 4-9 所示，const char * 型的指针和 char * 型的指针都可以通过第二个参数来传递。

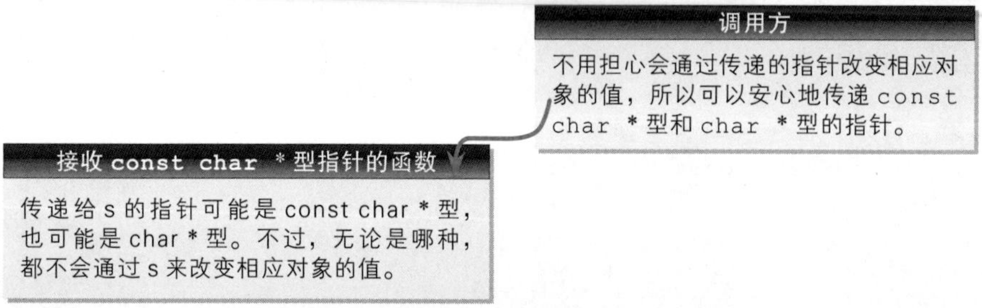

调用方

不用担心会通过传递的指针改变相应对
象的值，所以可以安心地传递 const
char * 型和 char * 型的指针。

接收 const char * 型指针的函数

传递给 s 的指针可能是 const char * 型，
也可能是 char * 型。不过，无论是哪种，
都不会通过 s 来改变相应对象的值。

图 4-9　作为函数的参数的 const 指针

▣ 返回值

函数的返回值是指向复制后的新字符串的首字符的指针。如果能够很好地利用函数调用后的返
回值，代码就可以变得更简洁。

例如，通过以下语句就可以将字符串 str 复制到 s1、s2、s3、s4 中。

```
scpy1(s4, scpy1(s3, scpy1(s2, scpy1(s1, str))));
```

另外，通过以下语句可以将字符串 "12345" 复制到 s1 中，并且显示复制后的新字符串。

```
printf("s1 = %s\n", scpy1(s1, "12345"));
```

以上语句直接将函数的返回值传递给 printf 函数。

▶ 用于保存复制后的字符串的参数是标准库函数 strcpy 的第一个参数，该函数的语法格式为 strcpy(复制后
  的字符串, 源字符串)，其返回值是指向复制后的字符串的指针。不知道大家有没有发现这种样式和基本赋值
  运算符 = 很相似。以赋值表达式 a = b 为例，a 是赋值后的变量，b 是源变量。另外，对赋值表达式 a = b
  求值，将会得到赋值后的 a 的值，因此，像 x = a =b 这样的赋值表达式是可以运行的。

▣ 字符串不能为空?

Q 同学有一个问题，他在编写用鼠标单击屏幕上会动的字
母以组成单词的程序时，遇到了一些困难。

代码清单 4-17 所示的程序的功能是从图 4-10 所示的文件
"DATA" 中读取单词并显示。

▶ 代码清单 4-17 是根据 Q 同学的来信中的代码片段而编写的，为
  了使程序能够正常运行，我对源代码进行了最小限度的补充。这
  个程序与 Q 同学的代码有着本质上的不同。

```
考试 examination
书 book
女孩 girl
```

※ 每行的单词中间被一个空白字符隔开

图 4-10　数据文件 "DATA"

在从文件中读入单词前，为了使用于保存问题的字符串 `qus` 和用于保存答案的字符串 `ans` 为空，在 `for` 语句的开头处的灰色阴影部分调用了两次 `strcpy` 函数。

```
strcpy(ans, "");     /* 没有按照自己设想的那样运行？ */
strcpy(qus, "");     /* 没有按照自己设想的那样运行？ */
```

尽管如此，Q 同学还是没有获得自己想要的效果。所以 Q 同学推测以上两个函数没有正确运行，因此他在代码中添加了蓝色阴影部分的代码，添加的两处代码都为空字符的赋值语句。

代码清单 4-17 的运行结果如图 4-11 **ⓐ** 所示。但是，如果删掉蓝色阴影部分的代码，从第二行开始，结果就会变得不正确。

ⓐ蓝色阴影部分的代码存在

运行结果
问题 = 考试　答案 =examination
问题 = 书　答案 =book
问题 = 女孩　答案 =girl

ⓑ删除蓝色阴影部分的代码

运行结果
问题 = 考试　答案 =examination
问题 = 书　答案 =bookination
问题 = 女孩　答案 =girlination

图 4-11　代码清单 4-17 的运行结果

为了使字符串为空，据说 Q 同学还尝试了以下方法。

```
strcpy(ans, NULL);      /* 使字符串为空（？）*/
strcpy(ans, '\0');      /* 使字符串为空（？）*/
```

那么，想要使字符串为空到底该怎么做呢？

代码清单 4-17	chap04/str_read_wrong.c

```
/*
       从文件中读取单词并显示
*/

#include <ctype.h>
#include <stdio.h>
#include <string.h>

#define Q_NO  3                  /* 问题的数量 */

FILE *fp;

/*--- 初始处理 ---*/
int initialize(void)
{
    fp = fopen("DATA", "r");
    return (fp == NULL) ? 0 : 1;
}

/*--- 结束处理 ---*/
void ending(void)
{
    fclose(fp);
}

/*--- 主函数 ---*/
int main(void)
{
    if (initialize()) {
        int   q, ch;
        char qus[20] = "";         /* 用于保存问题的字符串 */
        char ans[20] = "";         /* 用于保存答案的字符串 */
```

```
    for (q = 0; q < Q_NO; q++) {
        int i;

        strcpy(ans, "");         /* 没有按照自己设想的那样运行？ */
        strcpy(qus, "");         /* 没有按照自己设想的那样运行？ */

        if ((ch = fgetc(fp)) == EOF) goto ending;

        for (i = 0; !(isspace(ch)); i++) {
            qus[i]   = ch;
            qus[i+1] = '\0';              /* 在后方插入 */
            ch = fgetc(fp);
        }
        ch = fgetc(fp);
        for (i = 0; !(isspace(ch)); i++) {
            ans[i]   = ch;
            ans[i+1] = '\0';              /* 在后方插入 */
            ch = fgetc(fp);
        }
        printf("问题 = %s  答案 = %s\n", qus, ans);
    }
ending:
    ending();
    }
    return 0;
}
```

使字符串为空的两种方法

空字符串就是首字符为空字符、长度为 1 的字符串。

> **注意** 虽然空字符串要求首字符为空字符，但是保存字符串的数组的全部元素并不需要都为空字符。

使字符串为空的两个程序如代码清单 4-18 和代码清单 4-19 所示。

代码清单 4-18   chap04/str_null1.c

```
/*
    用空字符的赋值来使字符串为空
*/

#include <stdio.h>

int main(void)
{
    char str[4] = "ABC";

    str[0] = '\0';

    printf("str = \"%s\"\n", str);

    return 0;
}
```

运行结果
```
str = ""
```

代码清单 4-19   chap04/str_null2.c

```
/*
    用 strcpy 函数来使字符串为空
*/

#include <stdio.h>
#include <string.h>

int main(void)
{
    char str[4] = "ABC";

    strcpy(str, "");

    printf("str = \"%s\"\n", str);

    return 0;
}
```

运行结果
```
str = ""
```

两个程序的阴影部分就是使字符串为空的代码。无论使用哪种方法，都只会让字符串的首字符变成空字符，后面的字符将保持原样，如图 4-12 所示。

```
                    str[0] = '\0';

  ┌─┬─┬─┬──┐                      ┌──┬─┬─┬──┐
  │A│B│C│\0│ ·················>   │\0│B│C│\0│
  └─┴─┴─┴──┘                      └──┴─┴─┴──┘

                    strcpy(str, "");
```

图 4-12   使字符串为空

我们来看代码清单 4-20，这里使用了与代码清单 4-19 中同样的方法将字符串变为空字符串，并且对元素进行了赋值操作。

代码清单 4-20   chap04/str_null3.c

```c
/*
    字符串处理
*/

#include <stdio.h>
#include <string.h>

int main(void)
{
    char str[8] = "";          printf("str = \"%s\"\n", str);
    strcpy(str, "ABCD");       printf("str = \"%s\"\n", str);
    strcpy(str, "");           printf("str = \"%s\"\n", str);
    str[0] = '1';              printf("str = \"%s\"\n", str);
    str[1] = '2';              printf("str = \"%s\"\n", str);

    return 0;
}
```

运行结果
a str = ""
b str = "ABCD"
c str = ""
d str = "1BCD"
e str = "12CD"

在运行这个程序后，字符串 str 将会发生图 4-13 所示的变化。

一开始的声明使 str 变成空字符串（见图 4-13 a），之后，调用 strcpy 函数使 str 变成 "ABCD"（见图 4-13 b）。

在调用第二个 strcpy 函数后，字符串 str 又变成空字符串（见图 4-13 c）。

虽然 str 暂时变成了空字符串，但只要把字符 '1' 赋给 str[0] 后，str 又会变回有 4 个字符的字符串 "1BCD"（见图 4-13 d）。

图 4-13　代码清单 4-20 中字符串的变化

*

我们来总结使字符串为空的两种方法各自的特点。

▣ 用空字符的赋值方法

使用该方法时，只会进行简单的赋值操作。这与用 strcpy 函数的方法不同，没有调用函数产生额外的开销，运行效率十分不错，并且一眼就能让人明白代码的作用。

▣ 用 strcpy 函数的方法

在调用 strcpy 函数时，向第一个参数传递指向将变成空字符串的字符串的指针，向第二个参数传递指向字符串字面量 "" 的指针。乍一看似乎很简单，但其实在计算机内部进行了很多操作，并且还会占用存储空间，具体如下所示。

- 在调用 strcpy 函数时，传递了两个参数。因此，会占用相应的存储空间（我们将在第 10 章学习在传参时存储空间中的操作）。
- 在调用 strcpy 函数时，将会进行与代码清单 4-16 中字符串的复制函数所做操作同等规模的操作。也就是说，就算只用一个字符进行赋值操作，也需要跳转到别的函数中进行循环操作（或者与此相当的操作），运行结束后就会跳转回原函数。

- 在跳转回原函数时，会返回指针。
- 有的编译器将拼写相同的字符串字面量分别存储，如果在这种编译器下运行程序，在每次调用 strcpy(str, "") 时，字符串字面量 "" 都会占用 1 字节的存储空间。

所以该使用哪种方法就变得一目了然了。

> **注意** 要使字符串 str 为空，不应该调用 strcpy(str, "")，应当使用将空字符赋给字符串的首字符的方法，如下所示。
>
> *str*[0] = '\0';

使字符串为空的错误方法

我们来看 Q 同学为使字符串为空而尝试的两种方法实际上进行了什么操作。

> 1 **strcpy**(*s*, NULL)
> 2 **strcpy**(*s*, '\0')

▶ 我在《C 杂志》上提出这个问题后，收到了很多回答，但是没有一个是完全正确的答案。

1 strcpy(s, NULL)

空指针常量 NULL 不指向任何对象，也不指向任何函数，是一个特别的指针。以下是对 NULL 的不严谨的说明。

它是指向不含任何对象或函数的特殊存储空间的指针。

▶ 我们将在下一章详细学习有关 NULL 的知识。

因此，若执行 strcpy(s ,NULL)，就会将从 NULL 指向的存储空间开始的字符串复制到 s 中，如图 4-14 所示。

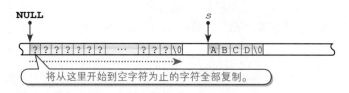

图 4-14　strcpy(s ,NULL) 的功能

如果 NULL 指向的存储空间中刚好是空字符，那么只会复制空字符，所以字符串 s 就变为空字符串了。

但是，并不能确保 NULL 指向的存储空间中刚好是空字符。因此，如果不是，会将从该存储空间开始到第一个空字符为止的所有字符都复制过去。复制过去的字符可能刚好是 1 个，也可能是 10000 个。

> **注意** 不要访问 NULL 指向的没有实体的存储空间。

▶ strcpy 函数的实现方法不同，有时可能会让程序陷入无限循环。

◨ strcpy(s, '\0')

字符常量 `'\0'` 作为第二个参数，属于 `int` 型，其值为 0。因此，`strcpy(s,'\0')` 和 `strcpy(s, 0)` 的作用相同。

是否进行了 `strcpy` 的函数原型声明将决定 `strcpy(s, '\0')` 会进行的操作。

▶ 将在第 6 章仔细讲解有关函数原型声明的知识。

▪ 若事先进行了函数原型声明

在头文件 string.h 中声明了 `strcpy` 的函数原型，如下所示。

```
char *strcpy(char *s1, const char *s2);
```

如果事先进行了这个声明，那么在调用 `strcpy(s, 0)` 时，就会把第二个参数 0 的类型转换为指向 `const char` 型的指针。其结果是整数 0 变为空指针（详细内容将在下一章学习）。

因此，`strcpy(s, '\0')` 和 `strcpy(s, NULL)` 是等价的，和后者相同，前者也是不正确的。

▪ 若事先没有进行函数原型声明

如果没有声明过函数原型，那么 `strcpy` 函数就会将第一个参数 `s` 作为指针传递，将第二个参数 `'\0'` 作为 `int` 型对象传递。

可是，由于参数接收方会将两个参数作为指针接收，所以会发生矛盾。

具体产生的结果分以下两种情况进行讨论。

▫ 若 char * 型的指针和 int 型对象的大小和传值方式不同

`'\0'` 在作为 `strcpy` 函数的第二个参数被接收时，有可能无法作为指针解释为正确的值。

因此，既有可能从未知的存储空间中进行复制，又有可能从不存在的地址中进行复制。

▫ 若 char * 型的指针和 int 型对象的大小和传值方式相同

若 `int` 型的整数 0 在存储空间中的表示和空指针相同，那么 `strcpy(s, '\0')` 和 `strcpy(s, NULL)` 就是等价的，因此结果仍然不正确。

若两者不同，那么 `strcpy` 函数传递的第二个参数有可能无法作为指针解释为正确的值，结果也是不正确的。

▶ 整数 0 在存储空间中的所有位都是 0，而空指针则不一定。

▨ 问题的解决

我们来解决 Q 同学遇到的问题（即去掉代码清单 4-17 中蓝色阴影部分的代码，程序就无法正确运行的问题）。改良后的程序如代码清单 4-21 所示。

代码清单 4-21   chap04/str_read.c

```c
/*
    从文件中读取单词并显示（改良版）
*/

#include <ctype.h>
#include <stdio.h>

#define Q_NO   3                    /* 问题的数量 */

FILE *fp;

/*--- 初始处理 ---*/
int initialize(void)
{
    fp = fopen("DATA", "r");
    return (fp == NULL) ? 0 : 1;
}

/*--- 结束处理 ---*/
void ending(void)
{
    fclose(fp);
}

/*--- 主函数 ---*/
int main(void)
{
    if (initialize()) {
        int q, ch;
        char qus[20];             /* 用于保存问题的字符串 */
        char ans[20];             /* 用于保存答案的字符串 */

        for (q = 0; q < Q_NO; q++) {
            int i;

            if ((ch = fgetc(fp)) == EOF) goto ending;

            for (i = 0; !(isspace(ch)); i++) {
                qus[i] = ch;
                ch = fgetc(fp);
            }
            qus[i] = '\0';

            ch = fgetc(fp);
            for (i = 0; !(isspace(ch)); i++) {
                ans[i] = ch;
                ch = fgetc(fp);
            }
            ans[i] = '\0';
            printf("问题 = %s 答案 = %s\n", qus, ans);
        }
    ending:
        ending();
    }
    return 0;
}
```

运行结果
```
问题 = 考试 答案 =examination
问题 = 书  答案 =book
问题 = 女孩 答案 =girl
```

本程序主要改动了以下两点。

▪ 删除了 strcpy 函数

在从文件中读取单词之前，不需要使字符串为空。因此，删除了代码清单 4-17 中灰色阴影部分的 strcpy 函数。

▪ 改变了空字符的赋值时机

Q 同学的程序的操作如图 4-15 **ⓐ** 所示，每从文件中读取一个字符并存入数组，就将空字符赋给下一个元素。这种做法使得赋值操作的次数翻了一倍。

而在改良后的程序中，只在结尾使用空字符进行赋值，如图 4-15 **ⓑ** 所示。

如图 4-15 **ⓐ** 所示，这种操作的多余程度看似轻微，但也会"积少成多"。

| 注意 | 在编程时尽量避免多余的操作，特别是在循环语句中。 |

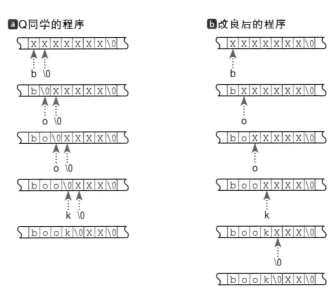

图 4-15　字符串的形成

存储空间的清空

只要将首字符变成空字符就可以使整个字符串为空。然而，有时候也需要将数组中的所有字符都变为空字符。

使用标准库函数 memset 就可以很方便地将数组中的所有字符都变为空字符。

memset	
头文件	**#include** <string.h>
格式	**void *memset**(**void ***s, **int** c, **size_t** n);
功能	将 c 转换为 **unsigned char** 型的值，然后将 s 指向的对象中的前 n 个字符全都替换为该值。
返回值	返回 s 的值。

memset 函数可以将指针 s 指向的位置之后的 n 字节的存储空间中的元素全部替换为字符 c。我们通过代码清单 4-22 所示的程序来验证该函数的功能。

代码清单 4-22   chap04/str_memset.c

```
/*
    将字符串的字符替换为空字符
*/

#include <stdio.h>
#include <string.h>

int main(void)
{
    int   i;
    char  s[10] = "ABCDEFGHI";

    memset(s, '\0', sizeof(s));     /* 将数组 s 的所有元素都变成 0 */

    for (i = 0; i < sizeof(s); i++)
        printf("s[%d] = %d\n", i, s[i]);

    return 0;
}
```

运行结果
s[0] = 0
s[1] = 0
s[2] = 0
s[3] = 0
s[4] = 0
s[5] = 0
s[6] = 0
s[7] = 0
s[8] = 0
s[9] = 0

如图 4-16 所示，数组的全部元素都被赋为空字符。

> **注意** 如需将一段连续的存储空间的元素都替换为同一个字符，请使用 memset 函数。

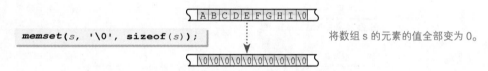

图 4-16　将字符串的字符替换为空字符

前文用 memset 函数实现了将字符串的字符全部替换为空字符的功能，代码清单 4-23 所示的程序则试图把此功能封装在一个单独的函数中。

代码清单 4-23   chap04/clear_string_wrong.c

```
/*
    将字符串的字符替换为空字符（错误）
*/

#include <stdio.h>
#include <string.h>

/*--- 将字符串 str 的字符替换为空字符（错误）---*/
void clear_string(char *str)
{
    memset(str, '\0', sizeof(str));
}

int main(void)
{
    int   i;
    char  s[10] = "ABCDEFGHI";

    clear_string(s);

    for (i = 0; i < sizeof(s); i++)
        printf("s[%d] = %d\n", i, s[i]);

    return 0;
}
```

运行示例
s[0] = 0
s[1] = 0
s[2] = 67
s[3] = 68
s[4] = 69
s[5] = 70
s[6] = 71
s[7] = 72
s[8] = 73
s[9] = 0

　　程序的运行结果并不符合我们的期望。这是因为，作为memset函数的第三个参数，sizeof(str)的值并不是str所指向的字符串的大小，而是指向char型的指针的大小。

　　因此，如果该指针的大小sizeof(char *)的值为2，那么只有字符串的开头两个字符被替换成空字符。

　　像代码清单4-24那样，我们来重写clear_string函数及其调用语句。

代码清单4-24　　　　　　　　　　　　　　　　　　　　　　　　　　　chap04/clear_string.c

```
/*--- 将字符串的前 no 个字符替换为空字符 ---*/
void clear_string(char *str, int no)
{
    memset(str, '\0', no);
}

/* ... */

    clear_string(s, sizeof(s));
/* ... */
```

```
运行结果
s[0] = 0
s[1] = 0
s[2] = 0
s[3] = 0
s[4] = 0
...
```

　　正如上一章所学的，由于clear_string函数接收的数组的元素数量不可知，所以还需要接收一个表示元素数量的参数。在调用memset函数时，我们将表示数组的元素数量的sizeof(s)作为参数传递。

字符串的动态生成

　　在第3章中，我们学习了如何使用calloc函数或malloc函数来动态分配存储空间。使用这两个函数，我们也能够动态生成所需长度的字符串。

　　示例程序如代码清单4-25所示。

代码清单4-25　　　　　　　　　　　　　　　　　　　　　　　　　　　　chap04/str_dup1.c

```
/*
    动态生成读入字符串的副本
*/

#include <stdio.h>
#include <stdlib.h>
#include <string.h>

int main(void)
{
    char st[128];
    char *pt;

    printf("请输入字符串 st: ");
    scanf("%s", st);

    pt = malloc(strlen(st) + 1);          /* 动态生成存储字符串的空间 */

    if (pt) {
        strcpy(pt, st);                   /* 复制字符串到生成的存储空间中 */
        printf("st = %s\n", st);
        printf("pt = %s\n", pt);
        free(pt);                         /* 释放存储空间 */
    }

    return 0;
}
```

```
运行示例
请输入字符串 st: Otoshiana⏎
st = Otoshiana
pt = Otoshiana
```

本程序会把从键盘读取的字符串存入数组 st 中，再创建其副本 pt。

由于需要复制的字符串必须存储在 char 型的数组中，所以指针 pt 必须声明成指向 char 型的指针。

创建的副本必须能够容纳包含空字符的字符串 st，因此 malloc 函数需要分配 strlen(st) + 1 字节的存储空间。

若需要复制的字符串是 "Otoshiana"，那么需要能够容纳 10 个字符的存储空间，如图 4-17 所示。在 malloc 函数的返回值赋给指针 pt 后，指针 pt 就指向分配好的存储空间的首字符。因此，可以用 pt[0]，pt[1],pt[2],…,pt[9] 来访问相应存储空间。

此时只需再用 strcpy 函数把字符串 st 复制到生成的存储空间中，整个复制过程就结束了。

在程序的最后，用 free 函数释放存储空间。

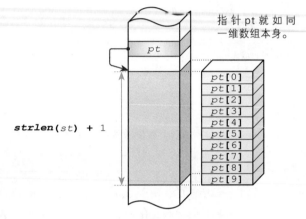

strlen(st) + 1

指针 pt 就如同一维数组本身。

pt[0]
pt[1]
pt[2]
pt[3]
pt[4]
pt[5]
pt[6]
pt[7]
pt[8]
pt[9]

图 4-17　字符串的动态生成

另外，可以将字符串的复制操作封装在一个独立函数中，如代码清单 4-26 所示。

代码清单 4-26   chap04/str_dup2.c

```c
/*
    动态生成读入字符串的副本
*/

#include <stdio.h>
#include <stdlib.h>
#include <string.h>

/*--- 返回生成的字符串 s 的副本 ---*/
char *strdup(const char* s)
{
    char *p = malloc(strlen(s) + 1);
    return (p != NULL) ? strcpy(p, s) : NULL;
}

int main(void)
{
    char st[128];
    char *pt;

    printf("请输入字符串 st：");
    scanf("%s", st);

    if (pt = strdup(st)) {
        printf("st = %s\n", st);
        printf("pt = %s\n", pt);
        free(pt);                   /* 释放存储空间 */
    }

    return 0;
}
```

运行示例
```
请输入字符串 st：Otoshiana⏎
st = Otoshiana
pt = Otoshiana
```

strdup 函数在生成参数 s 接收的字符串的副本后，将返回指向该副本的首字符的指针。另外，若未能成功分配存储空间，将返回空指针。

字符串数组的动态生成

接下来，我们学习如何动态生成多个字符串，并使其可以作为数组访问，代码清单 4-27 所示的程序通过读取 4 个字符串并创建对应的副本来实现这一功能。

▶ strdup 函数和代码清单 4-26 中的相同。

代码清单 4-27   chap04/str_ary_aloc.c

```c
/*
    动态生成字符串数组
*/

#include <stdio.h>
#include <stdlib.h>
#include <string.h>

/*--- 返回生成的字符串 s 的副本 ---*/
char *strdup(const char* s)
{
    char *p = malloc(strlen(s) + 1);
    return (p != NULL) ? strcpy(p, s) : NULL;
}

int main(void)
{
    int i;
    char *p[4];

    for (i = 0; i < 4; i++) {
        char temp[128];

        printf("字符串: ");
        scanf("%s", temp);

        p[i] = strdup(temp);              /* 复制字符串 */
    }

    for (i = 0; i < 4; i++)
        printf("p[%d] = %s\n", i, p[i] ? p[i] : "NULL");

    for (i = 0; i < 4; i++)
        free(p[i]);                       /* 释放存储空间 */

    return 0;
}
```

```
运行示例
字符串: Otoshiana⏎
字符串: Meikai⏎
字符串: Jissen⏎
字符串: Doujyou⏎
p[0] = Otoshiana
p[1] = Meikai
p[2] = Jissen
p[3] = Doujyou
```

本程序分配的数组相当于用指针实现的字符串数组，并不是用数组实现的字符串数组（即二维数组）。

数组 p 的元素类型为指向 char 型的指针，元素数量为 4。数组 p 和动态分配的存储空间的关系如图 4-18 所示。

每读取一个字符串，就分配相当于其副本大小的存储空间，并将分配好的存储空间的首地址赋给数组 p 的各个元素。

因此，对于各指针 p[0]、p[1]、p[2]、p[3]，可以通过添加下标运算符 []，以 p[i][j]

的格式来访问各字符串中的字符。

另外，在本程序中，阴影部分的代码让我们可以通过显示的结果来判断字符串的存储空间是否分配成功。

▶ 例如，读取的第二个字符串过长，就会导致 p[1] 指向的字符串的存储空间分配失败，因此 p[1] 就变成了空指针。在这种情况下，程序会将字符串 "NULL" 传递给 printf 函数而不是空指针。这样既可以在屏幕上显示 NULL，又可以避免程序运行时产生错误。

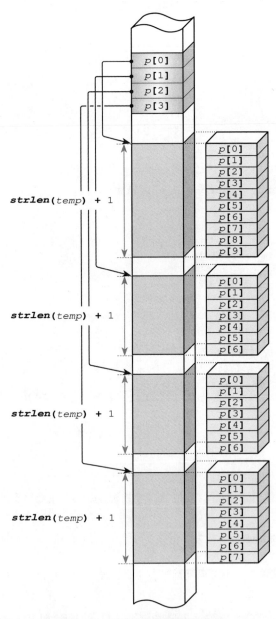

图 4-18　字符串数组的动态生成

第 5 章

NULL

空指令（null directive）、空字符（null character）、空语句（null statement）、空指针（null pointer）和空指针常量（null pointer constant）中都含有空（null），它们都让人难以捉摸。

本章将学习令人束手无策的 null。

5-1 空指令、空字符和空语句

本节学习有关空指令、空字符和空语句的知识。

null

G 同学问过我以下问题。

像空字符串和空指针之类的名词，它们之间有什么区别?

"null" 意为"无效的""空的""无价值的"。

▶ null 的音标为 [nʌl]。

空指令

像 #define 和 #include 之类的预处理指令都是以 # 开头的。**空指令**（null directive）是指只含一个符号 # 的某一行，并没有实际作用。

注意	空指令是不起任何实际作用的预处理指令。

空指令的使用示例如代码清单 5-1 所示。

代码清单 5-1   chap05/null_directive.c

```
/*
    空指令的使用示例
*/

#
#define MAX   100
#
#define MIN   0
#
```

空指令的作用是让其前后的预处理指令看起来更加整洁、美观。

一般来说，不需要特意使用空指令。如代码清单 5-2 所示，空指令与空行的作用相同。

代码清单 5-2   chap05/null_line.c

```
/*
    不使用空指令的实现方法
*/

#define MAX   100

#define MIN   0
```

空字符

空字符（null character）用于表示字符串的结尾，如图 5-1 所示，空字符的所有位都为 0。

空字符区别于像 'a' 和 'z' 之类的普通字符，是特殊的字符。空字符的值为 0，用八进制转义字符表示则为 '\0'。

| 0 | 0 | 0 | 0 | 0 | 0 | 0 | 0 |

图 5-1 空字符

> **注意** 空字符是值为 0 的字符。

我们用代码清单 5-3 所示的程序来验证空字符的值。

代码清单 5-3　　　　　　　　　　　　　　　　　　　　　　　　chap05/null_character.c

```
/*
    显示空字符的值
*/

#include <stdio.h>

int main(void)
{
    printf(" 空字符的值为 %d。\n", '\0');

    return 0;
}
```

运行结果
空字符的值为 0。

空字符串

空字符串（null string）是指首字符为空字符的字符串，即只含有空字符的字符串（空字符串只是通称，并非标准 C 语言中的术语）。

> **注意** 空字符串为只含一个空字符的字符串。

把空字符赋给字符串的首字符，就能使其变为空字符串。程序示例见代码清单 5-4，程序运行的过程如图 5-2 所示（在上一章中我们已经详细学习过）。

代码清单 5-4　　　　　　chap05/null_string.c

```
/*
    使字符串为空字符串
*/

#include <stdio.h>

int main(void)
{
    char str[4] = "ABC";

    str[0] = '\0';

    printf("str = \"%s\"\n", str);

    return 0;
}
```

运行结果
str = ""

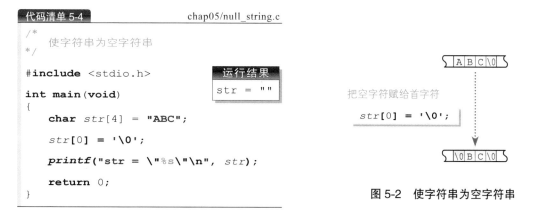

把空字符赋给首字符

str[0] = '\0';

图 5-2 使字符串为空字符串

■ 空语句

我们来看右图所示的两个语句的结构。

1 函数调用表达式句尾带有分号。

2 赋值表达式句尾带有分号。

以上两者都属于**表达式语句**（expression statement）。事实上，程序中的大部分语句都属于表达式语句。

我们从图 5-3 所示的表达式语句的语法中得知，以下两种格式的语句均为表达式语句。

ⓐ 表达式 ; 。

ⓑ ; 。

其中，ⓑ格式的表达式语句称为**空语句**（null statement）。

图 5-3 表达式语句的语法

> **注意** 空语句为只含分号的表达式语句。

空语句该如何使用呢？代码清单 5-5 所示的程序是一个典型使用示例。

代码清单 5-5   chap05/strcopy.c

```c
/*
    字符串的复制（空语句作为循环语句的主体）
*/
#include <stdio.h>
/*--- 将字符串 s 复制到 d 中 */
char *strcopy(char *d, const char *s)
{
    char *p = d;

    while (*d++ = *s++)
        ;                       /* 空语句 */
    return p;
}

int main(void)
{
    char sx[20] = "ABC";
    char sy[20] = "";

    strcopy(sy, sx);            /* 将字符串 sx 复制到 sy 中 */

    printf("字符串 sx = %s\n", sx);
    printf("字符串 sy = %s\n", sy);

    return 0;
}
```

运行结果
```
字符串 sx = ABC
字符串 sy = ABC
```

---

strcopy 函数用于将字符串 s 复制到字符串 d 中。作为循环语句的 while 语句的循环体（主体）不能为空，因此需要添加阴影部分的空语句。

另一个空语句的典型使用示例如代码清单 5-6 所示。

代码清单 5-6   chap05/label.c

```
/*
    读取整数并显示其总和（空语句作为标签语句的主体）
*/

#include <stdio.h>

/*--- 读取 no 个整数并显示其总和 */
void sumup(int no)
{
    int sum = 0;

    printf("请输入 %d 个整数。\n", no);
    puts("输入 999 以结束输入。");

    while (no--) {
        int x;
        scanf("%d", &x);
        if (x == 999) goto xyz;        /* 结束 */
        sum += x;
    }
    printf("总和为 %d。\n", sum);
xyz:
    ;                                  /* 空语句 */
}

int main(void)
{
    sumup(5);

    return 0;
}
```

```
┌─────────────────────────┐
│        运行示例 1          │
├─────────────────────────┤
│ 请输入5个整数。            │
│ 输入999以结束输入。        │
│ 15↵                      │
│ 8↵                       │
│ 106↵                     │
│ 999↵                     │
└─────────────────────────┘
```

```
┌─────────────────────────┐
│        运行示例 2          │
├─────────────────────────┤
│ 请输入5个整数。            │
│ 输入999以结束输入。        │
│ 17↵                      │
│ 82↵                      │
│ -35↵                     │
│ 64↵                      │
│ 9↵                       │
│ 总和为137。               │
└─────────────────────────┘
```

读取 5 个整数并显示其总和，不过，输入 999 则会结束输入。

空语句位于 goto 语句跳转后的标签，即 xyz 的后面。

标签语句（labeled statement）的语法如图 5-4 所示，从图中我们可以得知冒号的后面需要一个语句。

图 5-4 标签语句的语法

若删除本程序中阴影部分的空语句，则会出现以下错误消息。

错误 标签的后面缺少语句。

▶ 若没有报错并且可以正常编译，就说明使用的编译器允许语法错误。

在这里，空语句用于明确表示"什么也不做"，是不可缺少的语句。

注意 在循环语句或标签语句中，我们可以将空语句作为主体来使用。

5-2 空指针和 NULL

虽然空指针和 NULL 都很重要，但是它们似乎很难被正确理解，让我们来仔细学习一下。

空指针

指针会指向对象（变量）或者函数，而**空指针**（null pointer）却很特别，不指向任何对象。

> **注意** 空指针十分特殊，区别于指向任何对象或函数的指针。

空指针常量

空指针常量（null pointer constant）用于表示空指针。NULL 用于表示空指针常量，位于头文件 stddef.h 中，其定义类似于以下的两种示例。

```
#define NULL 0              /* 定义示例A */
#define NULL (void *)0      /* 定义示例B */
```

▶ 另外，通过包含头文件 locale.h、stdio.h、stdlib.h、time.h 也能够获取 NULL 的定义。

定义示例 A 将 NULL 定义为整数值，可能会让人感到奇怪。不过，因为存在以下规则，所以这种定义没有问题。

> **注意** 整数值 0 可以转换成任意指针类型，其转换结果为空指针。

空指针常量的定义如图 5-5 所示。

ⓐ在 C 语言中的定义。
表示值为 0 的整型常量，或者将该常量表达式转换为 void * 的表达式。
ⓑ在 C++ 中的定义。
表示值为 0 且拥有右值的整型常量表达式。

图 5-5 空指针常量的定义

在 C++ 中，空指针常量并非指针，而仅仅是整数值。因此，几乎所有的 C++ 编译器都像定义示例 A 一样定义空指针常量。

▶ 在标准 C++ 中，注明了 NULL 可以被定义为 0 或 0L，但不能定义为 (void *)0。

返回空指针的函数

malloc 函数和 calloc 函数在分配存储空间失败时，将返回空指针。另外，fopen 函数在打开文件失败时，也将返回空指针。

除此之外，也有其他库函数以返回空指针的方式提示调用方操作失败。

至今为止，我见过很多程序都和如下程序很相似。

```
int *p;
FILE *fp;
if ((p = calloc(10, sizeof(int))) == (int *)NULL)    /* 分配存储空间失败 */
    /* ... */
if ((fp = fopen("ABC", "r")) != (FILE *)NULL)        /* 文件打开成功 */
    /* ... */
```

它们将空指针常量转换为 int * 型或 FILE * 型，其实并没有必要。这是由于有关空指针的类型转换存在图 5-6 所示的规则。

> 当把空指针常量赋给某个指针或用其与某个指针进行比较时，空指针常量会被转换成和原指针相同的类型。此时的这个指针称为空指针，并保证其与指向任何对象或函数的指针相比较的结果是不等的。即使被分别转换成不同的类型，两个空指针相比较的结果也必须是相等的。

图 5-6　关于空指针的类型转换的定义

以上定义的要点如下。

注意 可以将空指针赋给任意类型的指针，也可以将其与任意类型的指针相比较。

在上述程序中，强制转换是多余的，它只会让程序变得冗长且难以阅读。

专栏 5-1 | 预处理指令中的 sizeof

有的编译器需要根据编译情况来切换指针的大小（和 int 型一样大 / 和 long 型一样大），就以如下方式来定义 NULL。

```
#if sizeof(void *) == sizeof(int)
    #define NULL 0
#else
    #define NULL 0L
#endif
```

但是，标准 C 语言规定 #if 指令中的 sizeof 运算符不含任何意义（不生成值），因此我们需要明白上述定义并没有可移植性。

■ 空指针在内存中的表示不一定为 0

下列声明将指针 p 初始化为 0。

```
    int *p = 0;        /* p 被空指针初始化 */
```

这个声明和下列声明相同。

```
    int *p = NULL;          /* p 被空指针初始化 */
```

也就是说，上述两个声明都能让变量 p 变为空指针。这是因为存在规则"整数值 0 可以转换成任意指针类型，其转换结果为空指针"。

*

另外，空指针在内存中的表示由编译器决定，即在内存中构成空指针的位不一定都为 0。

> **注意** 空指针在内存中的位不一定都为 0。

我们用代码清单 5-7 所示的程序来验证以上结论。

代码清单 5-7   chap05/null_pointer_value.c

```
/*
    显示将空指针转换为整数后的值
*/
#include <stdio.h>
int main(void)
{
    printf(" 空指针内部的值为 %lu。\n", (unsigned long)(void *)NULL);

    return 0;
}
```

> **运行示例**
> 空指针内部的值为 20。

将空指针常量 NULL 转换为指针，再转换为无符号整数，最后显示转换后的值。运行结果因编译器而异，显示的值并不一定就是 0（有些编译器会显示为 0）。

可以更加详细地叙述上面的结论，如下所示。

> **注意** 将 0 转换成指针后，结果为空指针，但是该空指针在内存中的位不一定全部为 0（不能保证将位串解释为整数后的值为 0）。

另外，在把指针转换为整数时，最好像代码清单 5-7 一样，转换为能表示最大整数的 unsigned long 型。

这是因为在将指针转换为整数时，"需要的整数为 short 型、int 型还是 long 型""如何转换"都是由编译器定义的，并且编译器没有定义转换后的整数超过了限制大小的情况。

> **注意** 在把指针转换为整数时，最好转换为 unsigned long 型。

▶ 如果使用的是基于 C99 的编译器，那么应该转换为 unsigned long long 型。

由于空指针在内存中的表示不一定为 0，在实际编程时经常使用的以下技巧是错误的。

```
char *p[10];
memset(p, 0, 10 * sizeof(char *));          /* 将10个指针的全部位都变为0 */
```

这两个语句的目的是通过 memset 函数将数组 p 的全部元素都变为空指针。但是，在所使用的编译器中，若空指针在内存中的位并非全部为 0，这两个语句就不能达成目的了。

> **注意** 使用 memset 函数不一定能够将指针的位全部变为 0。

将数组的全部元素变为空指针的方法如下所示。

初始化的方法

前面我们学过，在进行数组的初始化声明时，没有分到初始值的元素将被初始化为 0。这个规则对指针数组也有效。

如下所示，只用一个 NULL 进行声明。

```
char *p[10] = {NULL};          /* 将 10 个指针初始化为空指针 */
```

将初始值 NULL 赋给 p[0]，除 p[0] 外，没有赋初始值的 p[1]、p[2]、……、p[9] 也都被初始化为空指针。

▶ 若 p 是具有静态存储期的数组（在函数外定义的数组 / 在函数内以 static 定义的数组），即使完全不赋初始值（char *p[10];），也能够将全部元素初始化为 0，即空指针。

赋值的方法

此方法并不需要对全部元素逐一赋值，一般会使用 for 语句。

```
for (i = 0; i < 10; i++)       /* 将10个指针赋值为空指针 */
    p[i] = NULL;
```

当然，也可以用以下这种形式。

```
for (i = 0; i < 10; i++)       /* 将10个指针赋值为空指针 */
    p[i] = 0;
```

第6章

函数的定义和声明

　　C 语言程序在某种意义上可以说是函数（当然，其中之一就是大家熟悉的 main 函数）的集合。所以，如果我们不正确地定义、声明及调用函数，就无法写出好的 C 语言程序。

　　在本章中，我们将学习有关函数定义和函数原型声明等的知识。

6-1 函数的定义和调用

在本节中，我们学习函数的定义和调用。

函数定义的顺序

Z 同学十分积极，曾两次给我写信。

我在编译某本书上的图形库函数时，出现了警告消息"由于未进行声明，视作 int 型"。另外，我又尝试移植另一本书上的图形库函数，但此时有几个函数报错了，显示"声明冲突"。

请问这些问题该怎么解决呢？

虽然 Z 同学的问题与图形库函数有关，但是本质上都是函数的定义和声明的问题。

下面我们以代码清单 6-1 为例，思考其中函数的定义。这个示例程序由 sqr 函数和 main 函数构成，其作用是从键盘读入实数后计算并显示其平方。

代码清单 6-1   chap06/sqr1.c

```
/*
    求平方（sqr 函数位于 main 函数前）
*/

#include <stdio.h>

/*--- 求平方 ---*/
double sqr(double x)
{
    return x * x;
}

int main(void)
{
    double x;

    printf("请输入一个实数：");
    scanf("%lf", &x);

    printf("这个数的平方是 %.3f。\n", sqr(x));

    return 0;
}
```

运行示例

```
请输入一个实数：5.5⏎
这个数的平方是 30.250。
```

sqr 函数在接收 double 型的参数 x 后，计算 x 的平方并将计算的结果以 double 型返回。我们注意到 sqr 函数位于 main 函数的前面，将两者调换后，如代码清单 6-2 所示。

代码清单 6-2   chap06/sqr2.c

```
/*
 *   求平方（ sqr 函数位于 main 函数后，编译错误）
 */

#include <stdio.h>

int main(void)
{
    double x;

    printf("请输入一个实数：");
    scanf("%lf", &x);

    printf("这个数的平方是 % 3f。\n", sqr(x));              /* 警告 */

    return 0;
}

/*--- 求平方 ---*/
double sqr(double x)                                        /* 错误 */
{
    return x * x;
}
```

运行结果
由于编译错误，程序无法运行。

代码清单 6-2 所示的程序在进行编译时，在灰色阴影部分的函数调用语句 sqr(x) 处会发出警告消息，如下所示。

警告 调用了未声明的 sqr 函数。

另外，在蓝色阴影部分的 sqr 函数的定义处会发出错误消息，如下所示。

错误 sqr 函数的定义发生冲突。

▶ 有的编译器不会发出警告消息。

仅仅变更函数定义的顺序，就能让原本正确的程序产生错误，Z 同学遇到的问题和这个问题在原理上是一样的。

我们来学习一下函数的定义和声明。

专栏 6-1 | **警告**

编译器会在程序存在明显的错误时发出错误消息。当语法正确但可能会存在某些潜在的错误时，编译器会发出警告消息。

■ **调用未声明的函数**

上一节的函数是自己写的函数，本节我们来调用标准库函数。我们以用于求幂运算的 pow 函数为例，这个函数的格式如下，将返回 x 的 y 次幂的运算结果。

```
double pow(double x, double y);          /* 求 x 的 y 次幂 */
```

我们来试着用 pow 函数求从键盘读入的实数的三次幂，如代码清单 6-3 所示。

代码清单 6-3

```
/*
    调用 pow 函数求三次幂（无法得到正确结果）
*/

#include <stdio.h>

int main(void)
{
    double x;

    printf("请输入一个实数: ");
    scanf("%lf", &x);

    printf("这个数的三次幂是 %.3f。\n", pow(x, 3.0));

    return 0;
}
```

运行示例

请输入一个实数：5.5□
这个数的三次幂是 9875.35。

上述程序运行后显示了一个很奇怪的值，并不是我们所期待的运行结果。不仅如此，在其他编译器上运行上述程序后，程序竟然直接崩溃了。

代码清单 6-3 的问题就是调用了未声明的函数，事实上，C 语言中存在着以下规则。

> **注意** 在调用某个函数（如 func 函数）时，若没有事先对该函数进行声明，就会进行默认的声明，如下所示。
>
> ```
> extern int func();
> ```

因此，在编译时，编译器就会将 pow 函数按以下格式处理，返回 int 型的值。

```
extern int pow();          /* 编译器假定 pow 函数为该格式 */
```

当返回值的类型不同时，返回值占用内存的大小、解释方式和返回方式等都会不同。将返回 double 型值的 pow 函数作为返回 int 型值的函数进行编译，就得不到所期待的运行结果（后面会继续讨论）。

> **注意** 若编译器不知道所调用函数的返回值类型，就不能生成正确的代码。

■ 默认的 int 型

没有声明的函数的返回值的类型默认为 int 型，这是因为有以下规则的存在。

> **注意** 没有经过显式声明的标识符的类型被视作 int 型。

我们通过代码清单 6-4 所示程序来验证一下。

由于省略了 func 函数的返回值的类型、形参 a 和 b 的类型、结构体成员 x 和 y 的类型，它们的类型都会被视作 int 型。也就是说，func 函数会被按照如图所示的声明解释。

▶ 请注意，若省略掉函数的参数的类型声明，函数的定义就会被视为（在标准 C 语言被定义前的）老式风格。这种定义和经过函数原型声明的定义（如下所示）不同，两者的区别将在后文进行解释。

```
int func(int a, int b) { /* … */ }
```

```
int func(a, b)
int a;
int b;
{
    struct {
        int x;
        int y;
    } z;

    /* … */

}
```

另外，如果某编译器遵照的标准在 C99 之后才出现，不支持默认的 int 型，那么代码清单 6-4 所示程序就不能在该编译器上运行（编译器会报错）。

代码清单 6-4   chap06/implicit_int.c

```
/*
    验证若在声明时未给出明确类型，则被视作 int 型
 */

#include <stdio.h>

func(a, b)
{
    struct {
        x;
        y;
    } z;

    z.x = a;
    z.y = b;

    printf("z.x = %d\n", z.x);
    printf("z.y = %d\n", z.y);

    return z.x + z.y;
}

int main(void)
{
    int a = 1;
    int b = 2;

    printf("func(a, b) = %d\n", func(a, b));

    return 0;
}
```

```
运行结果
z.x = 1
z.y = 2
func(a, b) = 3
```

未声明的函数的处理

我们来看之前出现问题的代码清单 6-2 所示的程序。

编译器在遇到未声明的函数 sqr 时，会按照以下格式处理，其返回值的类型将被视作 int 型。

extern int sqr();   /* 编译器假定 sqr 函数为该格式 */

这时，"热心肠"的编译器会发出如下警告消息。

警告 由于 sqr 函数未声明，所以返回值的类型不确定。因此，在编译时返回值的类型将被视为 int 型。请再次确认源代码。

但是后面定义的 sqr 函数的返回值类型为 double 型，所以会发生冲突，出现如下错误。

错误 sqr 函数的返回值的类型为 int 型，与定义的 double 型发生冲突，无法进行编译。

```
/* 从代码清单 6-2 中节选 */

#include <stdio.h>
int main(void)
{
    double x;

    /* 省略 */

    sqr(x);

    return 0;
}

double sqr(double x)
{
    return x * x;
}
```

仅仅改变函数声明的顺序就能够使原本正确的程序发生错误，反之亦然，原因如下。

注意 C语言的程序在编译时的顺序为从前往后，因此，声明的顺序会影响编译的结果。

图 6-1 整理了上述内容。在本章开头的代码清单 6-1 中，首先定义 sqr 函数，然后 main 函数再调用 sqr 函数。

ⓐ被调函数位于主调函数前

```
/*
    代码清单 6-1
*/

#include <stdio.h>

/*--- 求平方 ---*/
double sqr(double x)
{
    return x * x;
}

int main(void)
{
    double x;

    printf("请输入一个实数：");
    scanf("%lf", &x);

    printf("这个数的平方是%.3f。\n", sqr(x));

    return 0;
}
```

由于 sqr 的返回值的类型已知，可以放心调用。

ⓑ被调函数位于主调函数后

```
/*
    代码清单 6-2
*/

#include <stdio.h>

int main(void)
{
    double x;

    printf("请输入一个实数：");
    scanf("%lf", &x);

    printf("这个数的平方是%.3f。\n", sqr(x));

    return 0;
}

/*--- 求平方 ---*/
double sqr(double x)
{
    return x * x;
}
```

由于 sqr 的返回值的类型未知，所以假定为 int 型。

返回值的类型和之前假定的 int 型冲突，产生错误。

图 6-1　函数的定义和调用

在代码清单 6-2 中，主调函数和被调函数顺序颠倒，所以无法进行编译。

*

推荐大家在编程时遵照以下建议。

建议	被调函数尽量靠前，主调函数尽量靠后。

在编写由单个源文件构成的小型程序时，若采取以上建议进行编程，能避免很多问题。

▶ 此建议并非绝对。另外，第 11 章将会介绍在编写多个源文件构成的程序时，有关函数的定义和声明的问题。

老式风格的函数声明

经过前面的学习，我们知道了若函数调用在函数的定义前，返回值的类型会被假定为 int 型，因此可能会产生问题。在调用别的源文件中定义的函数时，也可能会产生问题。

在标准 C 语言出现之前，通过显式声明函数的返回值的类型就可以规避可能产生的问题，程序示例如代码清单 6-5 所示。

代码清单 6-5　　　　　　　　　　　　　　　　　　　　　　　　chap06/power2.c

```
/*
    求三次幂（老式风格）
*/

#include <stdio.h>

extern double pow();

int main(void)
{
    double x;

    printf("请输入一个实数：");
    scanf("%lf", &x);

    printf("这个数的三次幂是%.3f。\n", pow(x, 3.0));

    return 0;
}
```

```
运行示例
请输入一个实数：5.5⏎
这个数的三次幂是166.375。
```

本程序加入的阴影部分的声明的格式如下所示。

> **extern** 类型名 函数名();

另外，extern 过于冗长，因此可以省略。

只要加上上述声明，编译器就会在知道 "pow 函数返回 double 型的值" 的前提下，对 pow(x, 3.0) 进行编译了。

因此，程序就能输出我们所期待的结果。

专栏 6-2 | 在机器语言级别下，函数的返回值的传递方式

在机器语言级别下，函数的返回值的传递方式因编译器而异。另外，同一编译器在处理不同类型的值时，传递方式也不同。例如，在有的编译器中，`double` 型的返回值是通过主存传递的，而可表示值更小、更容易处理的 `int` 型的返回值则是通过 CPU 的寄存器传递的，因此传递速度很快、内存消耗也很小。

在调用方所期待的返回值类型与被调方的返回值类型不同时，会产生无法预料的结果，我们一定要小心。

■ 老式风格的函数声明的陷阱

老式风格的函数声明仅仅是规避了问题，并没有解决问题。代码清单 6-6 揭露了其中隐藏的巨大缺陷。

代码清单 6-6   chap06/power3.c

```
/*
    求三次幂（老式风格，无法按照预期运行）
*/

#include <stdio.h>

extern double pow();

int main(void)
{
    double x;

    printf("请输入一个实数：");
    scanf("%lf", &x);

    printf("这个数的三次幂是%.3f。\n", pow(x, 3));

    return 0;
}
```

```
运行示例
请输入一个实数：5.5 ⏎
这个数的三次幂是 0.000。
```

请注意，传递给 pow 函数的第二个参数是 `int` 型常量 3，`int` 型并非 pow 函数所期望的 `double` 型。

向 `double` 型的函数传递 `int` 型的值，程序当然不能正确运行，运行结果也将变得不正常。

在调用在老式风格下声明的函数时，一定要注意实参的类型。

若 a、b 是 `int` 型的变量，在求 a 的 b 次幂时，需要进行强制类型转换，如下所示。

```
pow((double)a, (double)b);      /* 在调用时转换为相应的类型 */
```

注意 老式风格的函数声明只会给出返回值的类型，参数的数量和类型等信息并没有给出。在调用时，必须根据实际情况进行强制类型转换。

▶ 学习老式风格的 C 语言并不是毫无意义的事情，以下是部分原因。

· 标准 C 语言为保持与旧版本 C 语言的兼容性，除了新版的函数原型声明，也支持老式风格的函数声明。

· 相较于函数原型声明，标准 C 语言对老式风格的函数声明会有默认参数提升等形式的限制。

6-2 | 函数原型声明

为了修复老式风格的函数声明的缺陷，标准 C 语言采用了最先由 C++ 发明的函数原型声明。

■ 函数原型声明

代码清单 6-7 所示的程序使用**函数原型声明**（function prototype declaration）来声明 pow 函数，并调用了该函数。

代码清单 6-7	chap06/power4.c

```c
/*
    求三次幂（函数原型声明）
*/

#include <stdio.h>

double pow(double, double);        /* 函数原型声明 */

int main(void)
{
    double x;

    printf("请输入一个实数：");
    scanf("%lf", &x);

    printf("这个数的三次幂是%.3f。\n", pow(x, 3));

    return 0;
}
```

```
          运行示例
请输入一个实数：5.5⏎
这个数的三次幂是166.375。
```

阴影部分就是 pow 函数的函数原型声明，它不仅给出了返回值的类型，还给出了所有形参的类型。

我们来看调用函数。

```c
    pow(x, 3);
```

int 型的 3 和 pow 函数接收的 double 型值发生了冲突，但是编译器会在已知 pow 函数接收的是 double 型值的情况下进行编译。并且，参数的传递还有着以下规则。

> **注意** 在进行函数的参数传递时，就如同将形参的值赋给实参一样。

在将 int 型的值赋给 double 型的变量时，根据隐式类型转换，值将会由整数变为实数。对于参数，也会进行同样的类型转换，所以即使传递的是 int 型的 3，在接收时，也会转换成 double 型的 3.0。

和老式风格的函数声明不同，即使传递 int 型值也完全没有问题。

另外，math.h 提供了 pow 函数的函数原型声明，通常只需要包含这个头文件。程序示例如代码清单 6-8 所示。

代码清单 6-8   chap06/power5.c

```
/*
    求三次幂（包含标准头文件）
*/

#include <math.h>
#include <stdio.h>

int main(void)
{
    double x;

    printf("请输入一个实数：");
    scanf("%lf", &x);

    printf("这个数的三次幂是%.3f。\n", pow(x, 3));

    return 0;
}
```

```
┌─────────── 运行示例 ───────────┐
│ 请输入一个实数：5.5□            │
│ 这个数的三次幂是166.375。       │
└───────────────────────────────┘
```

■ 老式风格的声明

我们来详细学习一下函数原型声明之前出现的老式风格的函数声明。

代码清单 6-9 所示的程序使用了老式风格定义了一个返回两个整数值的和的函数。

代码清单 6-9   chap06/add.c

```
/*
    显示整数值的和（老式风格）
*/

#include <stdio.h>

/*--- 求 x 和 y 的和 ---*/
int add(x, y)
int x, y;
{
    return x + y;
}

main()
{
    int x, y;

    printf("请输入一个整数：");  scanf("%d", &x);
    printf("请输入一个整数：");  scanf("%d", &y);

    printf("两数之和为%d。\n", add(x, y));
}
```

```
┌─────────── 运行示例 ───────────┐
│ 请输入一个整数：55□            │
│ 请输入一个整数：17□            │
│ 两数之和为72。                 │
└───────────────────────────────┘
```

老式风格的函数定义在函数头部的括号中仅列举了形参名，在阴影部分，即）和｛之间声明了
形参的类型。

▶ 为了保持兼容性，在标准 C 语言中也能使用老式风格的声明。

■ 默认参数提升

如果不给出函数原型声明，不仅会触发警告和错误，还会导致别的问题，我们来看代码清单 6-10
所示的程序示例。

代码清单 6-10   chap06/func.c

```c
/*
    函数调用和参数的类型转换（老式风格）
*/

#include <stdio.h>

void iprint(), lprint(), fprint(), dprint();

main()
{
    int    a = 10000;
    long   b = 40000;
    float  c = 50000;
    double d = 60000;
                                    /*       形参 →实参 */
    puts("-- a(int) --");
    iprint(a);                      /* (1) ○ int → int */
    lprint(a);                      /* (2) □ int → long*/

    puts("\n-- b(long) --");
    iprint(b);                      /* (3) □ long → int*/
    lprint(b);                      /* (4) ○ long → long */

    puts("\n-- c(float) --");
    fprint(c);                      /* (5) ○ float → float */
    dprint(c);                      /* (6) □ float → double */

    puts("\n-- d(double) --");
    fprint(d);                      /* (7) □ double → float */
    dprint(d);                      /* (8) ○ double → double */
}
/*--- 输出 int 型参数的值 ---*/
void iprint(x)
int x;
{
    printf("iprint -> %d\n", x);
}

/*--- 输出 long 型参数的值 ---*/
void lprint(x)
long x;
{
    printf("lprint -> %ld\n", x);
}

/*--- 输出 float 型参数的值 ---*/
void fprint(x)
float x;
{
    printf("fprint -> %.1f\n", x);
}

/*--- 输出 double 型参数的值 ---*/
void dprint(x)
double x;
{
    printf("dprint -> %.1f\n", x);
}
```

运行示例

```
-- a(int)--
iprint -> 10000
lprint -> 97789712

-- b(long)--
iprint -> -25536
lpirnt -> 40000

-- c(float)--
fprint -> 50000.0
dprint -> 50000.0

-- d(double)--
fprint -> 60000.0
dprint -> 60000.0
```

以上 4 个函数的定义都属于老式风格，它们分别接收 int 型、long 型、float 型和 double 型的参数并显示它们的值。

○ 实参和形参的类型相同

（1）、（4）、（5）、（8）将作为实参传递的值原封不动地显示了出来，得到了预期的运行结果。

□ 实参和形参的类型不同

- （2）和（3）显示的值和作为实参传递的值不同，因为传递的是与函数想接收的类型不同的类型的值（相当于将值强加给函数），这个结果在所难免。

▶ 不过，在有的编译器中，sizeof(int) 和 sizeof(long) 的值相同，并且 int 型值和 long 型值在内存中都按照同样的方式进行传递，此时作为实参传递的值就将原封不动地显示出来。

- （6）和（7）中虽然类型不同，但是作为实参传递的值却原封不动地显示了出来，这是为什么呢？

实际上，图 6-2 所示的两个函数是等价的。无论是 float 型还是 double 型的参数，传递后，在内存中都会作为 double 型参数来处理。

```
func(x)
float x;
{
    /* ... */
}
```

```
func(x)
double x;
{
    /* ... */
}
```

图 6-2　老式风格的等价函数

标准 C 语言出现之前的浮点数在运算时原则上都是作为 double 型值来处理的。例如，在两个 float 型的变量 x 和 y 进行以下运算时，x 和 y 都将进行隐式类型转换，运算就变成 double + double 的形式了。

    x + y   /* 虽然 x 和 y 都是 float 型的变量，但在运算时都按照 double 型的变量来处理 */

float 型和 double 型的精度（所占存储空间的字节数）不同，在进行运算时，float 型会暂时转换成 double 型。

因此，将 float 型的参数传递给函数后，参数的类型会自动转换成 double 型。在函数定义时，不论将接收的参数声明成 double 型还是 float 型，都会被视作 double 型。

以上原理对整型也适用。接收 char 型、short 型、int 型的函数，都会将接收值视作 int 型来进行处理。

如图 6-3 所示，**默认参数提升**（default argument promotion）适用于调用未声明的函数或以老式风格声明的函数。

> 在函数调用表达式中，若实参的类型与函数原型中的类型不同，将对各个实参进行整型提升，float 型的实参将提升为 double 型，这个操作被称为默认参数提升。

图 6-3　默认参数提升

曾经，我收到过如下问题。

使用 scanf 函数进行读入时，必须区分 float 型和 double 型，前者使用 "%f"，后者使用 "%lf"。但是，使用 printf 函数进行输出时，float 型和 double 型都用的是 "%f"。这是为什么呢？

大家熟悉的 printf 函数的格式如下。

　　int *printf*(const char *, …);

第一个参数以后的参数用省略号…进行声明，这表示第一个参数以后的参数是可变的，这个函数可以接收任意个数的参数。

省略号的部分也适用默认参数提升。

注意	对于可变参数，也适用默认参数提升。

因此，如图 6-4 所示，不论实参是 float 型还是 double 型，都会被转换成 double 型传递给 printf 函数。

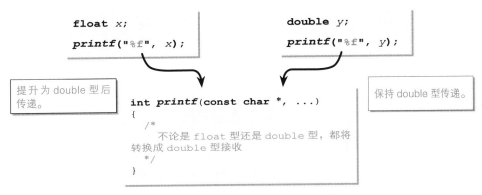

图 6-4　printf 函数的调用中的默认参数提升

由于两者之间无法区分，所以 float 型和 double 型都以 "%f" 的格式输出。

*

另外，scanf 函数则完全不同。我们假设 float 型占 4 字节，double 型占 8 字节，结合图 6-5 来思考一下。

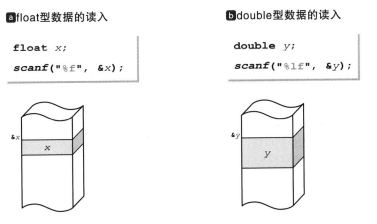

图 6-5　scanf 函数中浮点数的读入

scanf 函数在以 `"%f"` 格式进行读入时，会将读入的数值以 float 型存入 4 字节的内存中。同样，在以 `"%lf"` 格式进行读入时，会将读入的数值以 double 型存入 8 字节的内存中。因此，区分 `"%f"` 和 `"%lf"` 是有必要的。

▶ 如果 float 型和 double 型在内存中的表示相同，那么即使不区分 `"%f"` 和 `"%lf"`，程序也能正确运行。不过，需要注意的是这样一来程序就失去了可移植性。

专栏 6-2 | C99 中的 printf 函数

对于 printf 函数中的 float 型和 double 型，C99 不仅支持以 `"%f"` 输出，还支持以 `"%lf"` 输出。

参数名

关于函数声明的形参的命名方式，我们用代码清单 6-11～代码清单 6-13 所示程序作为示例来讨论。

代码清单 6-11 chap06/sum.h

```
/*
    求 1 到 max 的和的 sum 函数（头文件）
*/
#ifndef __SUM
#define __SUM
int sum(int max);
#endif
```

代码清单 6-12 chap06/sum.c

```
/*
    求 1 到 max 的和的 sum 函数（定义）
*/
int sum(int max)
{
    int i, s = 0;
    for (i = 1; i <= max; i++)
        s += i;
    return s;
}
```

代码清单 6-13 chap06/main.c

```
/*
    主程序（使用 sum 函数）
*/
#define max  10

#include <stdio.h>
#include "sum.h"

int main(void)
{
    int n;

    do {
        printf("请输入 1 到 %d 的整数：", max);
        scanf("%d", &n);
    } while (n < 1 || n > max);

    printf("1 到 %d 的和为 %d。\n",
            n, sum(n));

    return 0;
}
```

运行结果
由于编译错误，程序无法运行。

sum 函数用于求 1 到 max 的和（即 1 + 2 + … + max）。代码清单 6-11 是含有函数原型声明的头文件，代码清单 6-12 是 sum 函数定义，代码清单 6-13 是使用 sum 函数的程序。

▶ 要运行以上程序，需要将代码清单 6-12 编译后的文件与代码清单 6-13 编译后的文件链接起来。另外，有关分离式编译和头文件的实现等内容将在第 11 章进行学习。

编译程序后，sum 函数的函数原型声明所在的阴影部分会报错。

错误 非法的标识符。

以上程序之所以会报错，是因为 #define 指令定义的宏会进行图 6-6 所示的替换。

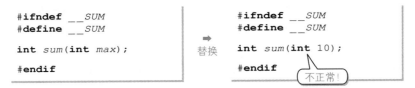

图 6-6　代码清单 6-11 中的宏的替换

这 3 个源程序单独看都没有问题，但是，代码清单 6-11 被别的程序包含之后就会发生错误。

▶ 代码清单 6-11～代码清单 6-13 所示程序可以说是一个微型的库函数和它的使用示例。一般来说，代码清单 6-11 和代码清单 6-12 所示程序由开发者编写，代码清单 6-13 所示程序由库函数的使用者编写。

*

有些"贴心"的编译器会使用两个及以上下划线开头的标识符来命名头文件中函数原型声明的形参。

```
double sin(double __x);               /* 求__x的正弦值 */
double pow(double __x, double __y);   /* 求__x的__y次幂 */
```

形参名开头的下划线有两个而不是一个，这是为了防止和程序员自己定义的宏名产生冲突。同时，这也是为了让编译器能够使用以单个下划线开头的名字而不产生冲突。

话虽如此，函数原型声明只需给出形参的个数和类型即可，形参名可以省略。

```
double sin(double);               /* 求参数的正弦值 */
double pow(double, double);       /* 求第一个参数的第二个参数次幂 */
```

关于形参名是否应该给出的问题，现在还存在争议，其优缺点如下所示。

▪优点

· 用合适的名称命名可以传达形参的含义（例如 s 表示字符串、a 表示数组等）。

· 在传递的实参的类型与形参的类型冲突时，错误消息或警告消息可以包含形参名，这样能使人更容易明白这些消息的含义。

▶ 例如消息"sum 函数的第一个参数 max 为 int 型，传递过来的参数是 double 型"。

▪缺点

形参名可能会与程序员自己定义的宏名发生冲突。

如果要给形参命名，可以在形参名前添加 __ 来避免与其他名称产生冲突。

注意　请谨慎决定函数原型声明的形参名。

▶ 头文件的形参名经过修改后的程序位于 chap06/sum/sum.h、chap06/sum/sum.c、chap06/sum/main.c。

■ 可变参数的声明

我们来回想一下 printf 函数的格式，如下所示。

```
int printf(const char *, …);
```

这个函数的第一个参数是 const char * 型的参数，之后的参数的类型和数量是可变的。

，…是表示接收可变数量的参数的**省略（ellipsis）符号**。，和…之间可以添加空格，但…的 3 个点必须保持连续。

我们可以自己写一个接收可变参数的函数，程序示例如代码清单 6-14 所示。

代码清单 6-14　　　　　　　　　　　　　　　　　　　　　　　　　　chap06/vsum.c

```c
/*
    用于访问可变参数的函数
*/

#include <stdio.h>
#include <stdarg.h>

/*--- 根据第一个参数，求后面参数的和 ---*/
double vsum(int sw, ...)
{
    double  sum = 0.0;
    va_list ap;

    va_start(ap, sw);      /* 开始访问可变部分的参数 */

    switch (sw) {
     case 0: sum += va_arg(ap, int); /* vsum(0, int, int) */
             sum += va_arg(ap, int);
             break;
     case 1: sum += va_arg(ap, int); /* vsum(1, int, long) */
             sum += va_arg(ap, long);
             break;
     case 2: sum += va_arg(ap, int); /* vsum(2, int, long, double) */
             sum += va_arg(ap, long);
             sum += va_arg(ap, double);
             break;
    }
    va_end(ap);            /* 结束访问可变部分的参数 */

    return sum;
}

int main(void)
{
    printf("10 + 2         = %.2f\n", vsum(0, 10, 2));

    printf("57 + 300000L    = %.2f\n", vsum(1, 57, 300000L));

    printf("98 + 2L + 3.14 = %.2f\n", vsum(2, 98, 2L, 3.14));

    return 0;
}
```

```
             运行结果
10 + 2         = 12.00
57 + 300000L    = 300057.00
98 + 2L + 3.14 = 103.14
```

用于接收可变参数的 vsum 函数会求出第一个参数以后的参数之和，并将结果用 double 型返回。第一个参数负责指示如何将各个参数相加，值所对应的含义如下所示。

- 0：把 int 型的第二个参数和 int 型的第三个参数相加。
- 1：把 int 型的第二个参数和 long 型的第三个参数相加。
- 2：把 int 型的第二个参数、long 型的第三个参数和 double 型的第四个参数相加。

专栏 6-4	C++ 中的函数原型声明

和同时支持老式风格的函数声明和函数原型声明的 C 语言不同，C++ 不支持前者。因此，C 语言和 C++ 的函数声明有细微的差别。

▪ 表示不接收参数的声明

C 语言在声明时需要在括号中添加 void。

```
void func(void);
```

C++ 则支持以下两种格式。

```
void func();    // 原则上使用这种格式
void func(void);
```

就算只接收一个参数，也一定会在括号里声明，所以不用添加 void 也能够明确表示不接收参数。

▪ 可变参数的声明

C 语言在第一个参数后用 , … 来声明可变参数。

```
int printf(const char *, …);
```

C++ 则支持以下两种格式。

```
int printf(const char *, …);
int printf(const char * …);
```

也就是说可以省略 , … 中的逗号。

另外，C++ 支持将第一个参数也变成可变参数，按照如下格式声明即可。

```
void func(…);
```

▪ 表示不检查参数类型的一致性的声明

在传递过来的实参的类型和形参的类型不同时，若仍需进行传递操作，在 C 语言中可以按照如下格式声明。

```
void func();
```

在 C++ 中则按以下格式声明。

```
void func(…);
```

如前文所述，这种格式可以表示第一个参数是可变的。

■ va_start 宏：访问可变参数前的准备

访问可变参数的情形如图 6-7 所示，我们结合此图来理解程序。

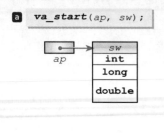

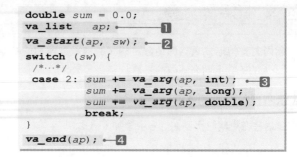

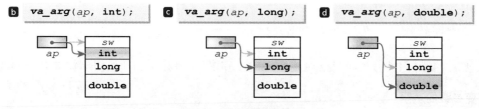

图 6-7　可变参数的访问

❶声明的变量 ap 的类型是 stdarg.h 头文件中定义的 va_list 型。这是一个特殊的类型，用于访问调用函数时堆积的参数。

此处假设 sw 的值为 2，那么第一个参数 sw 和之后的 int 型、long 型、double 型这 3 种类型的参数就以图 6-7❷所示的状态被堆积了起来。

为了将变量 ap 设定成指向不可变参数 sw，需要调用❷中的 va_start 宏。

va_start	
头文件	#include <stdarg.h>
格式	void va_start(va_list ap, 最终参数);
功能	必须在访问无名称的实参前调用该宏。 为了后续调用 va_arg 及 va_end，需提前初始化 ap。 作为形参的最终参数是函数定义过程中位于可变参数列表最右侧的形参的标识符，也就是省略符号，…前的标识符。当作为形参的最终参数被声明为下列类型时，作未定义处理。 □ register 存储类　　　□ 函数类　　　□ 数组类 □ 与应用了默认实参提升的类型不匹配的类型
返回值	无。

va_arg 宏：取出可变参数

调用完 va_start，访问参数的准备就完成了。下面要做的是逐一取出可变部分的参数。

为了取出参数，需要用到 va_arg 宏。

va_arg	
头文件	#include <stdarg.h>
格式	类型 va_arg(va_list ap, 类型);

va_arg	
功能	在函数调用中展开为一个包含可变参数列表中下一个实参的值和类型的表达式。形参 ap 必须和通过 va_start 初始化的 va_list ap 相同。接下来调用 va_arg 时，更新 ap 以返回下一个实参的值。形参的类型名为所指定的类型名，但是必须在类型的后面加上一个后缀 * 才能获得指向该类型对象的指针类型。当下一个实参不存在时，或者类型和实际的（随着默认实参提升而被提升的）下一个实参的类型不匹配时，作未定义处理。
返回值	在调用 va_start 宏后首次调用该宏时，将返回最终参数指定的实参的下一个实参的值。后继的一连串调用将按顺序返回剩下的实参的值。

在 sw 为 2 时运行的**3**的部分中调用了 3 次 va_arg 宏。如图 6-7**b**、图 6-7**c**、图 6-7**d**所示，指针 ap 被 次次更新，参数的值也按顺序被取出。

▶ 这是因为每当调用 va_arg 时，ap 都会被更新为指向后一个参数。

va_end 宏：结束对可变参数的访问

要结束对可变部分的参数的访问，需要调用 va_end 宏。

4中调用了 va_end 宏，对可变参数的访问处理进行了收尾工作。

va_end	
头文件	#include <stdarg.h>
格式	void va_end(va_list ap);
功能	结束对可变参数列表的处理，使函数正常返回。编程环境允许 va_end 宏更新 ap 令 ap 无法使用（只要不再次调用 va_start）。当没有调用对应的 va_start 宏时，或者没有在返回前调用 va_end 宏时，作未定义处理。
返回值	无。

vprintf 函数 /vfprintf 函数：输出到流

将可变参数展开整理后输出到流的标准库函数有两个，分别是将结果输出到标准输出流（控制台画面）的 printf 函数和将结果输出到文件或机器等任意流的 fprintf 函数。

而 vprintf 函数和 vfprintf 函数分别具有跟上述函数几乎相同的功能。

vprintf	
头文件	#include <stdio.h> #include <stdarg.h>
格式	int vprintf(const char *format, va_list arg);
功能	该函数等价于用 arg 替换可变实参列表的 printf 函数。在调用该函数前，必须事先用 va_start 宏初始化 arg（可以继续调用 va_arg）。该函数不调用 va_end 宏。
返回值	返回写入的字符数量，若发生输出错误则返回负值。

vfprintf	
头文件	`#include <stdio.h>` `#include <stdarg.h>`
格式	`int vfprintf(const char *format, va_list arg);`
功能	该函数等价于用 `arg` 替换可变实参列表的 `printf` 函数。在调用该函数前，必须事先用 `va start` 宏初始化 `arg`（可以继续调用 `va_arg`）。该函数不调用 `va_end` 宏。
返回值	返回写入的字符数量，若发生输出错误则返回负值。

上述两个函数的参数不是可变参数，而末尾的参数 `arg` 的类型变成了 `va_list` 型。

使用 `vprintf` 函数的程序如代码清单 6-15 所示。❷和❸的部分跟调用 `printf` 函数一样调用了本程序定义的 `aprintf` 函数（只是把函数的名称从 `printf` 换成了 `aprintf` 而已）。

运行程序后，系统在显示数据的同时也发出了警报。函数 `aprintf` 相当于一个添加了警报功能的 `printf` 函数。

下面我们来理解 `aprintf` 函数。❶的部分调用了 `vprintf` 函数，如图 6-8 所示，如果我们把该调用理解成以下请求，就容易理解了。

> 指针 `ap` 指向的位置的后面堆积了可变参数，请用 `vprintf` 函数来显示。

代码清单 6-15   chap06/aprintf.c

```
/*
    会发出警报的格式输出函数
*/

#include <stdio.h>
#include <stdarg.h>

/*--- 会发出警报的格式输出函数 ---*/
int aprintf(const char *format, ...)
{
    int     count;
    va_list ap;

    putchar('\a');
    va_start(ap, format);
❶  count = vprintf(format, ap);   /* 把可变参数完全交由 vprintf 函数来处理 */
    va_end(ap);
    return count;
}

int main(void)
{
❷  aprintf("Hello!\n");
❸  aprintf("%d %ld %.2f\n", 2, 3L, 3.14);

    return 0;
}
```

运行结果
♪ Hello!
♪♪ 2 3 3.14

也就是说，不用自己一个一个地访问可变参数，而是全部交给 `vprintf` 函数来处理。

▶ 图 6-8 所示为在本程序的❸中调用 `aprintf` 函数时的运行示意。`aprintf` 函数把第一个参数直接传递给 `vprintf` 函数，把指向堆积的参数的 `ap` 作为第二个参数传递给 `vprintf` 函数。大家可以理解成把处理工作交给了 `vprintf` 函数："`ap` 指向的位置的后面堆积了可变参数，后续工作就麻烦 `vprintf` 函数你来办了!"。

通过灵活应用 vprintf 函数和 vfprintf 函数，可以对 printf 函数和 fprintf 函数使用一些小技巧再进行输出。例如，我们可以很轻松地编写一个带格式的向特殊设备输出的程序。

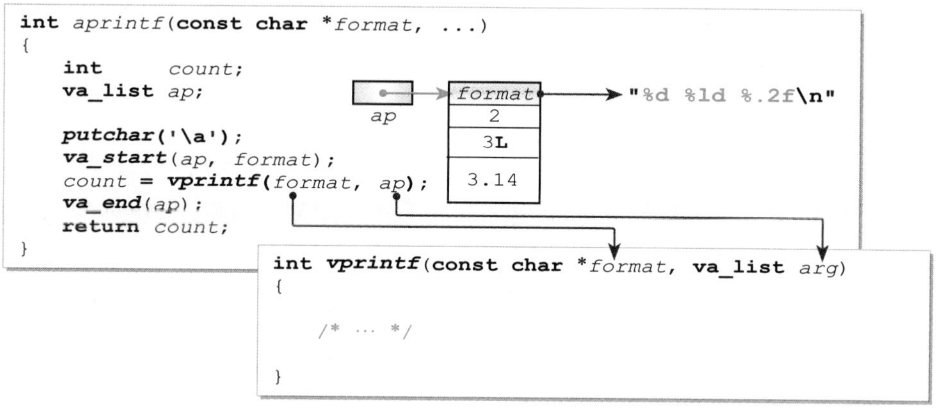

图 6-8　把可变参数传递给其他函数

第 7 章
结构体和共用体

结构体和指针一样，都是 C 语言中的难点。我曾听到过一个奇怪的说法："用了结构体后，程序就变难了"。但是，这完全是误解。

学习数组时，一开始可能会觉得很难，但是，掌握之后使用数组就会变得十分便利。此时如果完全不使用数组，可能觉得编程都变得无从下手了。

结构体和共用体也一样，这些工具是不可或缺的，它们可以让程序变得简洁。我们要好好理解它们，并积极地加以使用。

7-1 结构体

经常有人问我该如何设计和使用结构体，本节就来学习结构体的相关内容。

■ 结构体的基础

结构体（structure）是由一个以上的元素构成的数据结构。它和全部元素都是同一类型的数组不同，它的元素的类型可以自由组合。

例如，图 7-1 所示的就是由两个不同类型的元素（成员）组成的结构体声明。

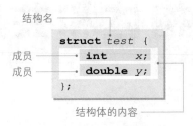

图 7-1 结构体声明

这个结构体的类型不是 test 型，而是 struct test 型。

我们通过图 7-2 来比较一下基本数据类型的 int 型和结构体的 struct test 型。

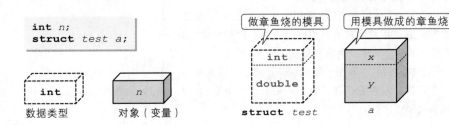

图 7-2 int 型和 struct test 型的比较

在上图中虚线的箱子代表数据类型，实线的箱子代表对象。如果把 int 或 struct test 比作做章鱼烧的模具，那么由这些模具创建的实体对象 n 或 a 就是（可以吃的）章鱼烧。不管是 int 型还是 struct test 型，都需要创建一个对应的实体后才能使用。

```
struct test2 {
    float  fx;
    double fy;
} b;
```

在声明结构体对象时，有以下几点需要注意。

• 在进行结构体的声明时，可以同时声明和定义相应类型的对象。

如右图所示，在声明了 struct test2 型的结构体的同时，也定义了该类型的对象 b。

- 在声明结构体时可以省略结构名。

右图的结构体没有结构名，由 int 型的成员 n 和 long 型的成员 k 构成，同时声明了该类型的对象 c。

```
/* 无结构名 */
struct {
    int   n;
    long  k;
} c;
```

成员的访问

结构体对象中的成员可以用句点运算符（.）来表示，格式如下。

> 对象名.成员名

如图 7-3 所示，可以用 a.x 和 a.y 来访问对象 a 的两个成员。

图 7-3　成员

结构体对象的初始化

结构体对象的初始化的方法和数组类似。各个结构体成员的初始值依次排列在 {} 里面，如果 {} 中的初始值的个数少于成员数，没有分配到初始值的成员就会被初始化为 0（这一点和数组相同）。

另外，可以把同一个类型的对象当作初始值（这一点和数组不同），对象的各个成员会被作为初始值的对象的对应的成员所初始化。

我们用代码清单 7-1 所示的程序验证上述结论。

代码清单 7-1　　　　　　　　　　　　　　　　　　　　chap07/struct_init.c

```
/*
    结构体对象的初始化（未分配到初始值的成员会被初始化为 0）
*/

#include <stdio.h>

int main(void)
{
    struct xy {
        int    x;
        double y;
    };
    struct xy s = {1};          /* s.x 被初始化为 1，s.y 被初始化为 0 */
    struct xy t = s;            /* t.x 被初始化为 s.x，t.y 被初始化为 s.y */

    printf("s.x = %d\n", s.x);  /* 显示对象 s 的成员 x */
    printf("s.y = %f\n", s.y);  /* 显示对象 s 的成员 y */
    printf("t.x = %d\n", t.x);  /* 显示对象 t 的成员 x */
    printf("t.y = %f\n", t.y);  /* 显示对象 t 的成员 y */

    return 0;
}
```

运行结果
```
s.x = 1
s.y = 0.000000
t.x = 1
t.y = 0.000000
```

没有分配到初始值的成员 s.y 被初始化为 0。另外，t 的各个成员和 s 的相应成员的值相等。

虽然上述程序没有体现，但结构体的赋值也是一样的效果。右操作数的结构体对象的全部成员的值会被赋给左操作数的对应成员。

■ 结构体和宏

"struct 结构名"的组合很容易让结构体的类型名变得很长。

也许是为了缩短结构体的类型名，我经常能看见类似代码清单 7-2 的程序，它把结构体的类型名用宏替换掉了。

代码清单 7-2　　　　　　　　　　　　　　　　　　　　　　　　　　　　　　　chap07/comp_macro1.c

```
/*
    用宏给结构体命名（其一，发生错误）
*/
#define complex    struct { double re, im; }

int main(void)
{
    complex a, b;
    complex x, y;                              struct { double re, im; } a, b;
                                               struct { double re, im; } x, y;
    a = b;      /* 正确 */
    x = b;      /* 不正确（编译错误）*/

    return 0;
}
```

变量 a、b 和 x、y 的声明会展开为箭头所指向的声明。乍一看这似乎没什么问题，但是，在将 b 赋给 x 时，就会出现以下错误使编译中止。

> **错误**　无法用不同类型的值进行赋值。

a、b 的类型和 x、y 的类型都是由 double 型的成员 re 和 im 构成的结构体类型，但两者并非同一种类型，原因如下。

> **注意**　C 语言采用的不是"结构等价"（只要数据的结构相同就被视作同一类型），而是"名称等价"（只要类型名相同就被视作同一类型）。

a、b 和 x、y 虽然结构相同，但被视作不同的类型，不能相互赋值。

▶ 省略结构名的结构体即使内容相同，也会被视作不同的类型。

改正后的程序如代码清单 7-3 所示。

在代码清单 7-3 中，先给结构体暂时加上结构名 __comp，再用宏替换掉它的类型名。a、b 和 x、y 的声明就会展开为箭头所指向的声明，4 个变量都将变成 struct __comp 型。如此一来，就可以成功地进行赋值操作。

▶ 有的编译器在检测到对未初始化的 b 进行取值（对表达式 b 进行求值时）会报错。

```
代码清单 7-3                                                            chap07/comp_macro2.c
/*
     用宏给结构体命名（其二）
*/

struct __comp { double re, im; };

#define complex   struct __comp

int main(void)
{
    complex a, b;                                        struct __comp a, b;
    complex x, y;  ─────────────────────────────►        struct __comp x, y;

    a = b;          /* 正确 */
    x = b;          /* 正确 */

    return 0;
}
```

但是，同一个结构体既有结构名又有宏名，让人感觉有点累赘。

用宏替换结构体类型名也会引发其他问题，如代码清单 7-4 所示。

```
代码清单 7-4                                                            chap07/comp_macro3.c
/*
     用宏给结构体命名（其三，发生错误）
*/

struct __comp { double re, im; };

#define complex   struct __comp
#define compptr   struct __comp *

int main(void)
{
    complex a, b;  ..............................►        struct __comp a, b;
    compptr pa, pb;                                      struct __comp *pa, pb;

    pa = &a;            /* 正确 */
    pb = &b;            /* 不正确 */

    return 0;
}
```

因为指向结构体 __comp 的指针类型被定义为 compptr，所以 4 个变量的声明会展开为箭头所指向的声明。

因此，和我们所期待的相反，pb 不是指向结构体的指针类型，而是一个单纯的结构体。要使 pa 和 pb 都变成指针，需要按照如下写法声明。

    compptr pa, *pb;   /* pa 和 pb 都是指针 */

这种写法不仅让人容易犯错，还会显著降低代码的可读性。

结构体和 typedef 声明

为了给结构体取一个简短的名字，最好的一个办法就是使用 typedef 声明，程序示例如代码清单 7-5 所示。

▶ typedef 声明用于给已存在的类型创建别名（在 1-2 节的"使用 typedef 名的数组的初始化"部分中学习过）。

```
/*
    用 typedef 声明给结构体命名（其一）
*/

typedef struct { double re, im; } complex;

int main(void)
{
    complex a, b = {0.0};
    complex x, y = {0.0};
    complex *pa, *pb;

    a = b;          /* 正确 */
    x = b;          /* 正确 */
    pa = &a;        /* 正确 */
    pb = &b;        /* 正确 */

    return 0;
}
```

因为给阴影部分的结构体创建了名为 complex 的 typedef 名，所以其类型名变为 complex 而非 struct complex。这样就能成功地对包括指针在内的对象进行赋值。

▶ 请注意，这里是给省略结构名的结构体创建 typedef 名。

有时也需要单独创建一个指向 complex 的指针类型，这可以使用代码清单 7-6 所示的程序实现。

```
/*
    用 typedef 声明给结构体命名（其二）
*/

typedef struct { double re, im; } complex;
typedef complex * compptr;

int main(void)
{
    complex a, b = {0.0};
    complex x, y = {0.0};
    compptr pa, pb;

    a = b;          /* 正确 */
    x = b;          /* 正确 */
    pa = &a;        /* 正确 */
    pb = &b;        /* 正确 */

    return 0;
}
```

该程序为 complex * 型创建了一个 typedef 名 compptr。这样就可以规避代码清单 7-4 中的问题了。

typedef 声明会经过编译器的处理，而宏不一样，它直接由不了解 C 语言语法的预处理器进行"粗暴"的替换。

> **注意** 给结构体命名时，请使用 `typedef` 声明而非宏。

不存在一定要使用宏来给结构体命名的情况。

专栏 7-1 | **C++ 中的结构体**

C++ 中的结构体的结构名可以直接成为类型名，并且其命名空间和有效范围的规则与 C 语言中的也有很大差别，我们来看代码清单 7C-1 所示的程序示例。

代码清单 7C-1   chap07/Complex.cpp

```cpp
/*
    C++ 中的结构体
*/

#include <iostream>

using namespace std;

struct Complex {                      // C++ 中为 Complex 型
private:
    double  re, im;                   // 实部和虚部
public:
    Complex(double r, double i)   : re(r), im(i) { }   // 构造函数

    double Real(void)    { return re; }               // 实部的 getter
    double Image(void)   { return im; }               // 虚部的 getter
};

int main(void)
{
    Complex a(0, 0);
    Complex *pa = &a;

    cout << "  a = (" << a.Real()   << ", " << a.Image()    << ")\n";

    cout << "*pa = (" << pa->Real() << ", " << pa->Image() << ")\n";

    return 0;
}
```

```
运行结果
  a = (0, 0)
*pa = (0, 0)
```

在 C++ 中，结构体属于类。因此，C++ 中的结构体的成员不仅仅是数据，还包括**成员函数**（member function）。

从变量的声明中可以看出，类型名是 Complex 而不是 `struct Complex`。因此，不用特地使用 `typedef` 声明给结构体命名。

另外，Complex 的 C 大写是为了区别于 C++ 标准库提供的 complex 类。

■ 相互引用的结构体

我们接下来将展示 B 同学的程序并寻找其问题的解决方法，他遇到的是有关结构体的声明的问题。

B 同学写的程序包括代码清单 7-7、代码清单 7-8 以及代码清单 7-9，前面两个程序是分别用于声明结构体 SX 和 SY 的头文件，最后一个程序是使用这两个头文件的程序。

代码清单 7-7   chap07/defSX.h

```
/*
    结构体 SX 的声明（含有指向结构体 SY 的指针成员）的头文件 defSX.h
*/

typedef struct {
    int  a;
    SY  *b;         /* 指向结构体 SY 的指针 */  ←🔳
} SX;
```

代码清单 7-8   chap07/defSY.h

```
/*
    结构体 SY 的声明（含有成员结构体 SX）的头文件 defSY.h
*/

typedef struct {
    int  c;
    SX   d;        /* 结构体 SX */  ←🔳
} SY;
```

代码清单 7-9   chap07/useSXSY1.c

```
/*
    使用结构体 SX 和 SY 的程序（错误）
*/

#include "defSX.h"
#include "defSY.h"

int main(void)
{
    SX s;
    SY t;

    /* … */
}
```

运行示例

由于编译错误，程序无法运行。

    编译器在编译代码清单 7-9 的程序时，对于其中包含的头文件 defSX.h 中的结构体 SX 的成员 b 的声明，即代码清单 7-7 中🔳处的代码，产生了如下错误消息。

错误   b 的类型 SY 未定义。

    成员 b 的类型为指向 SY 的指针类型。可是，编译器因为还没有加载 defSY.h，所以并不知道 SY 已经被定义。程序无法继续编译，因此报错。

    那我们就试着调换包含头文件的顺序，如代码清单 7-10 所示。

代码清单 7-10   chap07/useSYSX1.c

```
/*
    使用结构体 SX 和 SY 的程序（错误）
*/

#include "defSY.h"
#include "defSX.h"

int main(void)
{
    SX s;
    SY t;

    /* … */
}
```

运行示例

由于编译错误，程序无法运行。

结构体 SY 的成员 d 的类型为结构体 SX。可是，编译器还没有加载 defSX.h，并不知道 SX 已经被定义，因此对于代码清单 7-8 中 **2** 处的代码发出了如下错误消息。

错误 d 的类型 SX 未定义。

由上可知，为相互引用的结构体创建 typedef 名并不简单，两个结构体应该按照代码清单 7-11 所示的方式声明。

代码清单 7-11   chap07/SXSY.c

```
/*
    结构体 SX 和 SY 的声明
 */

typedef struct __sy  SY;     /* 先声明 SY 的名字 */

typedef struct {
    int a;
    SY *b;                   /* 由于 SY 已经声明过，所以可以放心地进行成员 b 的声明 */
} SX;

typedef struct __sy {
    int c;
    SX  d;                   /* 由于 SX 已经声明过，所以可以放心地进行成员 d 的声明 */
} SY;
```

先将 SY 声明为 struct __sy 型（此时还未定义）的别名。这样就能规避后续在结构体 SX 中声明成员 b 时的错误了。

▶ b 并非 SY 型，而是指向 SY 的指针类型，使用以上方式声明，编译器就不需要事先知道 SY 的具体定义，因此不会发生错误。

在结构体 SY 的声明中，给出开头的 typedef 声明中使用的结构名 __sy。由于成员 d 的类型 SX 已经被声明，所以不会发生错误。

▶ d 是 SX 型，使用以上方式声明，编译器就需要事先知道 SX 的具体定义。因此，必须先定义结构体 SX 再定义结构体 SY。

B 同学说，出于某种原因，他需要将两个结构体分别在不同的头文件中进行声明。

而且，他还要求不论以何种顺序包含这两个头文件，程序都必须能够正确运行。

当然，这个问题对于包含相互引用的结构体的声明的头文件也是一样的。如果对包含头文件的顺序设限，会加重头文件的使用者的负担。

注意 如果头文件含有结构体的声明或使用 typedef 名进行的声明，我们就要保证不论以何种顺序包含这些头文件，程序都能够正确运行。

代码清单 7-12 和代码清单 7-13 所示的程序就是正确的实现示例。

▶ 两个头文件的名称都修改了。

代码清单 7-12   chap07/SX.h

```
/*
    结构体 SX 的声明（含有指向结构体 SY 的指针成员）的头文件 SX.h
*/

#ifndef __SX
#define __SX

typedef struct __sy SY;              /* 单纯的声明，其定义在 SY.h 中 */

typedef struct {
    int a;
    SY *b;
} SX;

#endif
```

代码清单 7-13   chap07/SY.h

```
/*
    结构体 SY 的声明（含有成员结构体 SX）的头文件 SY.h
*/

#ifndef __SY
#define __SY

#include "SX.h"                      /* 单纯的声明，其定义在 SX.h 中 */

typedef struct __sy {
    int c;
    SX d;
} SY;

#endif
```

若先包含 SX.h 再包含 SY.h，则包含头文件的代码将展开为图 7-4 ⓐ 所示的代码。若先包含 SY.h 再包含 SX.h，则包含头文件的代码将展开为图 7-4 ⓑ 所示的代码。两者的展开结果都和前文的代码清单 7-11 相同，可以正确编译。

▶ 代码清单 7-9 和代码清单 7-10 经过修改后的程序（改为包含代码清单 7-12 和代码清单 7-13 所示的头文件）分别位于 chap07/useSXSY2.c 和 chap07/useSYSX2.c，两者都能正确编译。

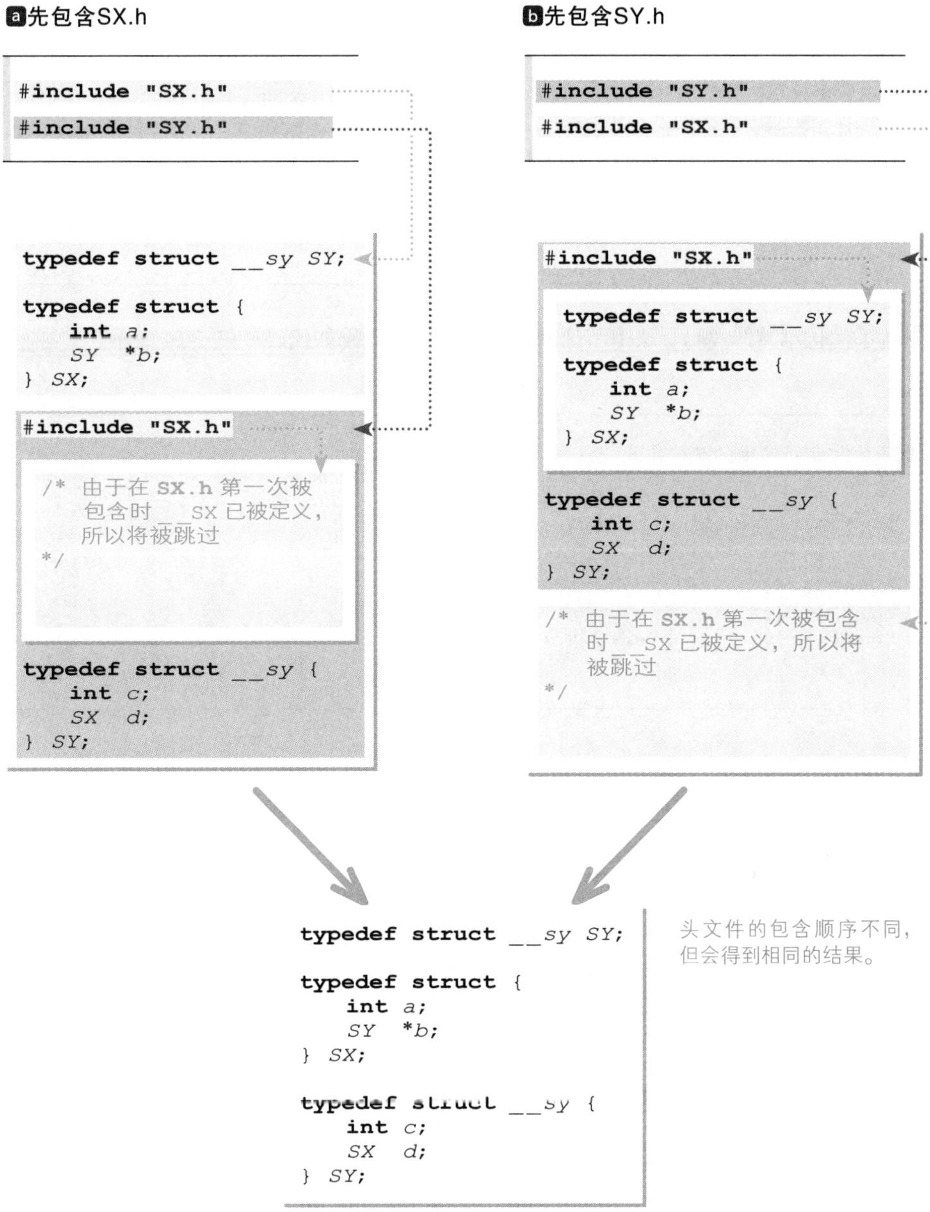

a 先包含SX.h

```
#include "SX.h"
#include "SY.h"
```

```
typedef struct __sy SY;

typedef struct {
    int a;
    SY *b;
} SX;

#include "SX.h"

    /* 由于在 SX.h 第一次被
       包含时 __SX 已被定义,
       所以将被跳过
    */

typedef struct __sy {
    int c;
    SX d;
} SY;
```

b 先包含SY.h

```
#include "SY.h"
#include "SX.h"
```

```
#include "SX.h"

    typedef struct __sy SY;

    typedef struct {
        int a;
        SY *b;
    } SX;

typedef struct __sy {
    int c;
    SX d;
} SY;

    /* 由于在 SX.h 第一次被包含
       时 __SX 已被定义,所以将
       被跳过
    */
```

```
typedef struct __sy SY;

typedef struct {
    int a;
    SY *b;
} SX;

typedef struct __sy {
    int c;
    SX d;
} SY;
```

头文件的包含顺序不同,
但会得到相同的结果。

图 7-4 以不同顺序包含头文件时代码的展开结果

7-2　结构体与字节对齐

接下来要讲的是 M 同学接触系统开发时遇到的结构体陷阱，这个系统的程序源代码和数据库的大小加起来有十几兆字节，是一个大型系统。

■ 代码优化

M 同学着手优化难懂的代码，从中节选的结构体声明的代码如代码清单 7-14 所示。

代码清单 7-14   chap07/Rec1.c

```c
/*
     化学物质数据库所使用的结构体定义（部分）
*/

typedef struct {
    /* ... */
    char formA[16];         /* 化学物质 A 的分子式 */
    char nameA[65];         /* 化学物质 A 的名称 */
    char formB[16];         /* 化学物质 B 的分子式 */
    char nameB[65];         /* 化学物质 B 的名称 */
    /* ... */
} Rec;
```

■ 字符串和 typedef

在本程序中，用最大能容纳 15 个字符的字符串表示化学物质的分子式，用最大能容纳 64 个字符的字符串表示化学物质的名称。

> ▶ 例如，水的分子式为 "H2O"、名称为 "water"。如果实在不懂化学，可以试着把它们分别想成人名和家庭住址。

常量 16 和 65 等用于表示字符串的元素数量，这些常量是按如下方式使用的。

```c
char temp_name[65];
```

假如想要把化学物质的名称的最大字符数变更为 69，那么系统里几百个相关声明中的 65 就要变成 70。

当然，我们只希望变更与化学物质名称有关的 65 而不是全部 65，这样做的工作量很大。

变更与化学物质名称有关的 65 可以用宏来实现，代码如下所示。

```c
#define FormSize    16      /* 表示化学物质分子式的字符串的元素数量 */
#define NameSize    65      /* 表示化学物质名称的字符串的元素数量 */
/* ... */

char form[FormSize];        /* 某个化学物质分子式 */
char name[NameSize];        /* 某个化学物质名称 */
```

但是，正如之前所学的那样，宏有许多缺点。在当前情况下应该用 typedef 声明而非宏。

```c
typedef char Form[16];      /* 表示化学物质分子式的字符串（Form是char[16]型）*/
typedef char Name[65];      /* 表示化学物质名称的字符串（Name是char[65]型）*/
/* ... */
```

```
    Form form;                       /* 某个化学物质分子式 */
    Name name;                       /* 某个化学物质名称 */
```

如上定义之后，Form 就成为表示化学物质分子式的数组的类型名，而 Name 就成为表示化学物质名称的数组的类型名。

如果需要得到这两种数组的大小，可以使用 sizeof(Form) 和 sizeof(Name) 来实现，与使用宏一样方便。

> ▶ 如果要分别得到这两种数组的最大字符个数，可以使用 sizeof(Form)-1 和 sizeof(Name)-1 来实现。

▨ 结构体和 typedef

除了上述几点之外，M 同学还对系统代码进行了很多其他的优化，他将经常搭配使用的化学物质分子式和名称写进了结构体，代码如代码清单 7-15 所示。

代码清单 7-15   chap07/Rec2.c

```
/*
    优化后的化学物质数据库所使用的结构体定义（部分）
*/

typedef char Form[16];          /* 化学物质分子式 */
typedef char Name[65];          /* 化学物质名称 */

typedef struct {
    Form form;                  /* 化学物质分子式 */
    Name name;                  /* 化学物质名称 */
} FormName;

typedef struct {
    /* ... */
    FormName compA;             /* 化学物质 A */
    FormName compB;             /* 化学物质 B */
    /* ... */
} Rec;
```

---

compA 和 compB 是结构体 Rec 的成员，它们都属于 FormName 型，而 FormName 型包括化学物质分子式和名称两个成员。

至此，代码中的两个"魔数"（指代码中没有解释的数字常量或字符串）16 和 65 已经被消除了。现在，表示化学物质分子式的 Form 型、表示化学物质名称的 Name 型，以及封装了它们的 FromName 型让代码变得一目了然。

但此时，又出现了严重的问题。

问题 在从已有的数据库文件中读取数据时，化学物质 B 中存放的字符串发生了 1 字节的错位。

原本打算优化代码，却反而引发了新问题。

▨ 结构体和字节对齐

代码清单 7-16 中给出了解决新问题的提示，此程序的作用是显示结构体的大小（所占字节数），以及其成员大小的总和。从运行结果可以看出，两个数值不同。

> ▶ 运行结果因编译器而异。

代码清单 7-16   chap07/sizeof_struct.c

```c
/*
    显示结构体的大小
*/

#include <stdio.h>

int main(void)
{
    struct test {
        char c1;
        int  nx;
        char c2;
    };

    printf(" 结构体 test 的大小 = %u\n", (unsigned)sizeof(struct test));
    printf(" 结构体 test 各成员大小的总和 = %u\n",
                (unsigned)(sizeof(char) + sizeof(int) + sizeof(char)));
    return 0;
}
```

运行示例
结构体 test 的大小 =6
结构体 test 各成员大小的总和 =4

两个数值之所以不一样，是因为字节**对齐**（alignment）机制的存在。字节对齐是指某种类型的对象的起始地址必须为一定字节数的倍数。不同编译器一般都会在分配起始地址时有一定限制，比如分配的起始地址为 2 的倍数、4 的倍数、8 的倍数等（但是，占 1 字节的 char 型就没有这个限制）。

下面假设代码清单 7-16 的 sizeof(int) 结果为 2 来进行讨论。在没有对 int 型设限的编译器中，结构体 test 的大小为 4 字节，如图 7-5 ⓐ 所示。

但是，在 int 型的起始地址为 2 的倍数的编译器中，结构体 test 的大小则为 6 字节，如图 7-5 ⓑ 所示。想要 int 型的成员 nx 的起始地址为 2 的倍数，就需要图 7-5 ⓑ 所示的深灰色部分的填充字节。

注意   结构体的大小和各成员大小的总和不一定相等。

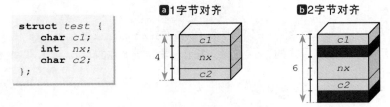

图 7-5   结构体和字节对齐示例

M 同学所使用的是 2 字节对齐的编译器。所以，化学物质分子式和名称并不像图 7-6 ⓐ 那样简单排列，而是如图 7-6 ⓑ 所示，在结构体的末尾添加了一个填充字节。所以，结构体的大小不是 81 字节，而是 82 字节。

▶ 通过在结构体末尾添加填充字节使其大小变为 82 字节的方法，在创建结构体数组的时候，可以使其全部成员的起始地址都变为 2 的倍数。

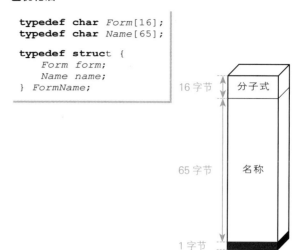

图 7-6 结构体和字节对齐

因为 FormName 型的末尾添加了一个填充字节，所以在从数据连续排列的数据库文件中读入化学物质分子式和名称后，结构体 Rec 的 compB 成员的数据也就偏移 1 字节。

注意	在设计结构体时，要注意成员的排列和字节对齐，尤其是在直接读写二进制文件时。

在使用结构体的时候，字节对齐有关问题很难避免，必须要小心。

▶ 有些编译器可以通过 #progma 指令或者其他编译指令来更改字节对齐的条件。具体方法请参考自己所使用的编译器的操作手册。

*

另外，如果需要获取结构体的大小，可以通过以下代码实现。

```
printf("%u", (unsigned)sizeof(FormName));
```

■ offsetof 宏

stddef.h 头文件中定义了 offsetof 宏，它可以用于轻松求出结构体中各成员的偏移量（距离结构体起始地址的字节数）。

offsetof	
头文件	#include <stddef.h>
格式	offsetof(类型，成员指示器)
功能	这个函数式宏会展开为 size_t 型的整型常量表达式，其值为成员指示器所指向的结构体成员相对于类型所指向的结构体的偏移量（以字节为单位）。当成员指示器的声明为 static 类型 t; 时，表达式 &(t.成员指示器) 的求值结果必须为地址常量。如果指向的成员的类型为位域，则作未定义处理。
返回值	无。

我们可以用代码清单 7-17 所示的程序来查询图 7-5 所示的结构体的成员的偏移量。

代码清单 7-17　　　　　　　　　　　　　　　　　　　　　　　　chap07/offsetof_struct.c

```
/*
     显示结构体成员的偏移量
*/
#include <stdio.h>
#include <stddef.h>

struct test {
    char  c1;
    int   nx;
    char  c2;
};

int main(void)
{
    printf("c1 的偏移量 = %u\n", (unsigned)offsetof(struct test, c1));
    printf("nx 的偏移量 = %u\n", (unsigned)offsetof(struct test, nx));
    printf("c2 的偏移量 = %u\n", (unsigned)offsetof(struct test, c2));

    return 0;
}
```

```
运行示例
c1 的偏移量 = 0
nx 的偏移量 = 2
c2 的偏移量 = 4
```

如图 7-7 所示，可以用以下表达式获取结构体各个成员的偏移量。

> **offsetof** (结构体类型名 , 成员名);

结构体的成员会按照声明的顺序在内存中排列，因此，先声明的成员的偏移量更小。显然，第一个声明的成员的偏移量为 0。

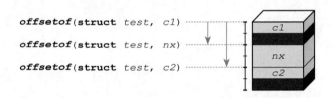

图 7-7　获取结构体成员的偏移量

offsetof 宏的定义示例如代码清单 7-18 所示。如果所使用的编译器不支持 offsetof 宏，可以参考以下代码自己创建。

代码清单 7-18　　　　　　　　　　　　　　　　　　　　　　　　　　chap07/offsetof.c

```
/*
     offsetof 宏的定义示例
*/

#define offsetof(s, mem)    (size_t)&(((s*)0)->mem)
```

| 专栏 7-2 | 结构体的赋值和比较 |

我们假设对象 a、b 的类型为图 7-5 所示的 struct test 型。

a = b;

若执行上述语句，将会把 b 的 3 个成员 b.c1、b.nx、b.c2 的值分别赋给 a 的成员 a.c1、a.nx、a.c2。

但此时，并不能保证对象 b 的字节全部都复制到 a 中。也就是说，因为字节对齐机制的存在，所以填充字节不一定能被复制过去。

也是出于字节对齐机制的存在，在 C 语言中，不能用 == 运算符或 != 运算符来比较结构体对象的大小。

if(a == b)   /* 错误，无法编译 */

由于可能会存在填充字节，上述语句需要逐一比较各个成员。C 语言认为，这些操作的开销已经超出了单个运算符的使用范围（若只判断 a 和 b 的全部字节是否相等，在机器语言级别下可以简单快速地实现）。

如果需要频繁判断结构体对象是否相等，一般会编写一个用于比较结构体全部成员的函数，示例如下所示。

```c
/* 判断 a 和 b 指向的 struct test 型的结构体的全部成员是否相等 */
int test_eq(const struct test *a, const struct test *b)
{
 if (a->c1 != b->c1) return 0;
 if (a->nx != b->nx) return 0;
 if (a->c2 != b->c2) return 0;
 return 1;
}
```

当结构体全部成员的值都相等时，test_eq 函数返回 1，否则返回 0。

7-3 共用体

本节将学习共用体。虽然共用体看起来和结构体类似，但是实际上两者的性质完全不同。

共用体

代码清单 7-19 所示的程序用于声明具有两个成员的**共用体**（union）及其对象，并显示其成员的值。

▶ s.y 的值因编译器和运行环境而异。

代码清单 7-19   chap07/union.c

```
/*
    给共用体赋值并显示其成员的值
*/

#include <stdio.h>

int main(void)
{
    union uxy {
        int    x;
        double y;
    } u;

    u.x = 1;
    printf("s.x = %d\n", u.x);
    printf("s.y = %f\n", u.y);

    return 0;
}
```

运行示例
```
s.x = 1
s.y = 0.000000
```

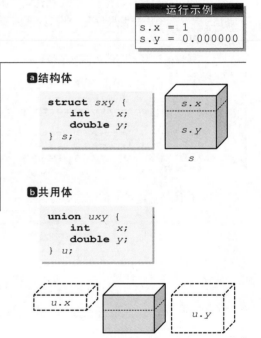

ⓐ结构体
```
struct sxy {
    int     x;
    double  y;
} s;
```

ⓑ共用体
```
union uxy {
    int     x;
    double  y;
} u;
```

图 7-8　结构体和共用体

我们通过图 7-8 来比较结构体和共用体。

结构体

结构体的各个成员按照声明的顺序排列在内存中，在图 7-8 ⓐ中，s.y 位于 s.x 的后面。

共用体

共用体的全部成员的起始地址相同，共享内存。将不同时使用的数据封装为共用体可以节省内存。

对象 u 的前 sizeof(int) 字节的内存可以解释为 u.x，前 sizeof(double) 字节的内存可以解释为 u.y。

用成员 y 获取赋给成员 x 的值（基本上）将得到无意义的值，反之同理。

共用体对象的初始化

共用体对象的初始化有以下规则。

注意 共用体对象只能初始化第一个成员。

除了这一规则，共用体和数组或结构体的初始化方式基本相同，我们来看具体例子。

Ⓐ a.x 被初始化为 5。

Ⓑ b.x 被初始化为 5（5.5 的小数部分将被舍弃）。

虽然初始值 5.5 为 double 型，但第二个成员 b.y 也不能被初始化。

另外，可以用相同类型的共用体来进行初始化，如代码清单 7-20 所示。

```
Ⓐ union {
       int      x;
       double   y;
   } a = {5};
```

```
Ⓑ union {
       int      x;
       double   y;
   } b = {5.5};
```

代码清单 7-20   chap07/union_init.c

```c
/*
    共用体的初始化
*/

#include <stdio.h>

int main(void)
{
    union uxy {
        int     x;
        double  y;
    };

    union uxy s = {5};
    union uxy t = s;

    printf("s.x = %d\n", s.x);
    printf("s.y = %f\n", s.y);
    printf("t.x = %d\n", t.x);
    printf("t.y = %f\n", t.y);

    return 0;
}
```

```
运行示例
s.x = 5
s.y = 0.000000
t.x = 5
t.y = 0.000000
```

首先，s.x 被初始化为 5。随后，用 s 初始化 t，因此 t.x 的初始值也为 5。

※

和结构体一样，共用体的类型名也容易变得冗长（因为类型名中含有 union）。若想缩短其类型名，可以使用 typedef。

公共初始序列

为了让共用体能够被灵活使用，人们设立了一条特殊的规则，它被称为**公共初始序列**（common initial sequence），如图 7-9 所示。

> 如果共用体中含有多个结构体，且这些结构体中开头的一个或几个成员都相同，那么当共用体对象为这些结构体的其中之一时，它可以引用任意一个结构体的对应成员。对于两个结构体开头的一个或几个成员来说，如果成员的类型相对应（且对于位域来说具有相同的位数），那么可以说这两个结构体具有公共初始序列。

图 7-9 公共初始序列

代码清单 7-21 所示的程序就应用了公共初始序列。

代码清单 7-21   chap07/dog_cat.c

```
/*
    具有公共初始序列的共用体的使用示例
*/

#include <stdio.h>

/*--- 动物（狗 / 猫）共用体 ---*/
typedef union {
    struct {
        int type;              /* 种类 */
    } code;

    struct {
        int  type;             /* 1，表示狗 */
        char *name;            /* 名字 */
    } dog;

    struct {
        int    type;           /* 2，表示猫 */
        double weight;         /* 体重 */
    } cat;
} Animal;

/*--- 根据动物种类显示数据 ---*/
void print_animal(const Animal *x)
{
    switch (x->code.type) {
     case 1: printf(" 狗，名字是%s。\n",    x->dog.name);      break;
     case 2: printf(" 猫，体重为%.1fkg。\n", x->cat.weight);  break;
    }
}

int main(void)
{
    Animal a, b;

    a.dog.type = 1;            /* a 是狗 */
    a.dog.name = "Taro";       /* 名字是 Taro */

    b.cat.type   = 2;          /* b 是猫 */
    b.cat.weight = 3.5;        /* 体重为 3.5kg */

    print_animal(&a);          /* 显示 a */

    print_animal(&b);          /* 显示 b */

    return 0;
}
```

运行结果
```
狗，名字是 Taro。
猫，体重为 3.5kg。
```

共用体 Animal 含有 3 个成员。分别为 code、dog、cat。

这 3 个成员都是结构体。如图 7-10 所示，它们的第一个成员完全相同，都是 int 型的 type。

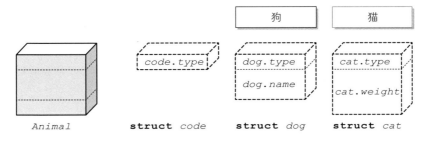

图 7-10 共用体中的公共初始序列

type 表示动物的种类，若动物为狗，type 为 1；若动物为猫，type 则为 2。

结构体 code 只有一个成员 type。结构体 dog 的第二个成员为 char 型的数组 name，结构体 cat 的第二个成员为 double 型的 weight。因此，三者是各不相同的结构体。

但是，由于公共初始序列规则的存在，共用体 Animal 中的相同成员 type 可以从 dog 结构体中获得，也可以从 cat 结构体中获得。

在 print_animal 函数中，参数 x 接收的数据可能来自 dog 结构体，也可能来自 cat 结构体。可以根据成员 code.type 的值来判断接收的数据来自 dog 结构体还是 cat 结构体。因此，可以根据动物的种类显示不同的数据。

为了写出实用的程序，灵活使用共用体是必备的技能，请大家好好掌握。

注意 在使用共用体时，请灵活运用具有公共初始序列的结构体。

第 8 章

文件处理和文本文件

我们所写的 C 语言源代码为文本文件。对于文本
文件，我们可以直观地看到其内部排列的字符，并且
几乎所有的程序都可以使用它。

本章学习文件的输入输出以及文本文件的数据
处理。

8-1 文本文件

本节学习有关文本文件的内容。

文件和流

Y 同学问了我一个有关文本文件的处理的问题。

> 我写了一个程序（如代码清单 8–1 所示），用于读入图 8–1 所示的数据（保存于文本文件中），并进行统计。
> 由于几个交货日期数据未输入文件中，因此，当想要统计从订货日期开始的数据时，程序就无法运行。该怎么办好呢？

▶ 代码清单 8-1 所示的程序和 Y 同学发过来的程序不同，只包含读入并显示数据的部分。另外，运行后显示的字符串的间距也因运行环境中的水平制表符的大小而异。

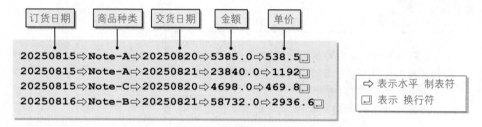

图 8-1　数据（完整的数据）示例 data1.txt

我们先来复习一下基本的文件处理知识。

文件的输入输出通过**流**（stream）来实现。如图 8-2 所示，流就像流淌着字符的"河"，读写的数据都在里面。

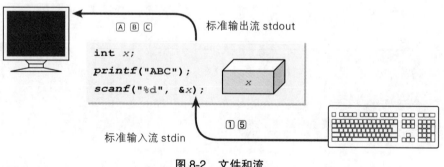

图 8-2　文件和流

另外，下面所示的 3 个标准流不需要预先准备即可使用。

stdin 标准输入流

stdin 标准输入流（standard input stream）是用于读取普通输入的流，在大多数环境中为从键盘输入。scanf 与 getchar 等函数会从这个流中读取字符。

stdout 标准输出流

stdout 标准输出流（standard output stream）是用于写入普通输出的流，在大多数环境中为输出至显示器。printf、puts 与 putchar 等函数会向这个流写入字符。

stderr 标准错误流

stderr 标准错误流（standard error stream）是用于写出错误的流，在大多数环境中为输出至显示器。

代码清单 8-1   chap08/read1.c

```
/*
    从文件中读入数据并显示（Y 同学的程序）
*/

#include <stdio.h>

FILE *fp;
char *field = "%s\t%s\t%s\t%s\t%s";
char a[9];      /* 订货日期 */
char b[7];      /* 商品种类 */
char c[9];      /* 交货日期 */
char d[10];     /* 金额 */
char e[8];      /* 单价 */

int main(void)
{
    fp = fopen("data1.txt", "r");
    while (fscanf(fp, field, a, b, c, d, e) != EOF) {
        printf(field, a, b, c, d, e);
        putchar('\n');
    }
    fclose(fp);

    return 0;
}
```

运行结果				
20250815	Note-A	20250820	5385.0	538.5
20250815	Note-A	20250821	23840.0	1192
20250815	Note-C	20250820	4698.0	469.8
20250816	Note-B	20250821	58732.0	2936.6

---

stdin、stdout、stderr 的类型都是指向 FILE 型的指针类型。在程序开始运行时，它们就已经完成初始化了。

▶ 我们稍后将学习有关 FILE 型的内容。另外，C++ 标准库函数提供了以下 4 种类型的标准流。

cin：标准输入流（对应 stdin）。

cout：标准输出流（对应 stdout）。

cerr：标准错误流（不经过缓冲区）。

clog：标准错误流（经过缓冲区）。

文件的打开和关闭

在读写文件时，需要连接流。连接流和文件的操作称为**打开**（open），图 8-3 所示的 fopen 函数用于打开文件。

fopen 函数的第一个参数是文件名，第二个参数是文件类型及打开模式。

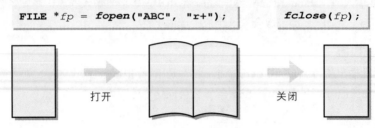

图 8-3 文件的打开和关闭

可以按如下模式打开文件。

> · 只读模式：只从文件输入。
>
> · 只写模式：只向文件输出。
>
> · 更新模式：既从文件输入，又向文件输出。
>
> · 追加模式：从文件末尾处开始向文件输出。

▶ 文件可分为文本文件和二进制文件，我们将在下一章学习后者。

当成功打开文件时，fopen 函数会新建一个流来连接文件，然后返回一个指向 FILE 型对象的指针，FILE 型对象中保存了控制这个流所需要的信息。对流进行的读写操作通过这个指针来进行。

另外，对象式宏 FOPEN_MAX 表示编译器可以打开的最大流数，该宏位于头文件 stdio.h 中。

FILENAME_MAX 表示编译器可以打开的文件名的 char 型字符个数的最大值，该宏为整型常量表达式，位于头文件 stdio.h 中。

▶ 但是，并不能保证名称的 char 型字符个数为 FILENAME_MAX 的文件一定能够被打开。

在文件使用结束后，就不需要流了，因此需要断开流和文件的连接。这个操作就称为**关闭**（close）。

fopen	
头文件	#include <stdio.h>
格式	FILE *fopen(const char *filename, const char *mode);
说明	打开名称为 filename 所指字符串的文件，并将该文件与流相关联。 实参 mode 指向的字符串，以下述字符序列中的某一项开头。 r：以只读模式打开文本文件。 w：以只写模式建立文本文件，若文件存在则文件大小变为 0。 a：以追加模式（从文件末尾处开始的只写模式）打开或建立文本文件。 rb：以只读模式打开二进制文件。 wb：以只写模式建立二进制文件，若文件存在则文件大小变为 0。 ab：以追加模式（从文件末尾处开始的只写模式）打开或建立二进制文件。 r+：以更新（读写）模式打开文本文件。 w+：以更新模式建立文本文件，若文件存在则文件大小变为 0。 a+：以追加模式（从文件末尾处开始的更新模式）打开或建立文本文件。 r+b 或 rb+：以更新（读写）模式打开二进制文件。 w+b 或 wb+：以更新模式建立二进制文件，若文件存在则文件大小变为 0。 a+b 或 ab+：以追加模式（从文件末尾处开始的更新模式）打开或建立二进制文件。

fopen	
说明	以读取模式（mode 以字符 r 开头）打开某文件时，如果该文件不存在或者没有读取权限，则该文件打开失败。 对于以追加模式（mode 以字符 a 开头）打开的文件，打开文件后的写入操作都是从文件末尾处开始的。此时 fseek 函数的调用会被忽略。在有些用 null 字符填充二进制文件的编译器中，以追加模式（mode 以字符 a 开头，并且第 2 或第 3 个字符是 b）打开二进制文件时，会将流的文件位置指示符设在超过文件中数据末尾的位置。 对于以更新模式（mode 的第 2 或第 3 个字符为 +）打开的文件相关联的流，可以进行输入和输出操作。但若要在输出操作之后进行输入操作，就必须在这两个操作之间调用文件定位函数（fseek、fsetpos、rewind）。除非输入操作检查到文件末尾，否则若要在输入操作之后进行输出操作，必须在这两个操作之间调用文件定位函数。有些编译器会将以更新模式打开（或建立）文本文件改为以相同模式打开（或建立）二进制文件，这不会影响操作。 当能够识别到打开的某个流没有关联通信设备时，该流为全缓冲。打开时会清空流的错误指示符和文件结束指示符。
返回值	返回一个指向某个对象的指针，该对象用于控制打开的流。打开操作失败时，返回空指针。

用于关闭文件的是 fclose 函数。

fclose	
头文件	#include <stdio.h>
格式	int fclose(FILE *stream);
说明	刷新 stream 所指向的流，然后关闭与该流相关联的文件。该流中留在缓冲区里面尚未写入的数据会被传输到宿主环境，由宿主环境将这些数据写入文件。而缓冲区里面尚未读取的数据将被丢弃，然后断开流与文件的关联。如果存在系统自动分配的与该流相关联的缓冲区，则会释放该缓冲区。
返回值	若成功地关闭流，则返回 0。检查到错误时返回 EOF。

如图 8-3 所示，只要将打开文件时 fopen 函数返回的指针作为参数传给 fclose 函数，就可以关闭文件。

▦ FILE 型

FILE 型在头文件 stdio.h 中被定义，用于记录控制流所需的信息，其中包含以下数据。

▦ 文件位置指示符

文件位置指示符（file position indicator）用于记录当前访问地址（文件中的位置）。

▦ 错误指示符

错误指示符（error indicator）用于记录是否发生了读取错误或写入错误。

▦ 文件结束指示符

文件结束指示符（end-of-file indicator）用于记录是否已到达文件末尾。

FILE 型的具体实现方法因编译器而异，一般多以结构体的形式实现。

▶ 我们之前已经学习过，标准流 stdin、stdout、stderr 的类型都是指向 FILE 型的指针类型，它们在程序开始运行时就能使用了。

输入输出库函数

下面我们来学习用于对文件进行读写的输入输出函数。我们先来看两个带格式的输入输出函数：fprintf 函数和 fscanf 函数。

fprintf 函数

fprintf 函数用于对任意流执行等同于 printf 函数的输出操作。

fprintf	
头文件	#include <stdio.h>
格式	int fprintf(FILE *stream, const char *format, …);
功能	向 stream 指向的流（不是 stdout）写入数据。除此以外，与 printf 函数完全相同。
返回值	返回发送的字符数。当发生输出错误时，返回负值。

与只能向 stdout 输出的 printf 函数相比，fprintf 的输出目标可以由第一个参数指定。

例如，想把 int 型的 x 的值以十进制的格式写入已经打开的流 fp 中，可以使用以下代码。

```
fprintf(fp, "%d", x);          /* 输出流是流 fp */
```

前面所学的 3 个标准流在程序开始运行时就能使用了。因此，如果想把整数 x 的值以十进制的格式写入 stdout 中，可以使用以下代码。

```
fprintf(stdout, "%d", x);       /* 等价于 printf("%d", x); */
```

fscanf 函数

fscanf 函数用于向任意流执行等同于 scanf 函数的输入操作。

fscanf	
头文件	#include <stdio.h>
格式	int fscanf(FILE *stream, const char *format, …);
功能	从 stream 指向的流（不是 stdin）中读取信息。除此之外，与 scanf 函数完全相同。
返回值	如果没有进行任何转换就发生了输入错误，则返回 EOF，否则返回被赋值的输入项数。如果在输入时发生匹配错误，则输入项数有可能小于与转换说明符对应的实参的个数，也有可能变成 0。

例如，想从流 fp 中读取字符串并存入数组 str 中，可以使用以下代码。

```
fscanf(fp, "%s", str);
```

当然，也可以按照如下代码将第一个参数写成 stdin，如此一来以下语句的功能就等同于 scanf 了。

```
fscanf(stdin, "%d", &x);          /* 等价于 scanf("%d", &x); */
```

fputs 函数

fputs 函数用于向流中写入字符串。

fputs	
头文件	#include <stdio.h>
格式	int fputs(const char *s, FILE *stream);
功能	把参数 s 指向的字符串写入 stream 指向的流,但不包括字符串末尾的空字符。
返回值	若发生写入错误则返回 EOF,否则返回非负值。

fputs 函数和向 stdout 中写入字符串的 puts 函数不同,它在输出时不会添加换行符。

> **注意** 与 puts 函数不同,fputs 函数在输出时不会在字符串末尾添加换行符。

例如,stdout 中的字符串为 "ABC",如果想要换行,则需手动添加换行符,如下所示。

```
fputs("ABC\n", stdout);        /* 等价于 puts("ABC"); */
```

▶ 原则上,在对流进行读写操作的函数(包括 fputs 函数在内)的参数中,用于指定流的参数 fp 需要位于参数列表的末尾。

在输入输出的库函数中,只有 fprintf 和 fscanf 函数的参数 fp 位于参数列表的开头。这是因为可变参数有格式限制,这个参数必须位于参数列表的开头。

fgets 函数

fgets 函数用于从流中读取字符串。

fgets	
头文件	#include <stdio.h>
格式	char *fgets(char *s, int n, FILE *stream);
功能	从 stream 指向的流中读取字符串并存入 s 指向的数组中,最多能读取 n-1 个字符。当读取到换行符或者文件末尾时,它会终止文件的读取,并将读取到的换行符也存入数组中。最后,向数组末尾添加一个空字符。
返回值	如果读取成功,则返回 s。如果在读取到文件末尾时,没有读取任何字符到数组中,则返回空指针,数组中的内容保持不变。如果发生读取错误,也返回空指针,在这种情况下,数组中的内容为不确定值。

请注意,行末尾的换行符也会被存入数组中。

也就是说,在调用以下语句读取文件时,如果文件中的当前行为 "ABC",则最后存入 str 的字符串就变为 "ABC\n" 而非 "ABC"。

```
fgets(str, 100, fp);
```

fputc 函数

fputc 函数用于向流中写入一个字符。

fputc	
头文件	#include <stdio.h>
格式	int fputc(in c, FILE *stream);
功能	将 c 指定的字符转换为 unsigned char 型并写入 stream 指向的输出流, 此时如果定义了流关联的文件位置指示符, 就会向其指示的位置写入字符, 并将文件位置指示符适当地向前移动。在不支持文件定位或以追加模式打开流的情况下, 输出的字符往往会被追加到输出流的末尾。
返回值	返回写入的字符, 如果发生写入错误, 则对流设置错误指示符并返回 EOF。

fputc 函数和 putchar 函数一样, 都只输出一个字符。但是, 它的输出目标不是 stdout, 而是第二个参数指向的流。

如果把指向 stdout 的指针传递给第二个参数, 再调用 fputc(c, stdout) 的话, 实质上就相当于运行了 putchar(c)。

▶ 还有一个等同于 fputc 函数的标准库函数 putc, 如下所示。这个函数的格式跟 fputc 函数相同 (功能也相同)。

```
int putc(in c, FILE *stream);
```

早期的 C 语言中只提供了 putc 函数 (据说多数情况下是作为宏而不是作为函数提供的), 后来人们为了和其他的输入输出库函数保持一致, 在其名称开头加了一个 f, 即后来追加的 fputc 函数。

■ fgetc 函数

fgetc 函数用于从流中读取字符。

fgetc	
头文件	#include <stdio.h>
格式	int fgetc(FILE *stream);
功能	如果存在下一个字符, 从 stream 指向的输入流中读取 unsigned char 型的下一个字符, 并将其转换为 int 型, (如果定义了文件位置指示符) 然后将该流关联的文件位置指示符移动到下一个字符。
返回值	返回 stream 指向的输入流中的下一个字符。在流中检测到文件末尾时, 对该流设置文件结束指示符并返回 EOF。如果发生写入错误, 则对流设置错误指示符并返回 EOF。

fgetc 函数和 getchar 函数一样, 都只读取一个字符。但是, 它的输入源不是 stdout, 而是参数 stream 指向的流。

如果把指向 stdin 的指针作为参数, 再调用 fgetc(stdin), 实质上就相当于运行了 getchar()。

我们用字符输入输出函数 fgetc 和 fputc 函数来写一个实用的程序 concat, 它用于文件的复制, 如代码清单 8-2 所示。

▶ 代码清单 1-3 中就用到了这两个函数。

代码清单 8-2　　　　　　　　　　　　　　　　　　　　chap08/concat.c

```
/*
    程序 concat 用于文件的复制
/*

#include <stdio.h>

/*--- 把从 src 输入的数据输出到 dst 中 ---*/
void copy(FILE *src, FILE *dst)
{
    int ch;

    while ((ch = fgetc(src)) != EOF)
        fputc(ch, dst);
}

int main(int argc, char *argv[])
{
    FILE *fp;

    if (argc < 2)
        copy(stdin, stdout);            /* 标准输入 → 标准输出 */
    else {
        while (--argc > 0) {
            if ((fp = fopen(*++argv, "r")) == NULL) {
                fprintf(stderr, "无法打开文件 %s。\n", *argv);
                return 1;
            } else {
                copy(fp, stdout);       /* 流 fp → 标准输出 */
                fclose(fp);
            }
        }
    }
    return 0;
}
```

本程序需在操作系统的命令行上运行，运行下列代码可以显示文件 test.txt 中的内容。

> **concat test.txt** ⏎

从输入命令行的文件 test.txt 中，逐个读取字符并原封不动地输出到 stdout 中。
如果运行下列代码，可以将 text.txt 和 xyz.c 两个文件的内容连续输出。

> **concat test.txt xyz.c** ⏎

还可以不给出参数直接运行。

> **concat** ⏎

如果运行上述代码，程序会从 stdin 读取字符，再把字符输出到 stdout 中。

▶ 程序名 concat 源自英语单词 concatenate，意为 "连接"。

在程序 concat 运行时，命令行给出的命令行参数将会作为 main 函数的形参被接收。argc 表示命令行参数的个数，argv 是指向 "指向各个命令行参数的指针的数组的首元素" 的指针，我们将在专栏 8-2 详细学习有关内容。

▶ 将 main 函数定义为 int main(void) { }，表示不接收命令行参数。

专栏 8-1 **文本流和二进制流**

我们来学习文本流和二进制流在标准 C 语言中的定义。

▪ 文本流

文本流由**行**（line）构成，是一段有顺序的字符序列。

每行含有任意个数（包括 0）的字符，行末尾有一个换行符，表示一行的结尾。文本流的最后一行的末尾是否含有换行符是由编译器决定的。

为了遵循主机环境中显示文本的协议，允许在输入或输出时对字符进行添加、更改或删除操作。也就是说，流中的字符和外部显示的字符并不一定是一一对应的。例如，在 Windows 中，换行符在程序内部占 1 字节，而在外部文件中则占 2 字节（关于这点将在下一章进行学习）。

如需保证从文本流中读取的数据和写入的数据一致，则需满足以下的全部条件。

- 数据仅由显示字符和控制字符中的水平制表符和换行符构成。
- 换行符前没有空白字符。
- 最后一个字符为换行符。

在读取数据时，换行符前面的空白字符的序列是否出现由编译器决定（即在读取数据时可能会忽略换行符前面的空白字符的序列）。

单行至少可以支持包括最后的换行符在内的 254 个字符，单行是否支持超过这个数量的字符由编译器决定。

▪ 二进制流

二进制流为一串字符的序列，将内部数据原封不动地按顺序记录。在相同编译器中，从二进制流中读取的数据和之前写入的数据必定一致。不过，流的最后可以添加空白字符，其个数由编译器定义。

另外，编译器可以不对文本流和二进制流进行区分。在这种情况下，文本流中不必存在换行符，也不必设置单行长度的限制。

专栏 8-2 **命令行参数**

如果 main 函数按照以下格式定义，那么程序在开始运行时，就能以字符串数组的类型接收来自命令行的参数。

```
int main(int argc, char** argv)
{
 /* ... */
}
```

main 函数接收的参数个数为 2,。虽然这两个形参可以任意命名，但是普遍采用 argc 和 argv（分别来源于英语单词 argument count 和 argument vector）。

▪ 第一个参数 argc

int 型的第一个参数 argc 接收的是程序名（程序本身的名称）和程序形参（在命令行输入的参数）的总个数。

▪第二个参数 argv

　　第二个参数 argv 的类型是"指向 char 型的指针数组"。数组的开头元素 argv[0] 指向程序名，它之后的各个元素指向表示程序形参的字符串。

　　在 main 函数接收参数后，程序的本体才开始运行。

　　下面我们来看程序运行的示例。

> **▶argtest1 Sort BinTree**□

　　伴随着程序 argtest1 的启动，给出两个命令行参数，即 Sort 和 BinTree。

　　该程序启动后，将进行以下操作。

❶为字符串分配空间

　　该程序会分配用于存放程序名和程序形参的各个字符串 "argtest1"、"Sort"、"BinTree" 所用的空间（见图 8C-1 **c**）。

❷为指向字符串的指针数组分配空间

　　下面要分配用于保存数组的空间，该数组的元素是指向 ❶ 中已分配空间的各个字符串的指针（见图 8C-1 **b**）。这个数组的元素类型和元素数量如下所示。

　　・元素类型。

　　数组的元素类型是指向 char 型的指针，各个元素分别指向对应字符串的首个字符。

　　・元素数量。

　　数组的元素数量为程序名及程序形参的数量加 1。

　　数组的最后一个元素为空指针。

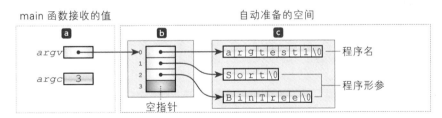

图 8C-1　main 函数接收的两个形参

❸调用 main 函数

　　在调用 main 函数时，会进行以下操作。

　　・把命令行参数的个数 3（整数）传递给第一个参数 argc。

　　・把指向 ❷ 中创建的数组的首元素的指针传递给第二个参数 argv。

　　也就是说，main 函数接收的两个参数就是图 8C-1 **a** 所示的部分。

　　数组的元素类型为指向 char 型的指针，因为形参 argv 接收的是指向该数组的首元素的指针，所以 argv 的类型是指向"指向 char 型的指针"的指针。

argv 所指向的数组（见图 8C-1 **b**）的各个元素可以用 argv[0]、argv[1]……来表示。

代码清单 8C-1 ～代码清单 8C-3 所示的程序用于显示程序名和程序形参，除了使用间接运算符 * 和下标运算符 [] 的方法有所不同之外，各个程序的结果都是相同的。

代码清单 8C-1　　　　　　　　　　　　　　　　　　　　　　　　　chap08/argtest1.c

```
/* 显示程序名和程序形参（其一）*/
#include <stdio.h>
int main(int argc, char** argv)
{
    int i;
    for (i = 0; i < argc; i++)
        printf("argv[%d] = %s\n", i, argv[i]);
    return 0;
}
```

> **运行示例**
> ▶ argtest1 Sort BinTree⏎
> argv[0] = **argtest1**
> argv[1] = **Sort**
> argv[2] = **BinTree**

代码清单 8C-2　　　　　　　　　　　　　　　　　　　　　　　　　chap08/argtest2.c

```
/* 显示程序名和程序形参（其二）*/
#include <stdio.h>
int main(int argc, char** argv)
{
    int i = 0;
    while (argc-- > 0)
        printf("argv[%d] = %s\n", i++, *argv++);
    return 0;
}
```

代码清单 8C-3　　　　　　　　　　　　　　　　　　　　　　　　　chap08/argtest3.c

```
/* 显示程序名和程序形参（其三）*/
#include <stdio.h>
int main(int argc, char** argv)
{
    int i = 0;
    while (argc-- > 0) {
        char c;
        printf("argv[%d] = ", i++);
        while (c = *(*argv)++)
            putchar(c);
        argv++;
        putchar('\n');
    }
    return 0;
}
```

※ 在几乎所有环境下，通过 argv[0] 输出的程序名都含有路径名和扩展名。

问题和解决方法

现在我们回到 Y 同学的问题上来。下面我们将包含一组数据的行称为**记录**（record），将记录中的各个项目称为**字段**（field）。

记录由"订货日期""商品种类""交货日期""金额""单价"5 个字段组成，每个字段由水平制表符 \t 分隔，每条记录由换行符 \n 分隔。

缺少一部分字段（"交货日期"字段）数据的示例文件如图 8-4 所示。

```
20250815⇨Note-A⇨ ⇨5385.0⇨538.5▯
20250815⇨Note-A⇨20250821⇨23840.0⇨1192▯
20250815⇨Note-C⇨ ⇨4698.0⇨469.8▯
20250816⇨Note-B⇨20250821⇨58732.0⇨2936.6▯
```

图 8-4　不完整数据的示例文件 data2.txt

和 scanf 函数一样，用于读取数据的 fscanf 函数也会跳过空白字符。

因此，在缺少某些字段数据的情况下，用于分隔字段的水平制表符就会被跳过，造成后面的字段数据被提前读取。

不仅限于编程，以下原则在各种领域都适用。

> **注意**　在遇到问题时，要多思考几种解决方法。

下面我们来看两种解决方法。

■ 解决方法一：添加无效数据

"添加无效数据"方法不改变程序，只变更输入的数据格式。

"交货日期"字段的格式为 8 位的字符串，其中 4 位为年份、2 位为月份、2 位为日期，例如"20250821"。

如图 8-5 所示，将缺失的"交货日期"字段数据改为"99999999"。

```
20250815⇨Note-A⇨99999999⇨5385.0⇨538.5▯
20250815⇨Note-A⇨20250821⇨23840.0⇨1192▯
20250815⇨Note-C⇨99999999⇨4698.0⇨469.8▯
20250816⇨Note-B⇨20250821⇨58732.0⇨2936.6▯
```

图 8-5　添加无效数据的示例文件 data3.txt

因为填充了数据，所以输入的数据中不会出现空字段的情况，程序就不需要大规模改动了。并且，"99999999"能够表示还没有交货。

对于未输入的数据或无效数据，如果是数值，则将其变为"9999"（位数依实际情况而定）；如果是字符串，则将其变为"****"（位数依实际情况而定）。这种方法在实际工作中经常使用。

> **注意**　并不一定非得改程序来适应输入数据的格式，我们可以思考能否改变输入数据的格式。

在进行统计时，必须区分有效的日期和无效的日期。如图 8-6 所示，可以使用 strcmp 函数来完成区分操作。

```
if (strcmp(a, "99999999")) {

    /* a 是有效的日期 */

} else {

    /* a 是无效的日期 */

}
```

图 8-6　通过比较字符串来区分有效数据和无效数据

| 专栏 8-3 | 计算机 2000 年问题 |

　　在 20 世纪末的时候，"计算机 2000 年问题"一度被广泛讨论。人们担心到 2000 年，由于计算机发生故障，世界可能会陷入混乱之中。不过，最后仅出现了一些小问题，大规模的混乱被避免了。

　　之所以"计算机 2000 年问题"能够引起如此强烈的反响，是因为人们对于计算机软件的认识不够充分，或是对自己写的软件没有信心。

　　有些人的想法大概是："反正我写的程序也用不到 2000 年，干脆年份就只用最后两位好了。"

　　当然，还有另一个客观原因，即当时需要尽可能地节省文件占用的存储空间。

　　其实，Y 同学向我提问的时间是 20 世纪 90 年代。那时候，数据文件的日期格式为像"920815"这样的 6 位数字，程序也将根据这个格式对日期进行处理。

　　在编写本书时，我将日期的格式变更为像"20250815"这样的 8 位数字，同时也让程序根据变更后的格式对日期进行处理，这也算解决"计算机 2000 年问题"的一种方法。

　　不过，其实我也不能很好地解决"计算机 2000 年问题"。

　　因为我将年份的格式更改为 4 位数字，其实就是下意识地认为到 10000 年，肯定没人读本书了。

■ 解决方法二：优化程序

　　接下来我们来优化程序而非优化数据，以解决 Y 同学的问题，示例程序如代码清单 8-3 所示。

▶ 本程序读取的数据为图 8-4 所示的文件 data2.txt，该文件缺少部分"交货日期"字段的数据。

| 代码清单 8-3 | | chap08/read2.c |

```
/*
     使用 fgetword 函数的解决方法
*/

#include <stdio.h>

struct rec {
    char a[9];      /* 订货日期 */
    char b[7];      /* 商品种类 */
    char c[9];      /* 交货日期 */
    char d[10];     /* 金额 */
    char e[8];      /* 单价 */
};
```

运行结果

20250815	Note-A	5385.0		538.5
20250815	Note-A	20250821	23840.0	1192.0
20250815	Note-C	4698.0		469.8
20250816	Note-B	20250820	58732.0	2936.6

```
/*--- 读取 "单词"（忽略水平制表符和换行符）---*/
int fgetword(FILE *fp, char *str)
{
    int ch;

    while ((ch = fgetc(fp)) != EOF && ch != '\t' && ch != '\n') {
        if (ch != ' ')
            *str++ = ch;
    }
    *str = '\0';
    return ch;
}
/*--- 读取一条记录 ---*/
int getrec(FILE *fp, struct rec *dat)
{
    if (fgetword(fp, dat->a) == EOF) return EOF;      /* 订货日期 */
    if (fgetword(fp, dat->b) == EOF) return EOF;      /* 商品种类 */
    if (fgetword(fp, dat->c) == EOF) return EOF;      /* 交货日期 */
    if (fgetword(fp, dat->d) == EOF) return EOF;      /* 金额 */
    if (fgetword(fp, dat->e) == EOF) return EOF;      /* 单价 */

    return 0;
}

int main(void)
{
    FILE   *fp;
    struct rec    dat;

    fp = fopen("data2.txt", "r");        /* 不完整的数据 */
    while (getrec(fp, &dat) == 0) {
        printf("%s\t%s\t%s\t%s\t%s\n", dat.a, dat.b, dat.c, dat.d, dat.e);
    }
    fclose(fp);

    return 0;
}
```

本程序更改的部分如下所示。

▪ **结构体的引入**

引入结构体 rec，将记录（包含"订货日期""商品种类""交货日期""金额""单价"字段）封装起来。记录的数据结构就变得更清晰了。

▪ **增加 fgetword 函数**

fgetword 函数从流 fp 中读取"单词"，并将其存入 str 指向的字符串中，其作用相当于 fscanf 函数。

这里所说的"单词"，就是指用水平制表或换行符分隔的字符序列。由于程序会跳过空白字符，"单词"中就不会包含它们。

如图 8-7 所示，缺少的字段（即空字段）会被读取为空字符串，从而实现我们想要的效果。

另外，在到达文件的结尾时，fgetword 函数会返回 EOF。

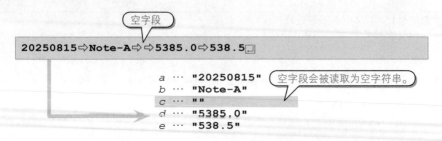

图 8-7 用 fgetword 函数读取数据的示例

读取一条记录用的是 getrec 函数。为了读取记录中的 5 个字段,这个函数要调用 5 次 fgetword 函数。当 fgetword 函数返回 EOF 时,getrec 函数也返回 EOF。

*

本程序使用自定义函数 fgetword 来读取数据,而未使用 fscanf 函数这种工具函数。然后,在 fgetword 函数中,调用了库函数 fgetc 这一工具函数。

如果使用不同的工具函数来写程序,那么写出来的程序也将不同。

| 注意 | 如果使用的工具函数不合适,可以尝试使用别的工具函数或自定义函数。 |

8-2 作为字符的数据

本节学习作为字符的数据。

数值的读取

Y 同学曾问过我以下问题。

> 我在从文件中读取数值的时候，会先将数值作为字符串读取，再将其转换为数值。这是一个好方法吗？

读取数值看似很简单，其实背后暗藏很多玄机，我们来好好学习一下。

下面我们来看代码清单 8-4 所示的程序，思考一下它是怎样读取数值的。

代码清单 8-4   chap08/scan_int1.c

```
/*
    读取一个整数并显示
*/

#include <stdio.h>

int main(void)
{
    int num;

    while (1) {
        printf("请输入一个整数：");
        scanf("%d", &num);
        if (num == 9999) break;

        printf("你输入的整数为 %d。\n", num);
    }

    return 0;
}
```

运行示例 1
请输入一个整数：15⏎
你输入的整数为**15**。
请输入一个整数：388⏎
你输入的整数为**388**。
请输入一个整数：9999⏎

运行示例 2
请输入一个整数：A⏎
请输入一个整数：你输入的整数为0。
请输入一个整数：你输入的整数为0。
请输入一个整数：你输入的整数为0。
...

这个程序的功能仅为读取一个整数并显示。如运行示例 1 所示，在输入 "9999" 之前，程序会一直循环运行。

如运行示例 2 所示，在运行程序后，我们试着输入非数值的字符，程序会一直输出同样的内容。

参数为 %d 的 scanf 函数期待接收的输入内容为十进制整数，如果输入一个非整数的字符，scanf 函数将不会读取该字符。

注意 scanf 函数在接收输入的值并进行转换时，如果发生错误，就不会把这个值读进流中。

如图 8-8 所示，while 语句的循环会多次调用 scanf 函数，读取残留在缓存中的字符 'A'。因为该字符并非数值，scanf 函数不会读取它。

因此，读取和跳过字符 'A' 将会重复执行。

由以上内容可知，仅仅是因为输入了非数值的字符，程序就陷入无限循环中。

如果不能保证输入的数据为数值，使用 scanf 函数读取数据就会有危险。

因此，Y 同学的方法是一个不错的方法。

> **注意** 如果无法保证输入数据的正确性，就不应该从输入流中直接读取数值数据。

我们来考虑如何改写代码清单 8-4 中的程序。

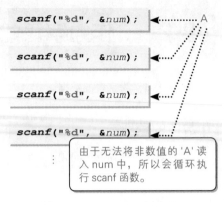

由于无法将非数值的 'A' 读入 num 中，所以会循环执行 scanf 函数。

图 8-8　scanf 函数的执行示例

专栏 8-4　无限循环的构造方法

代码清单 8-4 所示的程序的循环为无限循环。下面我们来比较以下 3 种无限循环。

```
for ( ; ; ) {              while (1) {              do {
    /* ... */                  /* ... */                 /* ... */
}                          }                        } whlie (1);
```

一般来说，我们会按从前往后的顺序读源代码。在这个过程中，对于 for 语句和 while 语句，我们只需要看开头的一行就能知道是否为无限循环。

然而，do 语句则需要看到最后一行才能确认是否为无限循环。因此，读代码的人在遇见 do 语句时，常常会疑惑最后的判定条件是什么，这对读代码的人不友好。

所以，我们通常用 while 语句或 for 语句来实现无限循环，而非 do 语句。

数值和字符串

下面我们来看代码清单 8-5 所示的程序。该程序先将数字序列作为字符串读取，再将其转换为数值。

代码清单 8-5　　　　　　　　　　　　　　　　　　　　chap08/scan_int2.c

```c
/*
    将数值作为字符串读取并显示（atoi 函数版）
*/

#include <stdio.h>
#include <stdlib.h>
int main(void)
{
    int     num;
    char    buffer[100];

    while (1) {
        printf("请输入一个整数：");
        if (scanf("%s", buffer) == EOF) break;
        if ((num = atoi(buffer)) == 9999) break;

        printf("你输入的整数为 %d。\n", num);
    }

    return 0;
}
```

运行示例
```
请输入一个整数：15⏎
你输入的整数为 15。
请输入一个整数：388⏎
你输入的整数为 388。
请输入一个整数：ABC⏎
你输入的整数为 0。
请输入一个整数：9999⏎
```

标准库函数 atoi 用于将字符串转换为整数，示例如图 8-9 所示。如图 8-9 **c** 所示，在转换失败时，atoi 函数返回的值由编译器决定（即返回不确定值）。

a `atoi("1234");`　　　　**b** `atoi("-35");`　　　　**c** `atoi("ABC");`

int 型的 1234　　　　　　int 型的 −35　　　　　　int 型的不确定值

图 8-9　atoi 函数的返回值示例

也就是说，在运行代码清单 8-5 所示的程序时，如果读入的 buffer 字符串中的值无法转换成整数，那么变量 num 就会被赋予不确定值。

有的编译器会规定在转换失败时 atoi 函数返回 0，但如果依赖这样的特性，程序就会缺少可移植性。

> **注意** 用于将字符串转换为整数的 atoi 函数在转换失败时不一定返回 0，不能以"在转换失败时返回 0"特性为前提进行编程。

虽然代码清单 8-5 所示的程序成功避免了无限循环，但又出现了新的问题。如果输入的值不能视作数值，则会显示错误的值（排除偶然正确的情况）。

为了处理不能视作数值的字符串，我们自定义一个函数，如代码清单 8-6 所示。

strtoi 函数会将字符串 str 转换为整数并返回。另外，如果转换成功，则会将 1 赋予 *err，反之，则会将 0 赋给 *err。

▶ strtoi 函数会从前往后遍历各个数字。在遍历的过程中，将中间值乘 10，再加上当前遍历的数。最后，会进行符号的调整。−1357 的遍历过程如下。

1 ➡ 10 + 3 ➡ 130 + 5 ➡ 1350 + 7

进行符号的调整后，得到结果 −1357。

代码清单 8-6　　　　　　　　　　　　　　　　　　　　　　　　　　　chap08/scan_int3.c

```c
/*
    将数值作为字符串读取并显示（优化版 1）
*/

#include <ctype.h>
#include <stdio.h>
/*--- 将字符串转换为 int 型的值 ---*/
int strtoi(const char *str, int *err)
{
    int no = 0;
    int sign = 1;               /* 正号 */

    while (isspace(*str))       /* 跳过空白字符 */
        str++;

    switch (*str) {
     case '+' : str++;                  break;      /* 正号 */
     case '-' : str++;   sign = -1;     break;      /* 负号 */
    }

    for ( ; isdigit(*str); str++)
        no = no * 10 + (*str - '0');
    no *= sign;
```

```
    *err = *str ? 1 : 0;

    return no;
}

int main(void)
{
    int    num, err;
    char buffer[100];

    while (1) {
        printf(" 请输入一个整数: ");
        scanf("%s", buffer);

        num = strtoi(buffer, &err);
        if (err)
            puts("\a 无法转换为整数。");
        else {
            if (num == 9999)
                break;
            printf(" 你输入的整数为 %d。\n", num);
        }
    }

    return 0;
}
```

运行示例
```
请输入一个整数: 15 ⏎
你输入的整数为 15。
请输入一个整数: 388 ⏎
你输入的整数为 388。
请输入一个整数: ABC ⏎
🔊无法转换为整数。
请输入一个整数: 9999 ⏎
```

负数最小值的处理

之前用到的 strtoi 函数有一个很大的缺陷，即没有进行溢出检查。并且，其中还隐藏着两个问题。

我们假设 int 型的表示方法为 16 位的补码。此时，int 型能够表示的值为 −32768 ～ 32767。

▪ 无法处理例如 50000 等的 int 型表示范围之外的数值

strtoi 函数无法处理 int 型不能表示的值（即小于 INT_MIN 或大于 INT_MAX 的值），例如 50000。在某种意义上，这个问题无法避免，所以必须进行溢出检查。

▪ 无法处理 int 型的最小值

strtoi 函数无法处理 int 型的最小值，即 INT_MIN(−32768), 这个问题很关键。以 −32768 的转换为例，从首个数字开始遍历，经过步骤 $3 \rightarrow 30 + 2 \rightarrow 320 + 7 \rightarrow 3270 + 6 \rightarrow 32760 + 8$, 得到数值 32768，再调整符号得到 −32768。但是，由于 32768 无法用 int 型来表示，数值将会溢出（即无法保证经过遍历和转换后正确地得到 32768 这个数值）。

正如我们之前所学过的那样，int 型负数的最小值的绝对值（此处以 −32768 为例，绝对值为 32768）可能大于正数的最大值（32767）。

> ▶ 上述情况出现在用补码表示 int 型的时候，在用反码、符号和绝对值表示 int 型时，负数的最小值的绝对值等于正数的最大值。

因此，要想解决 int 型负数的最小值问题，应该先将数值（为正数）转换成负数再进行处理，最后进行符号的调整。

> ▶ 以 593 的转换为例，经过步骤 $-5 \rightarrow -50 - 9 \rightarrow -590 - 3$, 得到数值 −593，再调整符号得到 593。−32768 的转换则是经过步骤 $-3 \rightarrow -30 - 2 \rightarrow -320 - 7 \rightarrow -3270 - 6 \rightarrow -32760 - 8$, 得到数值 −32768（由于原数就是负数，

最后不需要调整符号）。

按照以上方法改写的程序如代码清单 8-7 所示。本程序的 `strtoi` 函数在处理 `int` 型的最小值的同时，还会通过第二个参数的指针告知调用方是否发生溢出错误。

本程序有些复杂，请大家仔细阅读以理解程序的作用。

> ▶ `int_min` 为 `div_t` 型，这个变量用于表示 `INT_MIN` 的最后一位和去掉最后一位的值。以 16 位的补码为例，`int_min.quot` 为 -3276、`int_min.rem` 为 8。

用 `/` 和 `%` 运算符似乎可以更加简洁地求出以上两个值，但其实并非如此。关于这点，我们将在专栏 8-5 详细地学习。

代码清单 8-7　　　　　　　　　　　　　　　　　　　　　　　　　chap08/scan_int4.c

```c
/*
    将数值作为字符串读取并显示（优化版 2）
*/
#include <ctype.h>
#include <stdio.h>
#include <limits.h>
#include <stdlib.h>
/*--- 将字符串转换为 int 型的值 ---*/
int strtoi(const char *str, int *err)
{
    int no = 0;
    int sign = 1;                        /* 正号 */
    div_t int_min = div(INT_MIN, 10);

    int_min.rem *= -1;                   /* 反转符号 */
    *err = 2;

    while (isspace(*str))                /* 跳过空白字符 */
        str++;

    switch (*str) {
     case '+' : str++;                        break;       /* 正号 */
     case '-' : str++;   sign = -1;  break;       /* 负号 */
    }
    for ( ; isdigit(*str); str++) {
        if ((no < int_min.quot) ||
            (no == int_min.quot && *str - '0' > int_min.rem)) {
            no = INT_MIN;
            goto Overflow;
        }
        no = no * 10 - (*str - '0');
    }
    if (sign == 1) {
        if (no < -INT_MAX) {
            no = INT_MAX;
            goto Overflow;
        }
        no = -no;
    }
    *err = *str ? 1 : 0;
Overflow:
    return no;
}

int main(void)
{
    int  num, err;
    char buffer[100];
```

运行示例

```
请输入一个整数：15
你输入的整数为 15。
请输入一个整数：388
你输入的整数为 388。
请输入一个整数：ABC
♪无法转换为整数。
请输入一个整数：9999
```

```
    while (1) {
        printf("请输入一个整数: ");
        scanf("%s", buffer);

        num = strtoi(buffer, &err);
        if (err)
            puts("\a无法转换为整数。");
        else {
            if (num == 9999)
                break;
            printf("你输入的整数为 %d。\n", num);
        }
    }
    return 0;
}
```

专栏 8-5　商和余数

在 C 语言中，可以用 / 和 % 运算符来分别计算整数相除的商和余数（两个运算符都不能用于浮点数的计算）。

如果两个操作数都为正数，那么这两个运算符能够按照我们的预期得出结果。但是，如果两个操作数中至少有一个为负数，那么在使用这两个运算符时就需要小心了。这是因为标准 C 语言的第一个版本中有如下定义。

如果两个操作数中至少有一个为负数，则 / 运算符的结果是 "小于代数商的最大整数" 还是 "大于代数商的最小整数" 要取决于编译器，同时，% 运算符的结果的正负也取决于编译器。

由于存在以上定义，事情就变得麻烦了。以 -7 除以 3 为例，其结果取决于编译器，将会有以下两种情况。

- 商为 -2，余数为 -1。
- 商为 -3，余数为 2。

不过，C99（标准 C 语言的第二个版本）中有以下定义。

在使用 / 运算符进行整数相除的运算时，结果为舍去代数商的小数部分的值，即进行向 0 取整的操作。以 -7 除以 3 为例，结果如下。

- 商为 -2，余数为 -1。

由于并不是所有的编译器都支持 C99，考虑到程序的兼容性，不应该使用依赖 C99 的特性。

*

由于负数相除的结果的商和余数取决于编译器，所以 C 语言在头文件 stdlib.h 提供了 div 标准库函数，以下为这个函数的格式。

div_t div(int *numer*, **int** *denom*);

div 函数用于计算分子 numer 和分母 denom 相除得到的商 quot 和余数 rem。当相除的结果不为整数时，商为最接近代数商且绝对值较小的整数。当相除的结果无法表示时，这个函数的操作未定义，除此之外，quot * denom + rem 的结果等于 numer。

div 函数的返回值为 div_t 型的结构体。以下为 div_t 型的定义示例（标准 C 语言中并未规定成员声明的顺序）。

typedef struct{

```
   int quot;    /* 商 */
   int rem;     /* 余数 */
} div_t;
```

求 long 型除法运算结果的商和余数的函数的格式如下。

ldiv_t div(**long** _numer_, **long** _denom_);

其返回值的类型为 ldiv_t 型,如下所示。

```
typedef struct{
   long quot;    /* 商 */
   long rem;     /* 余数 */
} ldiv_t;
```

ldiv_t 型与 div_t 型不同的地方是两个成员的类型为 long 型。

*

我们来看 div 函数的实际运用以加深理解,程序如代码清单 8C-4 所示。

代码清单 8C-4   chap08/div_test.c

```
/*
     显示整数相除结果的商和余数
*/

#include <stdio.h>
#include <stdlib.h>

int main(void)
{
    int numer, denom;
    div_t qr;

    printf("被除数: ");        scanf("%d", &numer);
    printf("除数: ");          scanf("%d", &denom);

    qr = div(numer, denom);

    printf("商为 %d, 余数为 %d。\n", qr.quot, qr.rem);

    return 0;
}
```

```
                              运行示例
被除数: -7 ⏎
除数: 3 ⏎
商为 -2, 余数为 -1。
```

在任何编译器中运行本程序,-7 除以 3 的商都为 -2,余数都为 -1。

要做到在不使用依赖标准 C 语言的版本或编译器的同时,基于一定的规则求负数相除结果的商和余数,就必须使用 div 函数和 ldiv 函数。

*

在代码清单 8-7 所示的程序中,用到 INT_MIN 的最后一位和去掉最后一位的值。strtoi 函数的开头使用了 div 函数来求这两个值,如下所示。

div_t int_min = div(INT_MIN, 10);

当 int 型的表示方法为 16 位的补码时,INT_MIN 的值为 -32768。因此 int_min.quot 的值为 -3276,int_min.rem 的值为 -8。不过,以下语句反转了 int_min.rem 的符号,使其值变为 8。

int_min.rem *= -1; /* 反转符号 */

＊

　　另外，当待转换的数值小于 int 型的最小值时，代码清单 8-7 所示的程序将返回 INT_MIN；当待转换的数值大于 int 型的最大值时，将返回 INT_MAX。

■ 使用 sprintf 函数将数据写入字符串

　　至今为止，对于以下的问题，我已经被问到过多次。

　　如何生成指定位数的字符串（例如指定小数点后保留 4 位，原数为 53.75，待生成的字符串为 "53.7500"）？

　　标准库函数中已经提供了这个问题的答案，即使用方便且功能丰富的 sprintf 函数（格式将在后面给出）。

　　sprintf 函数的参数比 printf 函数多一个，多的这个参数 s 位于参数列表的首位，是指向输出字符串的首字符的指针。

　　我们可以这么想，将 printf 函数写入的方向从 stdout 改为字符串就可以得到 sprintf 函数的功能。

> **注意**　使用 sprintf 函数可以轻松地将数值、字符或字符串转换为格式化字符串。

　　我们来看一个程序示例，如代码清单 8-8 所示。本程序使用 sprintf 函数生成 20 个字符串 "No.01"、"No.02"、……、"No.20"，并存入字符串数组中。

代码清单 8-8　　　　　　　　　　　　　　　　　　　　　　chap08/sprintf1.c

```
/*
    生成字符串 "No.01"、"No.02"、…… 、"No.20"
*/

#include <stdio.h>

int main(void)
{
    int  i;
    char ns[20][6];

    for (i = 0; i < 20; i++)
        sprintf(ns[i], "No.%02d", i + 1);

    for (i = 0; i < 20; i++)
        printf("%s\n", ns[i]);

    return 0;
}
```

运行结果
```
No.01
No.02
No.03
No.04
No.05
…
No.19
No.20
```

　　生成的 20 个字符串 "No.01"、"No.02"、……、"No.20" 分别存储在 ns[0]、ns[1]、……、ns[19] 中。

　　由于二维数组 ns 的列数为 6，所以各个字符串的最大长度为 5（不含空字符）。要注意转换后的字符串的长度不能超过这个长度。

注意	在使用 sprintf 函数时，要留意用于存储字符串的数组的元素数量是否足够。

sprintf	
头文件	#include <stdio.h>
格式	int sprintf(char *s, const char *format, …);
说明	除了数据的写入方向是 s 指向的数组而不是 stdout 之外，sprintf 函数的功能与 printf 函数相同。虽然 sprintf 会在已写入的输出字符的末尾添加一个空字符，但统计返回的字符数时不会将该空字符计算在内。在空间重叠的对象间进行复制操作时，作未定义处理。
返回值	返回写入数组的不包含空字符的字符数。

使用格式控制符 * 并加上相应参数可以指定输出字符串的位数，这点和 print 函数相同。

代码清单 8-9 所示的程序将读入的实数用格式控制符 * 以指定位数显示。

代码清单 8-9　　　　　　　　　　　　　　　　　　　　　　　　　　　　chap08/sprintf2.c

```
/*
    将实数转换为指定位数的字符串
*/

#include <stdio.h>

int main(void)
{
    int     n1, n2;
    double  x;
    char    buf[256];

    printf("请输入一个实数：");
    scanf("%lf", &x);

    printf("转换后的字符串的最小位数：");
    scanf("%d", &n1);

    printf("保留的小数位数：");
    scanf("%d", &n2);

    sprintf(buf, "%*.*f", n1, n2, x);

    printf("转换后的字符串为 \"%s\"\n", buf);

    return 0;
}
```

```
运行示例
请输入一个实数：15.734┛
转换后的字符串的最小位数：5┛
保留的小数位数：2┛
转换后的字符串为 "15.73"。
```

在本程序中，sprintf 函数输出的目标数组 buf 的元素数量为 256，因此转换后的字符串的长度必须在 0～255 之内（不含末尾的空字符）。

▶ printf 函数或 sprintf 函数的格式字符串中的 * 用于指示后面的实参的值对应的位置。以本程序中的输入为例（n1 为 5，n2 为 2），"%*.*f" 将被看作 "%5.2f"。

■ 使用 sscanf 函数从字符串中读取数据

我们来学习与 sprintf 函数功能相反的 sscanf 函数。

sscanf	
头文件	#include <stdio.h>
格式	int sscanf(char *s, const char *format, …);
说明	除了从实参 s 指向的字符串而非流中读取数据之外，sscanf 函数的功能与 scan 函数相同。它检测字符串结束的方式与 scanf 函数检测文件的结束方式相同。在空间重叠的对象间进行复制操作时，作未定义处埋。
返回值	在未进行任何转换就发生输入错误时返回 EOF，否则返回被赋值的输入项数。如果在输入时发生匹配错误，则返回值有可能小于与转换说明符对应的实参的个数，也有可能变成 0。

相比 scanf 函数，sscanf 函数的输入源不是 stdin，而是字符串。

▶ 和 scanf 函数一样，sscanf 函数也返回读入成功的输入项数。

使用 sscanf 函数的程序示例如代码清单 8-10 所示，该程序的功能是从键盘读入日期并显示。

本程序可以处理图 8-10 所示的 3 种输入格式，图中 **1**、**2**、**3** 的格式都可以作为输入内容的格式，但屏幕显示的格式为 **2** 的格式。

1 2025/11/18	年 / 月 / 日
2 2025-11-18	年 – 月 – 日
3 18 November 2025	日 月名（英语）年

图 8-10　代码清单 8-10 所示程序接收的日期格式及示例

代码清单 8-10　　　　　　　　　　　　　　　　　　　　　　　chap08/read_date.c

```
/*
    读入日期并显示
*/

#include <stdio.h>
#include <string.h>

/*--- 表示日期的结构体 ---*/
typedef struct {
    int y;
    int m;
    int d;
} Date;

/*--- 读入日期 ------------------
    支持的格式示例：2025/11/18
                   2025-11-18
                   18 November 2025
----------------------------------*/
int fgetdate(FILE *fp, Date *d)
{
    char *month[] = {
        "", "January", "February", "March", "April",
        "May", "June", "July", "August", "September",
        "October", "November", "December",
    };
    char buf[256], mbuf[16];

    d->y = d->m = d->d = 0;
```

运行示例

请输入日期。
2025/11/18⏎
日期：**2025-11-18**

2025-11-18⏎
日期：**2025-11-18**

18 November 2025⏎
日期：**2025-11-18**

[Ctrl] + Z

```
    if (fgets(buf, sizeof(buf), fp) != NULL) {
        if (sscanf(buf, "%d/%d/%d", &d->y, &d->m, &d->d) == 3)
            return 1;
        else if (sscanf(buf, "%d-%d-%d", &d->y, &d->m, &d->d) == 3)
            return 1;
        else if (sscanf(buf, "%d%s%d", &d->d, mbuf, &d->y) == 3) {
            int i;
            for (i = 1; i <= 12; i++)
                if (strncmp(month[i], mbuf, 3) == 0) {
                    d->m = i;
                    return 1;
                }
        }
    }
    return 0;
}

int main(void)
{
    Date date;

    puts(" 请输入日期。");

    while (fgetdate(stdin, &date))
        printf(" 日期: %d-%d-%d\n\n", date.y, date.m, date.d);

    return 0;
}
```

读入 **3** 的格式中的月名（January、February、……、December）时，为了验证月份与月名是否匹配，将会使用以下语句进行判断。

```
strncmp(month[i], mbuf, 3) == 0
```

strncmp 函数用于比较两个字符串的大小关系，此函数只比较字符串的前几位，该位数由第三个参数给出。

因此，"Nov"、"Nov"e、……、"November" 都会被判定为 11 月。

▶ 同时按 Ctrl 键和 Z 键可结束输入，在部分环境中，还需要按 Enter 键（通常不需要）。另外，在 UNIX、Linux 和 Mac OS X 中则需要同时按 Ctrl 键和 D 键。

第 9 章
文件的应用

　　N 同学慌张地找到我，他说："我明明正确调用了 getchar 函数，实际上它却没有执行。"但是，只要不做出破坏程序内部的存储空间之类的行为，函数的调用就不会被忽略。

　　很多程序员都容易掉进本章所讲的几个示例中的陷阱。你也可能会成为下一个 N 同学。

9-1 流和缓冲区

本节学习有关流和缓冲区的内容。

■ 调用的函数未被执行？

N 同学慌张地找到我。

> 请帮帮我，我调用的函数被忽略了，并没有被执行。

代码清单 9-1 节选了存在问题的代码。

代码清单 9-1   chap09/confirm1.c

```
/*
    进行输入的确认（有问题，getchar 函数的调用被忽略了？）
*/

#include <stdio.h>

int main(void)
{
    int ch;
    char name[20];

    printf("请输入姓名：");
    scanf("%s", name);

    printf("请确认（Y／N）：");

    ch = getchar();                        /* getchar 函数的调用被忽略了？ */
    if (ch == 'Y' || ch == 'y') {
        printf("你好%s 先生。\n", name);      /* 未被执行 */
        /*【处理】*/                          /* 未被执行 */
    }

    return 0;
}
```

运行示例
```
请输入姓名：Shibata↵
请确认（Y／N）：
```

▶ 我们假定此程序的 stdin 为键盘，stdout 为控制台画面。

N 同学期望的运行结果如右图所示。

开头的❶提示用户输入姓名。scanf 函数会将这里输入的字符串存入数组 name 中。

接下来在❷中进行确认，输入 'Y' 或 'y' 后进入❸，显示"你好××先生。"的问候消息。

预期的结果
```
❶请输入姓名：Shibata↵
❷请确认（Y／N）：Y↵
❸你好Shibata 先生。
```

但是，正如运行结果所示，在"请确认（Y/N）："的后面无法进行输入。不仅如此，也没有显示"你好××先生。"，程序就结束了。

对于程序出现的这些问题，N 同学的想法如下。

getchar 函数的调用被忽略了。

我们通过追踪程序的操作可确定这个想法是错误的。

我们假定输入"Shibata⊡",此时 scanf 函数的操作如图 9-1**a**所示。

图 9-1 代码清单 9-1 所示程序的读取示例

在使用格式控制符 %s 进行读取时,采用空白字符(空格符、水平制表符、换行符等)来分隔不同项目。存入数组 name 的字符串为 "Shibata",因为 scanf 函数不能读取换行符 '\n'。

如图 9-1**b**所示,缓冲区中残留的 '\n' 将会被下一个输入操作的 getchar 函数读取。

如右图所示,我们尝试向代码中插入 printf 函数的调用语句。这样就可以以十六进制输出换行符的字符编码(代码位于 chap09/confirm1x.c)。

```
ch = getchar();
printf("ch = %x\n", ch);
```

▶ 如果在 ASCII 编码 /JIS 编码的环境中,将会显示 "ch = a"。

调用的 getchar 函数并没有被忽略,确实读取了字符 '\n'。

N 同学搞错了问题出现的原因。

注意 请不要搞错程序的结果不符合预期的原因。

缓冲区的刷新

我让几名学生修改代码清单 9-1 的程序,他们改好的程序几乎一模一样,如代码清单 9-2 所示。

改好的程序增加了阴影部分的 fflush 函数的调用,目的是想刷新(清除)stdin 的缓冲区中残留的换行符。

在我的运行环境中运行这个程序,达到了预期的效果。缓冲区中残留的换行符被刷新,getchar 函数成功地将用于确认的输入字符 'Y' 读入了变量 ch 中。

*

但是,问题仍未得到解决。

为了确认这一点,我让 stdin 连接文件而非键盘来进行实验。

代码清单 9-2   chap09/confirm2.c

```
/*
    进行输入的确认（修改版）
*/

#include <stdio.h>

int main(void)
{
    int ch;
    char name[20];

    printf("请输入姓名：");
    scanf("%s", name);

    printf("请确认（Y／N）：");

    fflush(stdin);                /* 刷新 stdin 的缓冲区 */

    ch = getchar();
    if (ch == 'Y' || ch == 'y') {
        printf("你好 %s 先生。\n", name);
        /*【处理】*/
    }

    return 0;
}
```

```
                               运行示例
请输入姓名：Shibata⏎
请确认（Y／N）：Y⏎
你好 Shibata 先生。
```

先创建图 9-2 所示的文本文件 text，然后使用操作系统的重定向功能，运行如下命令。

> confirm2 < text⏎

```
Shibata⏎
Y⏎
```

这样一来，scanf 函数和 getchar 函数就会从文件 text 中读取
数据。

图 9-2　text 文本文件

在我的运行环境中，并没有显示"你好 Shibata 先生。"，程序就直接结束了。

由此看来，getchar 函数的调用似乎被忽略了。

可以确认在我的运行环境中，如果输入源为键盘，程序就可以按照预期运行；如果输入源为文
件，程序就不能正常运行。

*

我们来学习 fflush 函数，以下是它在标准 C 语言中的定义。

fflush	
头文件	#include <stdio.h>
格式	int fflush(FILE *stream);
说明	当 stream 指向输出流或更新流，并且这个流最近执行的操作不是输入时，fflush 函数将把该流中还未写入的数据传递给主机环境，由主机环境向文件中写入这些数据。其他情况下的操作未定义。当 stream 为空指针时，对定义了刷新操作的所有流执行刷新操作。
返回值	发生写入错误时返回 EOF，否则返回 0。

从上述说明可以知道，刷新操作有以下限制。

注意　对输入流进行刷新操作的效果并不确定（即效果因编译器、环境、连接设备等而异）。

在我的运行环境中，如果 stdin 连接键盘，那么刷新操作就能够成功。如果 stdin 连接文件，

那么刷新操作就会被忽略，不进行任何实际的操作。

　　当然，在有些编译器和环境中，即使 stdin 连接的是键盘，刷新操作也有可能无效。

　　考虑到程序的兼容性，我们要牢记以下内容。

> **注意** 原则上，不应该对输入流进行刷新操作。

　　即使程序在你的编译器中刚好能够运行，也不能保证它在其他编译器中能够正常运行。

■ 流的缓冲区

　　程序在发出输入输出请求（实际上是发出访问操作系统等的主机环境的请求）时，都会访问文件，访问速度通常很慢。

　　刷新流的主要目的就是让输入输出变得更流畅。如图 9-3 所示，我们把想要读取的字符和应该写入的字符都暂时存储到**缓冲区**（buffer）中，此时阀门处于关闭状态。若满足如下条件，则打开缓冲区的阀门，对文件进行访问。

- ·缓冲区中积累了一定量的字符。
- ·程序需要立即进行读写操作。

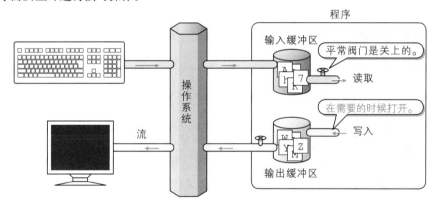

图 9-3　流和缓冲区

　　在需要更改缓冲方法，或者连接在程序中准备的缓冲区时，可以使用以下的 setvbuf 函数和 setbuf 函数。

setvbuf	
头文件	#include <stdio.h>
格式	int setvbuf(FILE *stream, char *buf, int mode, size_t size);
说明	只有在 stream 指向的流连接到已打开的文件，且未对该流进行其他操作时，才允许调用 setvbuf 函数。实参 mode 像下面这样来指定对 stream 的缓冲方法。 _IOFBF：对输入输出进行全缓冲。 _IOLBF：对输入输出进行行缓冲。 _IONBF：对输入输出不进行缓冲。 若 buf 为空指针则分割存储空间，将其作为缓冲区来使用。若 buf 不为空指针，则将 buf 指向的数组作为缓冲区来使用。实参 size 用于指定数组的大小。数组的内容通常是不固定的。
返回值	执行成功后返回 0；当 mode 被指定了无效值或者无法满足要求时返回除 0 以外的值。

setbuf	
头文件	#include <stdio.h>
格式	void *setbuf*(FILE *stream*, char *buf*);
说明	除了不返回值以外，setbuf 函数与 *mode* 值为 _IOFBF，size 值为 BUFSIZ（这个宏的值依赖于编译器）的 *setvbuf* 函数相同。但是当 *buf* 为空指针时，则 setbuf 函数等价于 mode 值为 _IONBF 的 *setvbuf* 函数。
返回值	无。

　　C 语言支持的缓冲分为以下 3 种。

■ 全缓冲

　　全缓冲（fully buffering）表示进行完整的缓冲，对应 _IOFBF 模式。

▪ 输入流

　　对于输入请求，只有当缓冲区存满时，才从主机环境把输入的字符传输给程序，直到缓冲区为空，不进行文件的引用。

▪ 输出流

　　对于输出请求，在缓冲区存满之前，输出的字符都将保存于缓冲区。当缓冲区存满时，才将缓冲区的内容传输给主机环境。

■ 行缓冲

　　行缓冲（line buffering）表示以行为单位进行缓冲，对应 _IOLBF 模式。

▪ 输入流

　　当发生下列情况时，从主机环境将缓冲区的内容传输给程序。
　　·读取到换行符。
　　·缓冲区存满。
　　·对无缓冲的流发出输入请求。
　　·对行缓冲的流发出输入请求。

▪ 输出流

　　当输出换行符时，将缓冲区的内容直接传输给输出源的主机环境。

■ 无缓冲

　　无缓冲（unbuffering）表示不进行缓冲，对应 _IONBF 模式。

▪ 输入流

　　只要条件允许，输入的字符就会从输入源的主机环境直接传输给程序。

▪ **输出流**

只要条件允许，输出的字符就会直接传输给输出目标的主机环境。

问题的解决

下面我们来解决 N 同学遇到的问题。代码清单 9-3 所示的程序添加了在读取时跳过空白字符的代码。

代码清单 9-3　　　　　　　　　　　　　　　　　　　　　chap09/confirm3.c

```
/*
    进行输入的确认（修改版 1）
*/

#include <ctype.h>
#include <stdio.h>

/*--- 进行确认的函数 ---*/
int kakunin(void)
{
    int ch;

    while (isspace(ch = getchar()) && ch != EOF)
        ;
    return ch;
}

int main(void)
{
    int ch;
    char name[20];

    printf("请输入姓名: ");
    scanf("%s", name);

    printf("请确认（Y / N）: ");

    ch = kakunin();
    if (ch == 'Y' || ch == 'y') {
        printf("你好 %s先生。\n", name);
        /*【处理】*/
    }

    return 0;
}
```

```
运行示例
请输入姓名: Shibata␎
请确认（Y / N）: Y␎
你好 Shibata先生。
```

kakunin 函数的功能如下所示。

在读取时跳过空白字符，返回读取的所有非空白字符。

对于一个函数应该能简洁地说明它的功能，这样一来，函数的内部也会变简洁。

> **注意** 在设计函数时，要能够简洁地说明它的操作和功能。

仔细一想，kakunin（日文"確認"的罗马音，意为确认）这个函数名不是很合适，因为除了确认以外，kakunin 函数还有别的功能。

以名字稍长的函数 getnschar（get next non-space character 的缩写）为例，其意为获取下一个非空白字符，getnschar 这个函数名就很恰当。

> **注意** 请给函数取一个能够恰当地表示它的操作和功能的名字。

通过 kakunin 函数，很容易就能够实现增加除 'Y' 和 'N' 之外的选项或者将选项变更为 '1' 和 '0' 的功能。如果需要进行类似上述的功能的变更和扩展，可以写一个新函数 kakunin，将原 kakunin 函数作为子函数进行调用来实现功能的变更和扩展，十分灵活。

> **注意** 在设计函数时，要尽量提高函数的泛用性。

代码清单 9-4 所示的程序变更了 kakunin 函数的名字，并且添加了一个真正用于确认的函数，在此函数中调用了原 kakunin 函数。

代码清单 9-4   chap09/confirm4.c

```c
/*
    进行输入的确认（修改版 2）
*/

#include <ctype.h>
#include <stdio.h>

/*--- 读取一个非空白字符 ---*/
int getnschar(void)
{
    int ch;

    while (isspace(ch = getchar()) && ch != EOF)
        ;
    return ch;
}

/*--- 确认（只读取 'Y'、'y'、'N'、'n'）---*/
int kakunin(void)
{
    int ch;

    while ((ch = getnschar()) != EOF) {
        if (ch == 'Y' || ch == 'y') return 1;
        if (ch == 'N' || ch == 'n') return 0;
    }

    return EOF;
}

int main(void)
{
    int ch;
    char name[20];

    printf("请输入姓名: ");
    scanf("%s", name);

    printf("请确认（Y / N）: ");

    ch = kakunin();
    if (ch == 1) {
        printf("你好%s 先生。\n", name);
        /*【处理】*/
    }

    return 0;
}
```

运行示例

```
请输入姓名: Shibata⏎
请确认（Y / N）: Y⏎
你好Shibata先生。
```

9-2 文本文件和二进制文件

本节学习有关文本文件和二进制文件的内容。如果不了解这两者之间的区别,使用它们时很容易掉入意想不到的陷阱中。

文本和二进制

W 同学向我提出了下列问题。

> 我正在对文件进行数组的读写。明明数组的元素类型和数量都相同,可是当元素的值改变时,文件的大小也跟着改变了。

为解决这个问题,我们先学习**文本文件**(text file)和**二进制文件**(binary file)。

下面有两个程序,它们分别向两种文件中写入整数 357。代码清单 9-5 所示的程序写入的是文本文件,代码清单 9-6 所示的程序写入的是二进制文件。

代码清单 9-5	chap04/text.c

```c
/*
    向文本文件中写入整数 357
*/

#include <stdio.h>

int main(void)
{
    FILE *fp;
    int no = 357;

    fp = fopen("TEST_TEXT", "w");
    if (fp != NULL) {
        fprintf(fp, "%d", no);
        fclose(fp);
    }
    return 0;
}
```

代码清单 9-6	chap04/binary.c

```c
/*
    向二进制文件中写入整数 357
*/

#include <stdio.h>

int main(void)
{
    FILE *fp;
    int no = 357;

    fp = fopen("TEST_BIN", "wb");
    if (fp != NULL) {
        fwrite(&no, sizeof(int), 1, fp);
        fclose(fp);
    }
    return 0;
}
```

文本文件

使用 printf 函数或 fprintf 函数将整数 357 写入控制台画面或文件中的结果都是 3 个字符 '3'、'5'、'7' 的序列,其大小为 3 字节。如果采用 ASCII 编码 /JIS 编码,那么其位的构成如图 9-4 **a** 所示。

二进制文件

二进制文件会把表示数据的位序原封不动地显示出来。

在输出 int 型的整数时,会输出 size(int) 字节。因此,在 int 型整数为 2 字节、16 位的环境下,整数 357 的位构成如图 9-4 **b** 所示。这种数据会被原封不动地读写。

ⓐ文本文件

字节数和位数相等。

'3'　　　　　　　'5'　　　　　　　'7'

| 0 | 0 | 1 | 1 | 1 | 0 | 1 | 1 |　| 0 | 0 | 1 | 1 | 1 | 1 | 0 | 1 |　| 0 | 0 | 1 | 1 | 1 | 1 | 1 | 1 |

ⓑ二进制文件

357

字节数和 sizeof(int) 相等。

| 0 | 0 | 0 | 0 | 0 | 0 | 0 | 0 | 1 | 0 | 1 | 1 | 0 | 0 | 1 | 0 | 1 |

图 9-4　文本文件和二进制文件中的整数 357

很快就能看出来的是文本数据，看不出来或很难看出来的是二进制数据，这两种数据分别存储在文本文件和二进制文件中。

▶ 如果是 Windows，能用 TYPE 指令查看其内容的是文本文件，用 TYPE 指令查看也无法理解其内容的是二进制文件。

如果是 UNIX，可以用 cat 指令查看文本文件的内容，用 od 指令查看二进制文件的内容。

我们主要使用 fread 函数和 fwrite 函数来读写二进制文件。

fread	
头文件	#include <stdio.h>
格式	size_t *fread*(void *ptr, size_t *size*, size_t *nmemb*, FILE *stream*);
说明	从 *stream* 指向的流中最多读取 *nmemb* 个大小为 *size* 的元素到 *ptr* 指向的数组。对应该流的文件位置指示符（如果定义了文件位置指示符）按照读取成功的字符数量相应地向前移动。当发生错误时，对应该流的文件位置指示符的值不固定。当只读取了某一元素的部分内容时，该元素的值不固定。
返回值	返回读取成功的元素个数。当发生读取错误或读取到文件末尾时，元素个数有时会小于 *nmemb*。当 *size* 或 *nmemb* 为 0 时返回 0，此时数组内容和流的状态都不发生变化。

fwrite	
头文件	#include <stdio.h>
格式	size_t *fwrite*(const void *ptr, size_t size, size_t *nmemb*, FILE *stream*);
说明	从 ptr 指向的数组中将最多 *nmemb* 个大小为 *size* 的元素写入 *stream* 指向的流中。对应该流的文件位置指示符（如果定义了文件位置指示符）按照写入成功的字符数量相应地向前移动。当发生错误时，对应该流的文件位置指示符的值不固定。
返回值	返回写入成功的元素个数。仅当发生写入错误时，元素个数才会小于 *nmemb*。

📋 文件的转储

我们来使文件的内容变得容易让人理解。代码清单 9-7 所示的程序 dump 可以将文件中的所有字节分别用字符和字符编码来显示。

代码清单 9-7   chap09/dump.c

```c
/*
    dump 用于文件的转储
*/

#include <ctype.h>
#include <stdio.h>

/*--- 将流 src 中的内容转储到 dst ---*/
void dump(FILE *src, FILE *dst)
{
    int n;
    unsigned long count = 0;
    unsigned char buf[16];

    while ((n = fread(buf, 1, 16, src)) > 0) {
        int i;

        fprintf(dst, "%08lX ", count);                      /* 地址 */

        for (i = 0; i < n; i++)                              /* 十六进制数 */
            fprintf(dst, "%02X ", (unsigned)buf[i]);

        if (n < 16)
            for (i = n; i < 16; i++) fputs("   ", dst);

        for (i = 0; i < n; i++)                              /* 字符 */
            fputc(isprint(buf[i]) ? buf[i] : '.', dst);

        fputc('\n', dst);

        count += 16;
    }
    fputc('\n', dst);
}

int main(int argc, char *argv[])
{
    FILE *fp;

    if (argc < 2)
        fputs("请指定文件。\n", stderr);
    else {
        while (--argc > 0) {
            if ((fp = fopen(*++argv, "rb")) == NULL) {
                fprintf(stderr, "无法打开文件 %s。\n", *argv);
                return 1;
            } else {
                dump(fp, stdout);        /* 流 fp → 标准输出 */
                fclose(fp);
            }
        }
    }

    return 0;
}
```

　　本程序使用 fread 函数从命令行参数指定的文件中每次读取 16 个字符，并将其输出到 stdout 中。

　　像本程序这样，将文件和内存中的内容全部显示出来的程序，一般称为**转储**（dump）程序。

　　▶ dump 的原意是自动倾卸车，把货物全部卸下。

请试着运行本程序，显示源文件 dump.c 中的内容。运行如下指令以启动程序。

> dump dump.c⏎

运行示例如图 9-5 所示。

▶ 运行结果依赖于运行环境所使用的字符编码。

将各个字节以十六进制显示。

```
00000000  2F 2A 0D 0A 09 64 75 6D 70 20 81 63 20 83 74 83   /*...dump .c .t.
00000010  40 83 43 83 8B 82 CC 83 5F 83 93 83 76 0D 0A 2A   @.C......_...v..*
00000020  2F 0D 0A 0D 0A 23 69 6E 63 6C 75 64 65 20 3C 63   /....#include <c
00000030  74 79 70 65 2E 68 3E 0D 0A 23 69 6E 63 6C 75 64   type.h>..#includ
00000040  65 20 3C 73 74 64 69 6F 2E 68 3E 0D 0A 0D 0A 2F   e <stdio.h>..../
00000050  2A 2D 2D 2D 20 83 58 83 67 83 8A 81 5B 83 80 73   *--- .X.g...[..s
00000060  72 63 82 CC 93 E0 97 65 82 F0 64 73 74 82 D6 83   rc.....e..dst...
00000070  5F 83 93 83 76 20 2D 2D 2D 2A 2F 0D 0A 76 6F 69   _...v ---*/..voi
00000080  64 20 64 75 6D 70 28 46 49 4C 45 20 2A 73 72 63   d dump(FILE *src
00000090  2C 20 46 49 4C 45 20 2A 64 73 74 29 0D 0A 7B 0D   , FILE *dst)..{.
000000A0  0A 09 69 6E 74 20 6E 3B 0D 0A 09 75 6E 73 69 67   ..int n;...unsig
000000B0  6E 65 64 20 6C 6F 6E 67 20 63 6F 75 6E 74 20 3D   ned long count =
000000C0  20 30 3B 0D 0A 09 75 6E 73 69 67 6E 65 64 20 63    0;...unsigned c
000000D0  68 61 72 20 62 75 66 5B 31 36 5D 3B 0D 0A 0D 0A   har buf[16];....
000000E0  09 77 68 69 6C 65 20 28 28 6E 20 3D 20 66 72 65   .while ((n = fre
000000F0  61 64 28 62 75 66 2C 20 31 2C 20 31 36 2C 20 73   ad(buf, 1, 16, s
00000100  72 63 29 20 3E 20 30 29 20 7B 0D 0A 09 09 69 6E   rc) > 0) {....in
00000110  6E 74 20 69 3B 0D 0A 0D 0A 09 09 66 70 72 69 6E   nt i;......fprin
00000120  74 66 28 64 73 74 2C 20 22 25 30 38 6C 58 20 22   tf(dst, "%08lX "
00000130  2C 20 63 6F 75 6E 74 29 3B 09 09 09 09 09 09 2F   , count);....../
00000140  2A 20 83 41 83 68 83 8C 83 58 20 2A 2F 0D 0A 0D   * .A.h...X */...
00000150  0A 09 09 66 6F 72 20 28 69 20 3D 20 30 3B 20 69   ...for (i = 0; i
00000160  20 3C 20 6E 3B 20 69 2B 2B 29 09 09 09 09 09 09    < n; i++)......
00000170  09 09 2F 2A 20 31 36 90 94 20 2A 2F 0D 0A         ../* 16.i... */.
00000180  09 09 09 66 70 72 69 6E 74 66 28 64 73 74 2C       ..fprintf(dst,
00000190  22 25 30 32 58 20 22 2C 20 28 75 6E 73 69 67 6E   "%02X ", (unsign
000001A0  65 64 29 62 75 66 5B 69 5D 29 3B 0D 0A 0D 0A 09   ed)buf[i]);.....
000001B0  09 69 66 20 28 6E 20 3C 20 31 36 29 0D 0A 09 09   .if (n < 16)....
000001C0  09 66 6F 72 20 28 69 20 3D 20 6E 3B 20 69 20 3C   .for (i = n; i <
000001D0  20 31 36 3B 20 69 2B 2B 29 20 66 70 75 74 73 28    16; i++) fputs(
000001E0  22 20 20 20 20 22 2C 20 64 73 74 29 3B 0D 0A 0D   "    ", dst);...
```

不可表示的字符显示为'.'。

图 9-5　代码清单 9-7 的运行示例

二进制文件的访问

为了解决 W 同学的问题，我们来看代码清单 9-8 所示的程序。

代码清单 9-8

```c
/*
    二进制文件的输入输出示例
*/

#include <stdio.h>

#define MAX  10

int main(void)
{
    FILE *fp;
    int i;
    int x = 2573;
    int y = 12609;
    int a[MAX] = {0, 1, 2, 3, 4, 5, 6, 7, 8, 9};

    if ((fp = fopen("TEMP", "wb")) != NULL) {
        /*--- 将数组 a 和变量 x、y 的值写入文件 ---*/
        fwrite( a, sizeof(int), MAX, fp);      /* 写入 a */
        fwrite(&x, sizeof(int),   1, fp);      /* 写入 x */
        fwrite(&y, sizeof(int),   1, fp);      /* 写入 y */
        fclose(fp);

        x = y = 0;
        for (i = 0; i < MAX; i++)
            a[i] = 0;

        /*--- 从文件中读取数组 a 和变量 x、y 的值 ---*/
        if ((fp = fopen("TEMP", "rb")) != NULL) {
            fread( a, sizeof(int), MAX, fp);   /* 读取 a */
            fread(&x, sizeof(int),   1, fp);   /* 读取 x */
            fread(&y, sizeof(int),   1, fp);   /* 读取 y */
            fclose(fp);

            /*--- 显示读取到的值 ---*/
            for (i = 0; i < MAX; i++)
                printf("a[%d] = %d\n", i, a[i]);
            printf("x = %d\n", x);
            printf("y = %d\n", y);
        }
    }

    return 0;
}
```

```
运行结果
a[0] = 0
a[1] = 1
a[2] = 2
a[3] = 3
a[4] = 4
a[5] = 5
a[6] = 6
a[7] = 7
a[8] = 8
a[9] = 9
x = 2573
y = 12609
```

这个程序先将数组 a 中的 10 个元素以及变量 x、y（总共 12 个整数）写入文件 "TEMP"中，然后将它们读取出来并显示到画面中。

整数将会被按位原封不动地输入二进制文件中，输入的总大小为 12 * sizeof(int) 字节。

我们用前面的 dump 程序来看一下这个程序写入文件的内容，运行示例如图 9-6 所示。

```
00000000  00 00 01 00 02 00 03 00 04 00 05 00 06 00 07 00   ................
00000010  08 00 09 00 0D 0A 41 31                           ......A1
```

图 9-6　"TEMP"文件的转储结果的示例

▶ 图中所示的值由运行环境中 int 型所占的大小决定。

▌字节序

代码清单 9-8 中程序输出的整数值的内部的位构成如图 9-7 所示。

▶ 我们假定 int 型的大小为 2 字节、16 位来进行讲解。

十进制数		十六进制数
0	`0 0 0 0 0 0 0 0 0 0 0 0 0 0 0 0`	0000
1	`0 0 0 0 0 0 0 0 0 0 0 0 0 0 0 1`	0001
2	`0 0 0 0 0 0 0 0 0 0 0 0 0 0 1 0`	0002
3	`0 0 0 0 0 0 0 0 0 0 0 0 0 0 1 1`	0003
⋮		⋮
9	`0 0 0 0 0 0 0 0 0 0 0 0 1 0 0 1`	0009
2573	`0 0 0 0 1 0 1 0 0 0 0 0 1 1 0 1`	0A0D
12609	`0 0 1 1 0 0 0 1 0 1 0 0 0 0 0 1`	3141

图 9-7　代码清单 9-8 中程序写入文件的整数值

我们将此图与图 9-6 进行对比，可以发现，各整数值的高位字节和低位字节的位置正好相反。例如，十进制的 1 在十六进制下为 0001，在写入文件时则是以 0100 的格式写入。这是因为字节的排序方式依赖于编译器和环境。

在以字节为单位，读写大小为多个字节的对象（除 char 型对象之外）的值时，必须要了解如前文所述的对象的内部物理实现。

另外，低位字节位于内存的低地址端的排列方式称为小端序（little endian），高位字节位于内存的高地址端的排列方式称为大端序（big endian）。

▶ "小端序""大端序"这两个名词来源于《格列佛游记》，该小说中两个国家在关于吃鸡蛋应该先打破较大的一端还是应该先打破较小的一端的这一问题上争论不休。

▌换行符的处理

前面我们用二进制文件对数据进行了读写操作，如果改成用文本文件进行，将会输出什么结果呢？我们用代码清单 9-9 所示程序来试验一下。

▶ 显示的结果因编译器和运行环境而异。

代码清单 9-9 展示的运行示例为 Windows 下的编译器的结果，此环境下 sizeof(int) 的值为 2。本程序将代码清单 9-8 的程序生成的二进制文件"TEMP"作为文本文件打开，然后读取 12 个整数值。

请仔细看运行结果。本程序读取到的 x 和 y 的值变得和之前写入的 2573 和 12609 不同了。这个谜题的提示藏在图 9-5 中，该图展示了用 dump 程序查看 dump.c 文件的运行结果。其实，表示每行的末尾的换行符由 0D 和 0A 两个字节组成，不过由于全角字符显示为乱码，所以我们难以看出这个对应关系。

C 语言用一个字符表示换行符 '\n'，如果编码标准为 Windows 下的 ASCII 编码或 JIS 编码，换行符的值为十六进制下的 0A。

代码清单 9-9　　　　　　　　　　　　　　　　　　　　　　　　　　　　chap09/bin_text.c

```
/*
    用文本文件读取二进制文件的数据
*/

#include <stdio.h>

#define MAX   10

int main(void)
{
    FILE *fp;
    int i, x, y;
    int a[MAX];

    /*--- 从文件中读取数组 a 和变量 x、y 的值 ---*/
    if ((fp = fopen("TEMP", "r")) != NULL) {
        fread( a, sizeof(int), MAX, fp);      /* 读取 a */
        fread(&x, sizeof(int),   1, fp);      /* 读取 x */
        fread(&y, sizeof(int),   1, fp);      /* 读取 y */

        fclose(fp);

        /*--- 显示读取到的值 ---*/
        for (i = 0; i < MAX; i++)
            printf("a[%d] = %d\n", i, a[i]);
        printf("x = %d\n", x);
        printf("y = %d\n", y);
    }

    return 0;
}
```

```
运行示例
a[0] = 0
a[1] = 1
a[2] = 2
a[3] = 3
a[4] = 4
a[5] = 5
a[6] = 6
a[7] = 7
a[8] = 8
a[9] = 9
x = 16650
y = 49
```

但是，在 Windows 下的文本文件中，换行符由 0D 和 0A 两个字节组成（见专栏 8-1）。因此，在对文本文件进行读写操作时，内部会进行图 9-8 所示的转换。

图 9-8　Windows 下文本文件中换行符的处理（其一）

我们着重看图 9-6 所示文件 "TEMP" 的最后 4 个字节。

0D 0A 41 31

如果以文本的方式读取这些数据，如图 9-9 所示，会先将 0D 和 0A 转换为换行符 0A，再进行读取。

终于，我们找到了导致 W 同学遇到的问题的原因，即他在本该以二进制文件进行读写的地方，误用了文本文件进行读写。

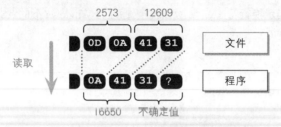

图 9-9　Windows 下文本文件中换行符的处理（其二）

只要数据中出现了 0A 这个字节，在写入时就会转换成 0D 和 0A 两个字节，因此写入值的不同也会导致文件变大。

在对文件进行读写时，必须遵守以下规则。

> **注意**　如果原文件的写入格式为文本文件，那么必须以文本文件的格式进行读取；如果原文件的写入格式为二进制文件，那么必须以二进制文件的格式进行读取。

对于以文本文件的格式打开的文件，不要使用 fread 函数和 fwrite 函数进行访问。如果文件中含有与换行符的编码相同的字符，那么该字符就有可能会被错误地处理。

▶ 上述内容假定编译器和运行环境对文本文件和二进制文件的内部处理方式不相同，事实上也存在对文本文件和二进制文件的内部处理方式完全相同的编译器和运行环境。

第 10 章

栈溢出

大家在运行 C 语言程序时，是否遇到过栈溢出呢？
这种错误发生在何时？它到底是一种怎样的错误呢？

本章学习有关栈和栈溢出的内容。

10-1 栈

本节学习栈的基础知识。

栈的实现

S 同学问了我以下问题。

> 我经常使用很长的数组，但在用 `printf` 函数进行输出的时候，有时会发生栈溢出的错误。
> 请告诉我这种错误的原因和应对措施。

栈溢出是发生在运行时而不是在编译时的错误。下面，我们学习**栈**（stack）的基础知识。

栈是一种用于暂存数据的数据结构。最先出栈的数据为最后进栈的数据，即栈是一种**后进先出**（Last-In-First-Out，LIFO）的数据结构。

栈类似于叠放在桌上的盘子，放和取都对最上面的盘子进行操作。如图 10-1 所示，将数据压入栈中的操作叫**进栈**（push），将数据从栈中取出的操作称为**出栈**（pop）。

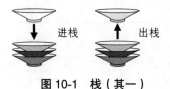

图 10-1 栈（其一）

对数据进行进栈和出栈的操作的示意如图 10-2 所示。

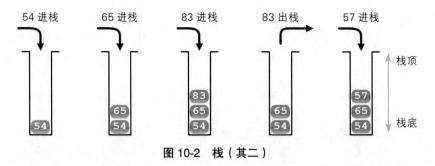

图 10-2 栈（其二）

如图 10-2 所示，进行进栈和出栈操作的数据的位置称为栈顶，相反位置称为栈底。

▶ 与栈相反的数据结构为采用先进先出（First-In-First-Out，FIFO）方式的队列（queue），我们将在下一章学习有关队列的知识。

假设栈中存储的数据为整数，我们来思考一下具体的实现方法。

其中一种栈的实现示例如图 10-3 所示。Stack 是一个存有数组形式的数据以及当前存储的数据的数量等信息的结构体。

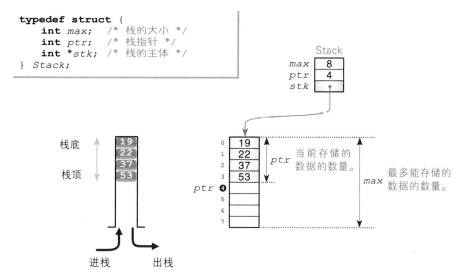

```
typedef struct {
    int max;   /* 栈的大小 */
    int ptr;   /* 栈指针 */
    int *stk;  /* 栈的主体 */
} Stack;
```

图 10-3　栈的实现示例

▪ **存储数据的数组：stk**

stk 用于存放进栈的数据的主体。stk 之所以是指针形式而不是数组形式，是因为要在运行时确定元素数量。

栈底的下标为 0（图 10-3 中上面为栈底，下面为栈顶）。

图 10-3 中所示的 4 个数据 19、22、37、53 按顺序进栈，分别存储于 stk[0]、stk[1]、stk[2]、stk[3] 中。

▪ **栈的大小：max**

max 表示栈的大小，即最多能存储的数据的数量（动态生成该元素数量的数组）。数量超过 max 值的数据将无法进栈。

▪ **当前存储的数据的数量：ptr**

ptr 称为**栈指针**（stack pointer），初始值为 0。

ptr 值在有数据进栈时自增，在有数据出栈时自减。

▶ ptr 值为最后进栈的数据之后的一个元素的下标，即下次进栈的元素的下标。

*

以下程序包含栈及其使用示例，如代码清单 10-1 所示。

```c
/*
    栈的实现示例
*/

#include <stdio.h>
#include <stdlib.h>

/*--- 实现栈的结构体 ---*/
typedef struct {
    int max;        /* 栈的大小 */
    int ptr;        /* 栈指针 */
    int *stk;       /* 栈的主体（指向首元素的指针）*/
} Stack;

/*--- 栈的初始化 ---*/
int StackAlloc(Stack *s, int max)
{
    s->ptr = 0;
    if ((s->stk = calloc(max, sizeof(int))) == NULL) {      /* 生成数组失败 */
        s->max = 0;
        return -1;
    }
    s->max = max;
    return 0;
}

/*--- 栈的释放 ---*/
void StackFree(Stack *s)
{
    if (s->stk != NULL) {                   /* 如果栈被正确生成 */
        free(s->stk);                       /* 释放数组的存储空间 */
        s->max = s->ptr = 0;
    }
}

/*--- 数据的进栈 ---*/
int StackPush(Stack *s, int x)
{
    if (s->ptr >= s->max)                   /* 栈满 */
        return -1;
    s->stk[s->ptr++] = x;
    return 0;
}

/*--- 数据的出栈 ---*/
int StackPop(Stack *s, int *x)
{
    if (s->ptr <= 0)                        /* 栈空 */
        return -1;
    *x = s->stk[--s->ptr];
    return 0;
}

/*--- 查看栈顶数据 ---*/
int StackPeek(const Stack *s, int *x)
{
    if (s->ptr <= 0)                        /* 栈空 */
        return -1;
    *x = s->stk[s->ptr - 1];
    return 0;
}
/*--- 栈的大小 ---*/
int StackSize(const Stack *s)
{
```

```c
    return s->max;
}

/*--- 当前存储的数据的数量 ---*/
int StackNo(const Stack *s)
{
    return s->ptr;
}

/*--- 栈是否为空 ---*/
int StackIsEmpty(const Stack *s)
{
    return s->ptr <= 0;
}

/*--- 栈是否已满 ---*/
int StackIsFull(const Stack *s)
{
    return s->ptr >= s->max;
}

/*--- 使栈为空 ---*/
void StackClear(Stack *s)
{
    s->ptr = 0;
}

int main(void)
{
    Stack stk;

    if (StackAlloc(&stk, 100) == -1) {
        puts("生成栈失败。");
        return 1;
    }
    while (1) {
        int m, x;

        printf("当前数据的数量: %d/%d\n", StackNo(&stk), StackSize(&stk));
        printf("(1) 进栈  (2) 出栈  (0) 结束: ");
        scanf("%d", &m);
        if (m == 0) break;

        switch (m) {
         case 1: printf("数据: ");  scanf("%d", &x);
                if (StackPush(&stk, x) == -1)
                    puts("无法进栈。");
                break;

          case 2: if (StackPop(&stk, &x) == -1)
                    puts("无法出栈。");
                else
                    printf("出栈的数据为 %d。\n", x);
                break;
        }
    }
    StackFree(&stk);

    return 0;
}
```

运行示例

```
当前数据的数量: 0/100
(1) 进栈  (2) 出栈  (0) 结束: 1⏎
数据: 54⏎
当前数据的数量: 1/100
(1) 进栈  (2) 出栈  (0) 结束: 1⏎
数据: 65⏎
当前数据的数量: 2/100
(1) 进栈  (2) 出栈  (0) 结束: 1⏎
数据: 83⏎
当前数据的数量: 3/100
(1) 进栈  (2) 出栈  (0) 结束: 2⏎
出栈的数据为83。
当前数据的数量: 2/100
(1) 进栈  (2) 出栈  (0) 结束: 1⏎
数据: 57⏎
当前数据的数量: 3/100
(1) 进栈  (2) 出栈  (0) 结束: 2⏎
出栈的数据为57。
当前数据的数量: 2/100
(1) 进栈  (2) 出栈  (0) 结束: 2⏎
出栈的数据为65。
当前数据的数量: 1/100
(1) 进栈  (2) 出栈  (0) 结束: 0⏎
```

我们来理解各个用于进行栈操作的函数的意义。

▪ StackAlloc

该函数用于进行栈主体的数组的生成等初始化操作。在调用其他函数前，必须调用一次该函数。

形参 max 所接收的值为栈的大小。因为通过调用 calloc 函数生成了有 max 个元素的 int 型数组，所以栈主体的各个元素可以通过 stk[0]，stk[1]，…，stk[max - 1] 的方式来访问。

```
int StackAlloc(Stack *s, int max)
{
    s->ptr = 0;
    if ((s->stk = calloc(max,
        sizeof(int))) == NULL) {
        s->max = 0;
        return -1;
    }
    s->max = max;
    return 0;
}
```

▶ 当存储空间分配失败时，成员 max 会被赋值为 0。这是为了防止栈主体中元素数量为 0 的数组的不存在的空间（stk[0]、stk[1]……）被错误访问。

▪ StackFree

该函数用于释放 StackAlloc 函数分配的存储空间，在栈的使用结束之后调用此函数。

```
void StackFree(Stack *s)
{
    if (s->stk != NULL) {
        free(s->stk);
        s->max = s->ptr = 0;
    }
}
```

▶ 将成员 max 和 ptr 赋值为 0 是为了防止释放后不再存在的数组 stk 的空间被错误访问。

▪ StackPush

该函数用于使数据 x 进栈。将栈顶元素 s->stk[s->ptr] 赋值为 x，同时使栈指针 s->ptr 自增。

但当栈满时，不进行进栈操作，返回提示错误的值 -1。

```
int StackPush(Stack *s, int x)
{
    if (s->ptr >= s->max)
        return -1;
    s->stk[s->ptr++] = x;
    return 0;
}
```

▶ 只要不使用代码清单 10-1 所示程序提供的函数之外的函数，ptr 的值都将保持为 0～max。因此，判断是否栈满的语句如下所示。

```
if (s->ptr == s->max)          /* 不写成 s->ptr >= s->max 也可以 */
```

不过，出于某些原因 ptr 的值可能会被改变。在这种情况下，为了防止对栈本体的数组的有效数据之外的访问，StackPush 函数还是使用了不等于号进行判断（在函数 StackPop、StackPeek、StackIsEmpty、StackIsFull 中同样如此）。

程序只要稍加修改，就会变得更健壮。

注意 有时候添加一些条件判断就能避免严重的问题，我们要将防御性编程牢记于心。

▪ StackPop

该函数用于使数据出栈，同时让栈指针自减。

当栈为空时，不进行出栈操作，返回提示错误的值 -1。

```
int StackPop(Stack *s, int *x)
{
    if (s->ptr <= 0)
        return -1;
    *x = s->stk[--s->ptr];
    return 0;
}
```

▪ StackPeek

该函数用于查看下一个出栈的数据。

由于不会将数据从栈中取出，所以栈指针不发生变化。

> ▶ 包括 StackPeek 函数在内，只要是不改变 Stack 对象的值的函数，参数 s 的类型都将为 const Stack * 而非 Stack *。

```c
int StackPeek(const Stack *s, int *x)
{
    if (s->ptr <= 0)
        return -1;
    *x = s->stk[s->ptr - 1];
    return 0;
}
```

• StackSize

该函数用于返回栈的大小（即成员 max 的值）。

```c
int StackSize(const Stack *s)
{
    return s->max;
}
```

• StackNo

该函数用于返回栈当前存储的数据的数量（即栈指针 ptr 的值）。

```c
int StackNo(const Stack *s)
{
    return s->ptr;
}
```

• StackIsEmpty

该函数用于判断栈是否为空（即栈中无任何数据的状态）。

```c
int StackIsEmpty(const Stack *s)
{
    return s->ptr <= 0;
}
```

• StackIsFull

该函数用于判断是否栈满（即数据无法进栈的状态）。

```c
int StackIsFull(const Stack *s)
{
    return s->ptr >= s->max;
}
```

• StackClear

该函数用于将栈清空，使栈指针变为 0。

*

代码清单 10-1 所示程序的 main 函数只使用了上述的部分函数，大家可以尝试写一个使用上述全部函数的程序。

```c
void StackClear(Stack *s)
{
    s->ptr = 0;
}
```

10-2　栈溢出

若程序内部使用了栈，当程序栈满时，发生的严重错误就是栈溢出。

■ 函数调用和栈

函数调用及运行会使用程序内部的栈。下面，我们通过代码清单 10-2 的程序来进行初步理解。

代码清单 10-2   chap10/func_call.c

```c
/*
    用于理解函数调用与栈的程序示例
*/

#include <stdio.h>

void fa(void)
{
    puts(" □□□ fa 函数开始运行 ");
    puts(" □□□ fa 函数结束运行 ");
}

void fb(void)
{
    puts(" □□□ fb 函数开始运行 ");
    puts(" □□□ fb 函数结束运行 ");
}

void fc(void)
{
    puts(" □□ fc 函数开始运行 ");
    fa();                        /* 调用 fa 函数 */
    fb();                        /* 调用 fb 函数 */
    puts(" □□ fc 函数结束运行 ");
}

int main(void)
{
    puts(" □ main 函数开始运行 ");
    fc();                        /* 调用 fc 函数 */
    puts(" □ main 函数结束运行 ");
    return 0;
}
```

运行结果

□ main 函数开始运行
□□ fc 函数开始运行
□□□ fa 函数开始运行
□□□ fa 函数结束运行
□□□ fb 函数开始运行
□□□ fb 函数结束运行
□□ fc 函数结束运行
□ main 函数结束运行

本程序由包括 main 函数在内的 4 个函数构成，各个函数只显示相应函数的开始和结束信息。

首先，main 函数调用 fc 函数，然后被调用的 fc 函数依次调用 fa 函数、fb 函数。

从程序的开始到结束，函数调用的状态如图 10-4 所示。

很容易从图 10-4 中看出，当函数被调用时，相应函数将会进栈。然后，在函数结束运行返回主调函数时相应函数将会出栈。

例如，图 10-4 **d** 表示函数是以 main ⇨ fc ⇨ fa 的顺序被调用的。因此，我们可以看出函数调用具有层级结构。

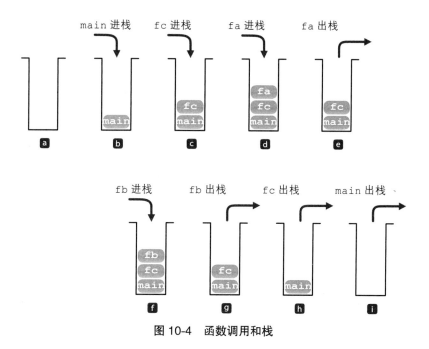

- ⓐ main 函数还未运行的状态。
- ⓑ main 函数被调用并开始运行的状态。
- ⓒ fc 函数被调用。
- ⓓ fa 函数被调用。
- ⓔ fa 函数结束运行，返回 fc 函数中。
- ⓕ fb 函数被调用。
- ⓖ fb 函数结束运行，返回 fc 函数中。
- ⓗ fc 函数结束运行，返回 main 函数中。
- ⓘ main 函数结束运行。

图 10-4　函数调用和栈

另外，在图 10-4ⓓ中，当 fa 函数结束运行时，不会发生两个函数都出栈突然返回 main 函数的情况。

我们明白了函数调用和栈是密不可分的。上述例子仅粗略展示了大致原理，下面我们来仔细学习一下。

▶ 此处是以普通编译的 C 语言程序为例，因为涉及程序内部的原理，具体的细节部分因编译器而异。

■ 数据和栈

我们以代码清单 10-3 所示程序为例，思考在程序运行时，包括栈在内的存储空间是如何被使用的。

```
/*
    用于研究程序的运行和存储空间的程序
*/

void func(double x, int n)
{
    int i, j;
    int a[3];

    /*...*/
}

int main(void)
{
    double y = 5.0;

    func(y, 2);

    return 0;
}
```

存储程序和数据的空间大致分为以下几种类型。

代码区

代码区用于存储程序运行的代码。

栈区

栈区在程序运行时被分配，在程序结束运行时将会被释放，主要存储以下两种数据。

形参 / 具有自动存储期的对象

以 func 函数为例，包括形参 x、n 以及函数中定义的 i、j、a。

返回地址

表示当函数结束运行时程序应该返回的地址。

在函数被调用并执行的时候，存储对应数据的空间将会被分配（进栈）。在函数结束运行返回主调函数时，存储空间将被释放（出栈并被销毁）。

寄存器

为读取更加快速，可将本应存于栈中的数据存在寄存器中。数据在 CPU 而非内存中。

静态数据区：具有静态存储期的对象

静态数据区存储包括在函数外定义的对象、在函数中以 static 定义的对象、字符串字面量等对象。它们从程序开始运行时就占用固定空间。

堆区：具有动态存储期的对象

堆区是使用 malloc 函数和 calloc 函数动态分配的存储空间，包括在分配时指定字节数的内存以及管理所用内存。程序可以通过调用 free 函数在任意时刻对堆区进行释放。

*

图 10-5 展示了在代码清单 10-3 所示程序调用 func 函数时，栈是如何被使用的。

先进栈的是返回地址和两个形参 x 和 n。在 func 函数开始运行时，具有自动存储期的变量 i、j 和数组 a 进栈。

当 func 函数结束运行时，具有自动存储期的对象 i、j、a 以及形参和返回地址将会出栈。

程序将会跳转到调用 func 函数之后的返回地址，也就是图 10-5 中的 999 号地址，然后返回 main 函数。

▶ 栈的使用方法和时机等细节部分因编译器而异。

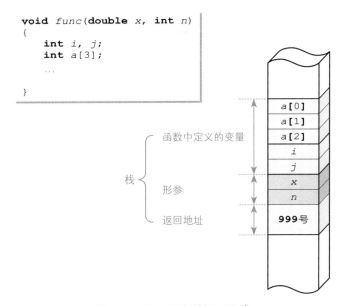

```
void func(double x, int n)
{
    int i, j;
    int a[3];
    …

}
```

| a[0] |
| a[1] |
| a[2] |
| i |
| j |
| x |
| n |
| 999号 |

函数中定义的变量

栈

形参

返回地址

图 10-5　func 函数的调用和栈

栈溢出

我们通过代码清单 10-4 所示程序来思考一下有关栈溢出的问题。

代码清单 10-4　　　　　　　　　　　　　　　　　　　　chap10/storage.c

```
/*
    研究栈溢出的程序示例
*/

int z[8000];           /* 静态存储期 */

void func(void)
{
    int x[8000];       /* 自动存储期 */
}

int main(void)
{
    int a[8000];       /* 自动存储期 */

    func();

    return 0;
}
```

数组 a、x、z 的元素类型都为 int 型，元素数量都为 8000。在 sizeof(int) 为 2 的编译器中，这 3 个数组都占 16 KB 的存储空间。

在函数外定义的数组 z 存于静态数据区。

因此，在程序的准备阶段结束后、main 函数开始运行前的时候，如图 10-6 a 所示，只有数组 z 存在，栈为空。

▶ 此处忽略了函数的返回地址等细微数据。

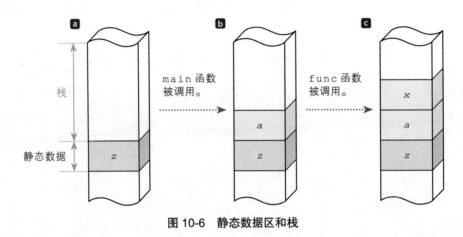

图 10-6　静态数据区和栈

之后，main 函数被调用。main 函数开始运行后，数组 a 所占的 16 KB 的存储空间进栈，变为图 10-6 b 所示的状态。

main 函数调用 func 函数后，数组 x 所占的 16 KB 的存储空间进栈，变为图 10-6 c 所示的状态。

如果栈空间最多为 30 KB，此时栈空间就不足了。这就是**栈溢出**（stack overflow）。

栈空间并非无限大。在以下两种情况下，很容易发生栈溢出的错误。

- 函数调用过深。
- 函数中定义的具有自动存储期的对象（特别是数组和结构体）的占用空间过大。

试着用 static 对 main 函数中的数组 a 进行定义。赋予静态存储期的数组 a 将存储在静态数据区而非栈中。

如此一来，如图 10-7 所示，调用 func 函数后，也只耗费了大约 16 KB 的栈空间。

如果静态数据区比较充裕，就可以通过在定义数组等占用空间大的对象时添加 static 关键字，或者将其定义移至函数外，来避免栈溢出。

注意　将占用空间大的数组变为使用静态存储期可以避免栈溢出。

▶ 栈空间的大小依赖于编译器和运行环境。大多数的编译器都可以在编译时通过选项指定栈空间的大小。具体信息请参考编译器的使用手册。

```
static a[8000];          /*  变更为静态存储期  */
```

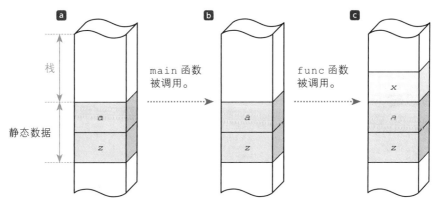

图 10-7　在用 static 声明数组 a 时的静态数据和栈

检测栈溢出的原理

被调用的函数在开始运行前，会检查栈空间是否足够。

▶ 有些编译器提供用于检查栈的函数，会在内部调用相应函数。

此时，如果检测到栈空间不足，会发出错误消息并终止程序。

根据编译器的不同，可以通过编译选项或 #pragma 指令来设定是否进行栈溢出的检查。如果设定为不检查，相应地，程序的运行速度也会变快。

话虽如此，如果在栈空间不足的情况下继续运行程序，将会破坏某处的存储空间。在最坏的情况下，程序将会崩溃，存储的数据也将丢失。

> **注意**　在程序开发和调试完全结束之前，不要关闭栈溢出的检查。

S 同学遇到的栈溢出发生在调用 printf 函数的时候。由于我不清楚具体信息，所以只能分两种情况来推测原因。

• 调用 printf 函数之外的函数也会发生栈溢出

如果是这种情况，那就是栈空间不足。

• 调用 printf 函数之外的函数不会发生栈溢出

这是由于传递给 printf 的参数过多等，偶然发生了栈溢出。
除此之外，还有可能是以下原因。

• 错误使用 printf 函数
这点无须说明。

▪ **字符串字面量的存储空间被破坏**

一般调用 printf 函数都会按照如下所示的格式将字符串字面量作为第一个参数传递。

```
printf("x = %d\n", x);
```

具有静态存储期的字符串字面量（上面代码中为 "x = %d\n"）将会存储在静态数据区。如果静态数据区被破坏，printf 函数就无法正确运行，由此可能引发栈溢出的错误。

■ 如果栈被破坏

我们来看一个故意破坏栈的程序，如代码清单 10-5 所示。

代码清单 10-5	chap10/destroy_stack.c

```
/*
    破坏栈的程序
*/

#include <stdio.h>

/*--- 破坏栈的函数 ---*/
void func(void)
{
    int i;
    char x[5];

    puts("func 函数正在运行。");
    for (i = -2; i < 8; i++)
        x[i] = 0;
}

int main(void)
{
    puts(" 调用 func 函数。");
    func();
    puts(" 从 func 函数返回。");

    return 0;
}
```

```
运行示例
调用 func 函数。
func 函数正在运行。
```

func 函数中对元素数量为 5 的数组 x 进行了超出其范围的赋值，将 10 个 int 型值写入 x[-2]～x[7] 的空间中。

在我的编译器中，没有显示"从 func 函数返回。"，程序就直接终止了。

这么看来，似乎是被压入栈中的返回地址刚好被覆盖了，因此程序没有返回 main 函数，直接回到了操作系统当中。

几乎可以确定，访问错误的数组下标将会破坏栈。

▶ 图 10-8 中是数组 x、变量 i、返回地址在存储空间上的排列示例，排列情况因编译器而异。

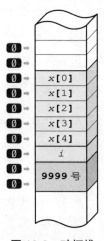

图 10-8 破坏栈

第11章

库开发的基础

我们的编程水平达到一定程度之后，将会接触大规模的程序或库的开发。如此一来，就需要用到我们在编写单个源文件时没用到的技术了。

本章学习由多个源文件组成的程序的开发以及库开发的基础知识。

11-1　源文件的分离和链接

为了进行库开发，需要学习有关源文件的分离和链接的知识，请仔细理解它们。

■ 单字符输入输出库

经常有人问我以下两种类型的问题。

> · 分离式编译的源代码的构成方法是什么?
> · 库开发的技巧有哪些?

当程序的规模变大时，只用一个源文件来进行程序的开发变得不现实。本章学习用多个文件编写程序的方法以及库开发的基础知识。

代码清单 11-1 所示的程序由两个函数 getchr、ungetchr 构成。

在以下情况中，单字符输入输出库能被有效地利用。

> 在逐个读取数字（使用 getchr 函数）的过程中，如果读取到数字以外的字符，就把这个字符放回输入流（使用 ungetchr 函数）中，"假装"没有读取到这个字符。

图 11-1 为 getchr、ungetchr 这两个函数的使用示意，两个函数共同对数组 buffer 的缓存进行操作。

▪ getchr 函数

该函数用于读取字符并返回它的值。根据缓存的状态，将会有选择地进行以下操作。

- 当缓存为空。
从键盘（stdin）中读取字符。
- 当缓存不为空。
从缓存中读取放回的字符。

▪ ungetchr 函数

该函数用于将读取的字符放回缓存中，返回值为放回的字符。

代码清单 11-1 所示的程序中最多能够放回 BUFSIZE（即数组 buffer 的元素数量 256）个字符。如果字符数量超过这个值，就会造成缓存溢出，因此将会返回表示错误的 EOF。

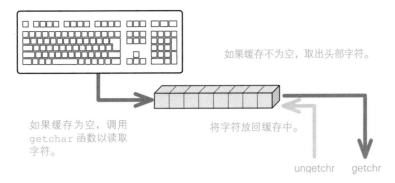

如果缓存不为空，取出头部字符。

如果缓存为空，调用
getchar 函数以读取
字符。

将字符放回缓存中。

ungetchr　getchr

图 11-1　单字符输入输出库

代码清单 11-1　　　　　　　　　　　　　　　　　　　　　　　chap11/ver1/get_unget.c

```c
/*
    单字符输入输出库（第一版）
*/

#include <stdio.h>

#define BUFSIZE   256         /* 缓存的大小 */

char buffer[BUFSIZE];         /* 缓存 */
int buf_no = 0;              /* 当前缓存中的元素数量 */
int front = 0;              /* 头部元素的下标 */
int rear  = 0;              /* 尾部元素的下标 */

/*--- 取出一个字符 ---*/
int getchr(void)
{
    if (buf_no <= 0)             /* 如果缓存为空 */
        return getchar();        /* 从键盘中读取字符并返回此字符 */
    else {
        int temp;

        buf_no--;
        temp = buffer[front++];
        if (front == BUFSIZE)
            front = 0;
        return temp;
    }
}

/*--- 放回一个字符 ---*/
int ungetchr(int ch)
{
    if (buf_no >= BUFSIZE)       /* 如果缓存已满 */
        return EOF;              /* 无法继续放回字符 */
    else {
        buf_no++;
        buffer[rear++] = ch;
        if (rear == BUFSIZE)
            rear = 0;
        return ch;
    }
}
```

队列

当缓存中存在多个被放回的字符时，先取出的字符将会是先被放回的字符（即越先放回的字符越先被取出）。也就是说，缓存的形式为**先进先出**（First-In First-Out，FIFO）的队列。

▶ 这个形式和在银行排队办理业务相同，按照顾客到达银行的先后顺序为顾客办理业务。

将数据放入队列的操作称为入队（enqueue），从队列取出数据的操作称为**出队**（dequeue）。

把数组当成队列来使用（把数组的头部作为队列的头部）是不现实的。我们通过图 11-2 来思考其中的原因。

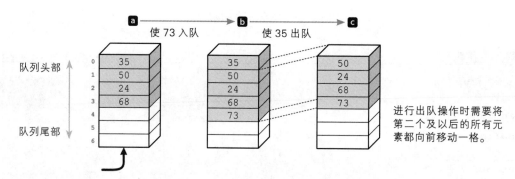

图 11-2　仅由数组实现的队列

图 11-2**a**中，将 4 个数据按照 35、50、24、68 的顺序入队。如果数组名为 `buffer`，那么 4 个数据存放在 `buffer[0]`～`buffer[3]` 中。

图 11-2**b**中，使数据 73 入队，需要将 73 赋给 `buffer[4]`。

图 11-2**c**中，进行出队操作时，将头部的 35 取出，然后将第二个及以后的全部元素都向前移动一格。

以上述方式实现的出队操作的效率很低。

除了表示队列主体的数组 `buffer` 之外，代码清单 11-1 所示的程序还设置了以下 3 个变量。若使用它们，在出队时就不需要移动元素了，如图 11-3 所示。

- `front`：队列中头部数据的下标。
- `rear`：队列中尾部数据后一个位置的下标。
- `buf_no`：队列中数据的个数。

在图 11-3 中，左侧为数组逻辑上的示意，右侧为数组实际上的示意。这个数组可以看成尾部元素连接头部元素的循环结构。

图 11-3**a**中，将 7 个数据按照 35、56、24、68、95、73、19 的顺序入队，这些数据分别存储于 `buffer[7]`、`buffer[8]`、……、`buffer[11]`、`buffer[0]`、`buffer[1]` 中。

图 11-3**b**中，使数据 82 入队。将数据 82 存入 `buffer[2]` 中，并使 `rear` 自增。

图 11-3**c**中，进行出队操作，从 `buffer[7]` 中将 35 取出，并使 `front` 自增。

之所以需要使用变量 `buf_no`，是因为当 `front` 和 `rear` 的值相等时，便于判断队列为空还是已满。

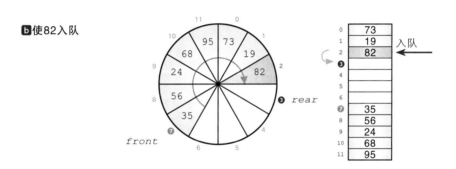

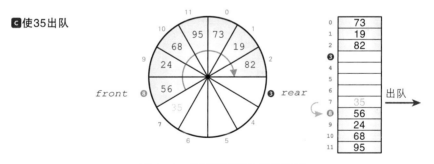

图 11-3 队列的实现和操作示例

库的使用示例

使用单字符输入输出库的程序示例如代码清单 11-2 所示。

```
/*
    单字符输入输出库的使用示例
*/

#include <ctype.h>
#include <stdio.h>

int getchr(void),
int ungetchr(int ch);

/*--- 从一个字符串中读取整数并显示其两倍的值 ---*/
int getnum(void)
{
    int c = 0;
    int x = 0;
    int ch;

    while ((ch = getchr()) != EOF && isdigit(ch)) {
        x = x * 10 + ch - '0';
        c++;
    }
    if (ch != EOF)
        ungetchr(ch);
    if (c) printf("%d\n", x * 2);

    return ch;
}

/*--- 读取字符并原封不动地显示 ---*/
int getnnum(void)
{
    int ch;

    while ((ch = getchr()) != EOF && !isdigit(ch))
        putchar(ch);
    if (ch != EOF)
        ungetchr(ch);
    putchar('\n');

    return ch;
}

int main(void)
{
    while (getnum() != EOF)
        if (getnnum() == EOF)
            break;

    return 0;
}
```

运行示例

```
123abc5d78 ⏎
246
abc
10
d
156

Ctrl + Z
```

　　如果读入的是可以看作整数的数字序列，就输出该整数两倍的值；如果读入的是数字以外的字符，就原封不动地输出这些字符。

■ 分离式编译

　　代码清单 11-2 中的程序无法单独运行，和代码清单 11-1 中的程序组合后才是一个完整的程序。

　　图 11-4 为一般情况下，当源文件的数量大于或等于两个时的程序结构的示意图。

　　▶ 具体的编译或链接的操作方法请查看操作手册。

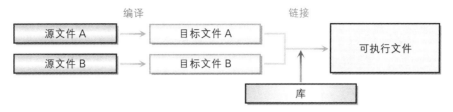

图 11-4 程序结构的示意图

每个源文件都会被编译成相应的目标文件。这些目标文件将会和从库中提取出的 `printf` 等函数进行链接，最终生成可执行文件。

图 11-5 展示了代码清单 11-1 和代码清单 11-2 所示的程序中各个源文件、定义的函数、调用的库函数之间的关系。

▶ 虽然这里只提到了函数，但实际上对 `buffer` 等变量也进行了链接。

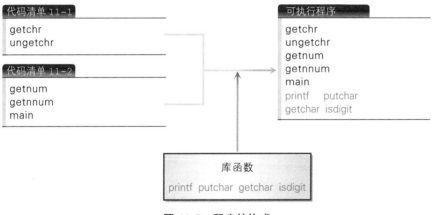

图 11-5 程序的构成

链接性

在开发由多个源文件组成的程序时，必须要了解**链接**（linkage）的概念。我们以图 11-6 为例来进行学习。

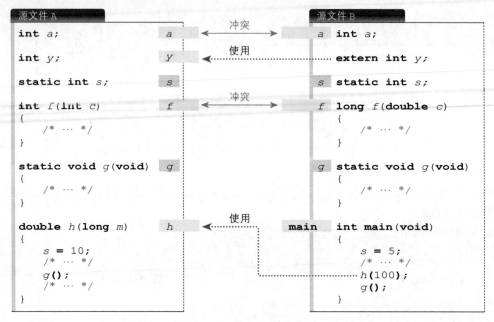

图 11-6　源文件和链接性

■ 外部链接性

在定义时未使用 static 的函数或变量具有外部链接（external linkage）。

在上图中，蓝色阴影部分的标识符具有外部链接性。具有外部链接性的标识符对源文件的外部共享。

> 注意　具有外部链接性的标识符对源文件的外部共享。

之所以源文件 B 中的 main 函数可以调用源文件 A 中的 h 函数，是因为 h 函数具有外部链接性。

另外，由于具有外部链接性的变量 a 和函数 f 存在于多个源文件中且同名，所以在链接时会产生"名字冲突"的错误。

▶ 具有外部链接性的标识符称为外部名（external name）。需要注意的是，编译器将忽略外部名的字母大小写，并且只区分前 6 个字符（即使某两个外部名的第 7 个及之后的字符不同，也会将它们视作同一个外部名）。

■ 内部链接性

在定义时使用 static 的函数或变量具有内部链接性。

在上图中，灰色阴影部分的标识符具有内部链接性，其作用域限定为当前源文件的内部。也就是说，这些标识符对外部不共享。

> 注意　具有内部链接性的标识符只对源文件内部共享而不对外部共享。

源文件 A 中的变量 s 和函数 g、源文件 B 中的变量 s 和函数 g 具有内部链接性，在别的源文件中无法调用，也不会产生"名字冲突"的错误。

■ 无链接性

在函数中定义的变量名、函数的参数名、标签名等只能在当前函数内使用，在当前函数外无法访问它们（即使在同一个源文件中也不行）。

| 注意 | 具有无链接性的标识符只能在声明它们的函数的内部使用，对外部不共享。 |

*

根据以上内容，对于库中的标识符，使用时应该采取以下的方法。

| 注意 | 只在库内部使用、不应该（不必）为外部所共享的函数或变量应该具有内部链接性。 |

在单字符输入输出库中，只在库内部使用的变量 buffer、buf_no、front、rear，应该具有内部链接性。

按照以上方法改进（只需添加 static）后的程序如代码清单 11-3 所示。

代码清单 11-3   chap11/ver2/get_unget.c

```
/*
    单字符输入输出库（第二版）
*/

#include <stdio.h>

#define BUFSIZE   256            /* 缓存的大小 */

static char buffer[BUFSIZE];     /* 缓存 */
static int buf_no = 0;           /* 当前缓存中的元素数量 */
static int front = 0;            /* 头部元素的下标 */
static int rear = 0;             /* 尾部元素的下标 */

/*...*/
```

▶ 代码清单 11-3 所示程序的测试程序位于 chap11/ver2/get_test.c 中。

11-2 库开发

由于大规模的库所需的函数的数量十分庞大，需要将它们分离为多个源文件。本节学习大规模库开发的相关技术。

■ 源文件的分离

为了学习基础的大规模的库开发方法，我们试着将单字符输入输出库分离为两个源文件，分别为代码清单 11-4 所示的 getchr.c 和代码清单 11-5 所示的 ungetchr.c。在实现源文件分离的过程中，需要考虑如下 3 个方面。

① 内部变量名的透明性

将源文件分离后，`buffer` 和 `buf_no` 等变量在代码清单 11-4 中定义，并在代码清单 11-5 中使用。之所以使这些变量具有外部链接性，是因为具有内部链接性的变量不能在外部源文件中使用。

▶ 如果用 `static` 修饰代码清单 11-4 中的变量定义，那么在代码清单 11-5 中就无法引用这些变量了。因此需要撤回代码清单 11-3 中的改进，使代码清单 11-5 回到代码清单 11-1 的状态。

此时，这些变量也将对单字符输入输出库的外部共享。因此，如果在利用单字符输入输出库的程序中使用同名的（具有外部链接性的）变量，将会产生链接错误（见图 11-7）。

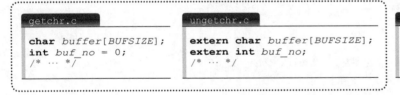

库内部   库的使用示例结果

图 11-7 库中的变量和链接

无法定义只能在单字符输入输出库的内部的 getchr.c 和 ungetchr.c 中使用而不对外部共享的标识符。

因此，对库的使用者而言，可使用的变量名受到了限制（因为使用者无法使用 `buffer` 等变量名）。

标识符的作用域或链接以单个源文件为单位，会受到在源文件中所处的位置的限制。这意味着如下内容。

> **注意** C 语言在语言层面不支持模块化编程。

代码清单 11-4

chap11/ver3/getchr.c

```c
/*
    单字符输入输出库（第三版）的 getchr.c
*/

#include <stdio.h>

#define BUFSIZE  256          /* 缓存的大小 */

char buffer[BUFSIZE];         /* 缓存 */
int buf_no = 0;               /* 当前缓存中的元素数量 */
int front = 0;                /* 头部元素的下标 */
int rear = 0;                 /* 尾部元素的下标 */

/*    取出一个字符 ---*/
int getchr(void)
{
    if (buf_no <= 0)          /* 如果缓存为空 */
        return getchar();     /* 从键盘中读取字符并返回此字符 */
    else {
        int temp;

        buf_no--;
        temp = buffer[front++];
        if (front == BUFSIZE)
            front = 0;
        return temp;
    }
}
```

代码清单 11-5

chap11/ver3/ungetchr.c

```c
/*
    单字符输入输出库（第三版）的 ungetchr.c
*/

#include <stdio.h>

#define BUFSIZE  256          /* 缓存的大小 */

extern char buffer[BUFSIZE];  /* 缓存 */
extern int  buf_no;           /* 当前缓存中的元素数量 */
extern int  front;            /* 头部元素的下标 */
extern int  rear;             /* 尾部元素的下标 */

/*--- 放回一个字符 ---*/
int ungetchr(int ch)
{
    if (buf_no >= BUFSIZE)    /* 如果缓存已满 */
        return EOF;           /* 无法继续放回字符 */
    else {
        buf_no++;
        buffer[rear++] = ch;
        if (rear == BUFSIZE)
            rear = 0;
        return ch;
    }
}
```

　　事实上，如果程序的规模不大，那么像代码清单 11-3 那样使用单个源文件开发单字符输入输出库会更加方便。

②有关程序的可扩展性的问题

我们来思考一下将指向缓存的头部字符以及尾部字符的变量 front 和 rear 变更为指向缓存中的字符的指针。

可以将这两个变量的声明按照如下方式改写。

```
char *front = buffer;      /* front为指向buffer[0]的指针 */
char *rear  = buffer;      /* rear 为指向buffer[0]的指针 */
```

但是，如果要按照以上方式进行改写，就很难兼顾整个程序。

按照以上方式改写很容易发生以下问题。如图 11-8 所示，虽然将 getchr.c 中的 front 和 rear 由 int 型改为了 char ＊型，但是忘记对 ungetchr.c 中的变量进行改写，front 和 rear 仍为 int 型。

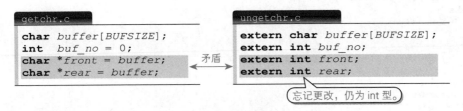

图 11-8　错误的写法

想要发现这种涉及多个源文件的"矛盾的声明"是不容易的。

这是因为一般的编译器在进行编译或链接时，（表面上）会照常地生成可执行程序。运行可执行程序时才会引发错误（见专栏 11-1）。

> **注意**　避免出现这种涉及多个源文件的"矛盾的声明"。

③粗心的初始化

ungetchr.c 中的变量声明带有 extern。这是为了使用外部的 getchr.c（其他源文件）中定义的变量必需的关键字。

我们来尝试一下如果在声明的同时赋初始值会发生什么（见图 11-9）。

虽然程序能正常进行到编译阶段，但是在生成目标文件时，会出现以下错误。

> **错误**　源文件 getchr.c 中定义的 buf_no、front、rear 在源文件 ungetchr.c 中重复定义。

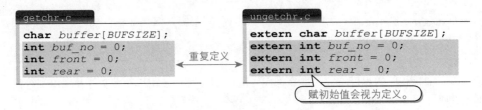

图 11-9　错误的 extern 声明

extern 声明为"引用在某处定义的对象"的声明，即不定义实体的声明。但在赋初始值之后，它就变成了定义实体的声明。

> **注意** 赋初始值的 extern 声明将会定义实体。

由于源程序 getchr.c 和 ungetchr.c 中都定义了同名的变量 buf_no、front、rear 的实体，所以在链接时会发生由重复定义产生的"名字冲突"的错误。

▶ 代码清单 11-4 和代码清单 11-5 所示程序的测试程序位于 chap11/ver3/get_test.c。

专栏 11-1 **C++ 的类型安全链接**

　　程序的编译是以单个源文件为单位的。因此，涉及多个源文件的函数或变量等的类型的一致性问题只能在链接时检查（而且一般为不完全检查）。

　　虽然大部分 C 语言编译器都会将函数或变量的名字传递给链接器，但不会传递有关类型的信息。因此，涉及多个源文件的函数或变量等的类型的一致性检查目前只能通过特殊的方法来进行。

　　C++ 中的**类型安全链接**（typesafe linkage）使一致性检查变得很方便。C++ 编译器在编译时，会向函数名或变量名中添加类型的信息，通过这种在内部改变名字的方式来实现一致性检查。

　　例如，在某个源文件中将 front 定义为 int 型，那么这个变量名就会被变更为 front__int。另外，如果在另一个源文件中将 front 定义为 extern char * 型，那么这个变量名就会被变更为 front__char_p（这里给出的名字仅为一种示例）。

　　类型安全链接的原理就是链接器通过接收变更后的名字来判断类型是否一致。

　　大多数的 C++ 编译器在对像图 11-8 所示的错误的程序进行链接时都会报错，因此调试将变得更容易。

▨ 正确的示例

代码清单 11-6 ～ 代码清单 11-9 为修改后的实现示例。文件竟然变成了 4 个，其中的两个文件为头文件。

▧ 外部头文件 getchr.h

getchr.h 头文件的目的是为库的使用者提供结构体等类型的定义、宏的定义、函数原型声明等内容（该头文件中只有 getchr 和 ungetchr 的函数原型声明）。

▧ 内部头文件 _getchr.h

_getchr.h 头文件可用于包含结构体等类型的定义、宏的定义、函数原型声明等内容，它们只能在库的内部使用（该头文件中只有宏的定义及用于引用变量的声明）。

该头文件被定义单字符输入输出库的实体的实现文件所包含，对库的使用者是不共享的。

> **注意** 请将仅在库内部使用的变量、函数、宏等的声明都集中在内部头文件中，并在定义库的实体的程序中包含内部头文件。

另外，像 __buffer、__buf_no 这样，在变量名的开头添加两条下划线，是为了避免它们与库的使用者自己定义的名字或 C 语言的编译器中的标识符产生冲突。

代码清单 11-6　　　　　　　　　　　　　　　　　　　　　　　　chap11/ver4/getchr.h

```
/*
    单字符输入输出库外部头文件 getchr.h
*/

#ifndef __GETCHR
#define __GETCHR

/*--- 函数原型声明 ---*/
int getchr(void);                        /* 取出一个字符 */
int ungetchr(int __ch);                  /* 放回一个字符 */

#endif
```

代码清单 11-7　　　　　　　　　　　　　　　　　　　　　　　　chap11/ver4/_getchr.h

```
/*
    单字符输入输出库内部头文件 _getchr.h
*/

#ifndef __GETCHR_
#define __GETCHR_

#define __BUFSIZE  256

extern char __buffer[__BUFSIZE]; /* 缓存 */
extern int  __buf_no;                    /* 当前缓存中的元素数量 */
extern int  __front;                     /* 头部元素的下标 */
extern int  __rear;                      /* 尾部元素的下标 */

#endif
```

代码清单 11-8　　　　　　　　　　　　　　　　　　　　　　　　chap11/ver4/getchr.c

```
/*
    单字符输入输出库实现文件 getchr.c
*/

#include <stdio.h>
#include "_getchr.h"
#include "getchr.h"

char __buffer[__BUFSIZE];        /* 缓存 */
int  __buf_no = 0;               /* 当前缓存中的元素数量 */
int  __front = 0;                /* 头部元素的下标 */
int  __rear = 0;                 /* 尾部元素的下标 */

/*--- 取出一个字符 ---*/
int getchr(void)
{
    if (__buf_no <= 0)           /* 如果缓存为空 */
        return getchar();        /* 从键盘中读取字符并返回此字符 */
    else {
        int temp;

        __buf_no--;
        temp = __buffer[__front++];
        if (__front == __BUFSIZE)
            __front = 0;
        return temp;
    }
}
```

代码清单 11-9

```
/*
     单字符输入输出库实现文件 ungetchr.c
*/

#include <stdio.h>
#include "_getchr.h"
#include "getchr.h"

/*--- 放回一个字符 ---*/
int ungetchr(int ch)
{
    if (__buf_no >= __BUFSIZE)        /* 如果缓存已满 */
        return EOF;                    /* 无法继续放回字符 */
    else {
        __buf_no++;
        __buffer[__rear++] = ch;
        if (__rear == __BUFSIZE)
            __rear = 0;
        return ch;
    }
}
```

■ 实现文件 getchr.c 和 ungetchr.c

在 getchr.c 和 ungetchr.c 文件中定义作为库的主体的函数和变量。

▶ 代码清单 11-8 的 getchr.c 中包括 getchr 函数和 4 个变量的定义。另外，代码清单 11-9 的 ungetchr.c 中包括 ungetchr 函数的定义。

这两个文件中都包含外部头文件和内部头文件。因此，如果变更了函数的返回值类型或者参数等，就需要同时更新实现文件和头文件。

▶ 例如，将 int ungetchr(int) 变更为 char ungetchr(char)，就需要同时更新实现文件 ungetchr.c 和外部头文件 getchr.h。

另外，如果需要进行图 11-8 中的变更，就需要同时更新实现文件 getchr.c、ungetchr.c 以及内部头文件 _getchr.h。

虽然按照上述方式开发库比较麻烦，但相应地可以获得极大的好处。

这个好处就是如果忘记更改实现文件或头文件，那么编译器就会报错，因此在编译阶段就能发现错误。

注意 请在定义库的实体的实现文件中包含库内部所使用的内部头文件和面向用户的外部头文件。

*

使用单字符输入输出库的程序示例如代码清单 11-10 所示。这个程序中只包含外部头文件。

▶ 本程序改写自本章代码清单 11-2 所示的程序，对其进行了有关库的内容的修改。

```
/*
    单字符输入输出库的使用示例
*/

#include <ctype.h>
#include <stdio.h>
#include "getchr.h"

/*--- 从一个字符串中读取整数并显示其两倍的值 ---*/
int getnum(void)
{
    int c = 0;
    int x = 0;
    int ch;

    while ((ch = getchr()) != EOF && isdigit(ch)) {
        x = x * 10 + ch - '0';
        c++;
    }
    if (ch != EOF)
        ungetchr(ch);
    if (c) printf("%d\n", x * 2);

    return ch;
}

/*--- 读取字符并原封不动地显示 ---*/
int getnnum(void)
{
    int ch;

    while ((ch = getchr()) != EOF && !isdigit(ch))
        putchar(ch);
    if (ch != EOF)
        ungetchr(ch);
    putchar('\n');
    return ch;
}

int main(void)
{
    while (getnum() != EOF)
        if (getnnum() == EOF)
            break;

    return 0;
}
```

运行示例
```
123abc5d78⏎
246
abc
10
d
156
```
Ctrl + Z

图 11-10 展示了一般情况下库和用户程序之间的关系。

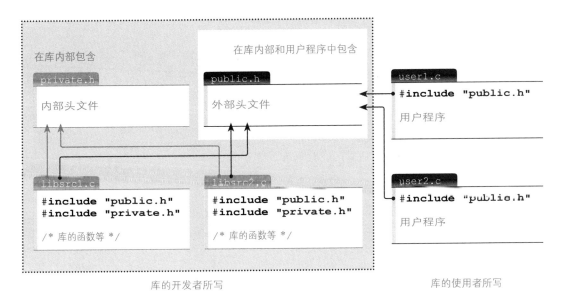

图 11-10　一般情况下库的结构

只对库的用户共享 public.h，而 private.h 仅在库内部包含。另外，libsrc1.c 和 libsrc2.c 可以作为源文件，也可以在编译完成后作为目标文件提供（大多数的库都只作为目标文件提供）。

本章以小规模的单字符输入输出库为例，介绍了库开发的基础知识。如要进行更大规模的库开发，就需要掌握头文件的结构层次化等技巧。大家可以通过自己设计和开发一个库来提高自己的库开发能力。

第 12 章

线性表的应用

线性表是一种适合存储程序运行时需要动态插入或删除的数据的结构。其特征是在进行程序开发时不需要预先知道数据的数量。不过，线性表也有一个缺点，即只能通过从头遍历的方式访问数据。

本章开头将学习线性表的基础知识，之后还会学习如何实现让查找更容易的带索引的线性表。

12-1 线性表

本节学习线性表的基础知识。

线性表

Q 同学询问我以下有关线性表的问题。

我想要写一个满足下面两个条件的程序。

· 在运行时根据数据的个数分配相应的存储空间。

· 可对数据进行排序。

于是我以下面的结构体为节点创建了一个线性表。

```
struct Node {
    int        no;          /* 会员编号 */
    char       name[10];    /* 名字 */
    struct Node *next;       /* 指向后继节点的指针 */
};
```

为了以结构体的成员 name 和 no 为键值进行排序，需要随机访问节点，但我不知道该怎么办才好。

在这种情况下，难道用不了线性表吗？

下面我们先学习关于线性表的基础知识。

线性表（linear list）是一种类似电话号码簿的数据结构。在需要通知某消息的时候，先打给开头的会员，接到电话的会员再打给下一个人，如此循环就可以把消息传递给每一个人。

图 12-1 是线性表的示意。

线性表中的元素称为**节点**（node），各个节点都含有指向后继节点的指针。也就是说，对于任意节点，都有一个前驱节点指向它。

▶ 以节点 "⑤⑦Katoh" 为例，它的前驱节点是 "⑧②Iketaka"，后继节点是 "③⑥Miyama"。

尾部结点的指向其后继节点的指针为空指针，表示不指向任何节点。

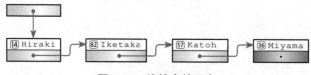

图 12-1　线性表的示意

节点的实现

会员数据的节点包含整型的会员编号以及字符串型的名字，可以用如下所示的结构体表示。

```
typedef struct __node {
    int        no;              /* 会员编号 */
    char       name[10];        /* 名字 */
    struct __node *next;        /* 指向后继节点的指针 */
} Node;
```

表示指向后继节点的指针的 next 的类型为 struct __node * 型。

像这样，如果一个结构体包含指向自身的指针，就称这种结构体为**自引用结构体**（self-referencial structure）。

由于可以用 typedef 名 Node 来表示上述结构体，成员 next 似乎能以 Node * 型来进行如下声明。

```
typedef struct {
    int  no;                    /* 会员编号 */
    char name[10];              /* 名字 */
    Node *next;                 /* 错误！ */
} Node;
```

不过，这种声明会报错。这是因为在对成员 next 进行声明时，typedef 的声明还未完成，类型名 Node 对编译器来说还是未知的。

为了避免这个错误，必须事先进行 typedef 的声明。

```
typedef struct __node   Node;   /* 未声明的 struct __node 的别名 */

struct __node {
    int  no;                    /* 会员编号 */
    char name[10];              /* 名字 */
    Node *next;                 /* 指向后继节点的指针 */
};
```

线性表需要第一个给会员打电话的人的信息，即指向第一个节点的指针（见图 12-1）。

如果线性表中没有任何数据，那么指向第一个节点的指针就为空，如图 12-2 所示。

图 12-2 空的线性表

线性表的特点

如果尝试进行节点的插入和删除，就能了解线性表的特点。

▪节点的插入

图 12-3 展示了在节点 "⑤⑦Katoh" 和 "③⑥Miyama" 之间插入节点 "⑫Miyaji" 的操作。

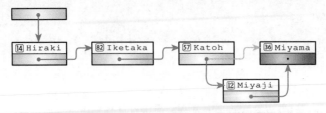

图 12-3　向线性表中插入节点

▪ 节点的删除

图 12-4 展示了将节点"⑧²Iketaka"从线性表中删除，同时将前驱节点"⑭Hiraki"的指针更新为指向节点"⑤⁷Katoh"的指针的操作。

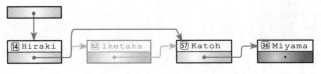

图 12-4　将节点从线性表中删除

像这样，只需要改变指针的指向就可以实现节点的删除和插入。能高效地进行数据的操作也是线性表的一个特点。

> 注意　线性表不需要物理上的搬移，因而可以高效地进行节点的插入和删除。

如果只用数组而非线性表的话，那么该怎么进行插入和删除操作呢？如图 12-5 所示，在删除"⑧²Iketaka"时，需要将该元素之后的所有元素都往前移动一格。

如果存在大量数据，那么在进行频繁的插入和删除操作时，所需的什么开销就不能忽略了。

图 12-5　删除数组中的元素

线性表的实现

会员数据的线性表的实现示例如代码清单 12-1 所示，本程序主要实现了如下 7 个功能。

- 线性表的初始化：使用 `InitList` 函数实现。
- 线性表的释放：使用 `TermList` 函数实现。
- 在头部插入节点：使用 `InsertNode` 函数实现。

- 在尾部插入节点：使用 `AppendNode` 函数实现。
- 删除头部节点：使用 `DeleteNode` 函数实现。
- 删除所有节点：使用 `ClearList` 函数实现。
- 显示所有节点：使用 `PrintList` 函数实现。

代码清单 12-1 chap12/llist1.c

```c
/*
    线性表的实现示例
*/

#include <stdio.h>
#include <stdlib.h>
#include <string.h>

/*--- 菜单 ---*/
typedef enum {
    Term, Insert, Append, Delete, Print, Clear
} Menu;

/*--- 节点 ---*/
typedef struct __node {
    int  no;                    /* 会员编号 */
    char name[10];              /* 名字 */
    struct __node *next;        /* 指向后继节点的指针 */
} Node;

/*--- 设置节点的各成员的值 ----*/
void SetNode(Node *x, int no, const char *name, const Node *next)
{
    x->no   = no;
    x->next = next;
    strcpy(x->name, name);
}

/*--- 给一个节点分配空间 ---*/
Node *AllocNode(void)
{
    return calloc(1, sizeof(Node));
}

/*--- 在头部插入节点 ---*/
void InsertNode(Node **top, int no, const char *name)
{
    Node *ptr = *top;
    *top = AllocNode();
    SetNode(*top, no, name, ptr);         /* next 指向原本的头部节点 */
}

/*--- 在尾部插入节点 ---*/
void AppendNode(Node **top, int no, const char *name)
{
    if (*top == NULL)                     /* 如果线性表为空 */
        InsertNode(top, no, name);        /* 在头部插入节点 */
    else {
        Node *ptr = *top;
        while (ptr->next != NULL)         /* 找到尾部节点 */
            ptr = ptr->next;
        ptr->next = AllocNode();
        SetNode(ptr->next, no, name, NULL);
    }
}
```

```
/*--- 删除头部节点 ---*/
void DeleteNode(Node **top)
{
    if (*top != NULL) {                        /* 如果线性表为空 */
        Node *ptr = (*top)->next;
        free(*top);
        *top = ptr;
    }
}

/*--- 删除所有节点 ---*/
void ClearList(Node **top)
{
    while (*top != NULL)                        /* 循环执行到线性表为空为止 */
        DeleteNode(top);                        /* 删除头部节点 */
}

/*--- 显示所有节点 ---*/
void PrintList(const Node **top)
{
    Node *ptr = *top;

    puts("【一览表】");
    while (ptr != NULL) {
        printf("%5d %-10.10s\n", ptr->no, ptr->name);
        ptr = ptr->next;
    }
}

/*--- 线性表的初始化 ---*/
void InitList(Node **top)
{
    *top = NULL;
}

/*--- 线性表的释放 ---*/
void TermList(Node **top)
{
    ClearList(top);                            /* 删除所有节点 */
}

/*--- 数据的输入 ---*/
Node Read(const char *message)
{
    Node temp;

    printf("请输入 %s 的数据。\n", message);

    printf("编号: ");    scanf("%d", &temp.no);
    printf("名字: ");    scanf("%s", temp.name);

    return temp;
}

/*--- 选择菜单 ---*/
Menu SelectMenu(void)
{
    int ch;

    do {
        printf("\n（1）在头部插入节点（2）在尾部插入节点 \n");
        printf("（3）删除头部节点    （4）显示所有节点 \n");
        printf("（5）删除所有节点    （0）结束操作: ");
        scanf("%d", &ch);
    } while (ch < Term || ch > Clear);
```

```
    return (Menu)ch;
}

/*--- 主函数 ---*/
int main(void)
{
    Menu menu;
    Node *list;                    /* 指向头部节点的指针 */
    InitList(&list);               /* 初始化线性表 */

    do {
        Node x;
        switch (menu = SelectMenu()) {
         case Insort: x = Read("插入头部 ");
                        InsertNode(&list, x.no, x.name);
                        break;
          case Append: x = Read("插入尾部 ");
                        AppendNode(&list, x.no, x.name);
                        break;
          case Delete: DeleteNode(&list);
                        break;
          case Print : PrintList(&list);
                        break;
          case Clear : ClearList(&list);
                        break;
        }
    } while (menu != Term);

    TermList(&list);               /* 释放线性表 */

    return 0;
}
```

在 main 函数中声明的 list 为指向头部节点的指针。

用于将线性表初始化的 InitList 函数将 list 的值初始化为空指针。这样做就生成了图 12-2 所示的空的线性表，该线性表仅由空指针构成。

▶ 本程序中有很多函数的第一个参数的类型都为 Node **型，这是因为指针 list 所指向的头部节点的值可能会变化，需要相应更新主调函数。

以 int ** 为例，我们已经在代码清单 3-7 中学习过了如何在函数之间传递和接收指向指针的指针。

以上程序的运行示例如图 12-6 所示。

```
（1）在头部插入节点        （2）在尾部插入节点
（3）删除头部节点          （4）显示所有节点
（5）删除所有节点          （0）结束操作：1
请输入插入头部的数据。
编号：14
名字：Hiraki
```
.... 在头部插入 "Hiraki"。

```
（1）在头部插入节点        （2）在尾部插入节点
（3）删除头部节点          （4）昂示所有节点
（5）删除所有节点          （0）结束操作：2
请输入插入尾部的数据。
编号：36
名字：Miyama
```
.... 在尾部插入 "Miyama"。

```
（1）在头部插入节点        （2）在尾部插入节点
（3）删除头部节点          （4）显示所有节点
（5）删除所有节点          （0）结束操作：1
请输入插入头部的数据。
编号：57
名字：Katoh
```
.... 在头部插入 "Katoh"。

```
（1）在头部插入节点        （2）在尾部插入节点
（3）删除头部节点          （4）显示所有节点
（5）删除所有节点          （0）结束操作：4
【一览表】
    57 Katoh
    14 Hiraki
    36 Miyama
```
.... 按线性表顺序显示一览表。

```
（1）在头部插入节点        （2）在尾部插入节点
（3）删除头部节点          （4）显示所有节点
（5）删除所有节点          （0）结束操作：3
```
.... 删除头部的 "Katoh"。

```
（1）在头部插入节点        （2）在尾部插入节点
（3）删除头部节点          （4）显示所有节点
（5）删除所有节点          （0）结束操作：4
【一览表】
    14 Hiraki
    36 Miyama
```
.... 按线性表顺序显示一览表。

```
（1）在头部插入节点        （2）在尾部插入节点
（3）删除头部节点          （4）显示所有节点
（5）删除所有节点          （0）结束操作：1
请输入插入头部的数据。
编号：82
名字：Iketaka
```
.... 在头部插入 "Iketaka"。

```
（1）在头部插入节点        （2）在尾部插入节点
（3）删除头部节点          （4）显示所有节点
（5）删除所有节点          （0）结束操作：1
请输入插入头部的数据。
编号：55
名字：Tsuji
```
.... 在头部插入 "Tsuji"。

...

图 12-6 代码清单 12-1 的运行示例

■ 线性表存储空间的动态分配

在将会员数据插入线性表的时候，需要动态生成存储会员数据的 Node 型的对象。进行这个操作的就是 AllocNode 函数。这个函数会分配 sizeof(Node) 字节的存储空间，并返回其地址。

请注意，此时对象所占的存储空间的大小不为 sizeof(Node)。

在用 calloc 函数或 malloc 函数在堆中分配存储空间的时候，为了管理这块存储空间，至少需要知道如下的内部信息。

```
Node *AllocNode(void)
{
    return calloc(1, sizeof(Node));
}
```

· 分配的存储空间的大小。
· 指向下一块存储空间的指针。

▶ 除此之外，还需要知道用于管理未分配的存储空间的信息等。

也就是说，在一次分配存储空间的过程中，除了分配的存储空间之外，内部至少还需要几字节到几十字节的存储空间。以如下语句为例，虽然分配的是 1 字节的存储空间，但实际上消耗的存储空间并不是 1 字节。

```
malloc(1);
```

注意 在用 calloc 函数或 malloc 函数动态分配存储空间时，还需要用于管理存储空间的额外开销。

由此我们可以得出以下结论。

注意 在用 calloc 函数或 malloc 函数分配很多块存储空间时，会出现大量额外的存储空间的开销。

一次性分配 1000 字节的存储空间与重复分配 100 次 10 字节的存储空间的开销完全不同。

*

虽然线性表在节点的插入和删除方面具有优势，但相对地，也有额外的存储空间的开销这一缺点。

12-2 用数组实现的线性表

我们来解决线性表具有额外的存储空间的开销这一问题。

用数组实现的线性表

在程序运行过程中，如果线性表中的节点数不会发生很大的变化，或者其变化能够预测，那么使用以下方法就能够减少存储空间的浪费。

这种方法就是一次性分配元素数量为事先得知的节点数的数组，然后在数组内部对元素进行操作。图 12-7 为使用这种方法实现的线性表的示意。

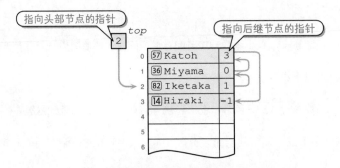

图 12-7 用数组实现的线性表的示意

用存放后继节点的元素的下标来表示指向后继节点的指针，top 的值为存放前驱节点的元素的下标。

为区别数组的下标，线性表的尾部节点的指向后继节点的指针的值为负值 −1。

以上述方法实现的线性表的程序示例如代码清单 12-2 所示。

代码清单 12-2   chap12/llist2.c

```
/*
    用数组实现的线性表的示例
*/

#include <stdio.h>
#include <stdlib.h>
#include <string.h>

#define Null  -1        /* 空索引 */

typedef enum {
    Term, Insert, Append, Delete, Print, Clear
} Menu;

typedef int  Index;           /* 索引类型 */

/*--- 节点 ---*/
typedef struct {
    int   no;             /* 会员编号 */
    char  name[10];       /* 名字 */
```

```
        Index next;            /* 后继元素的索引 */
        Index Dnext;           /* 已删除线性表的指针 */
} Node;
/*--- 线性表 ---*/
typedef struct {
    Node  *n;                  /* 线性表的主体部分（数组）*/
    Index top;                 /* 线性表的头部元素的索引 */
    Index max;                 /* 使用过的记录中最大的索引 */
    Index deleted;             /* 已删除线性表的头部元素的索引 */
} List;

#define Top      (list->top)                    /* 线性表的头部 */

#define Second   (list->n[Top].next)        /* 线性表的第二个元素 */

#define Next(x)  (list->n[(x)].next)         /* 索引为 x 的记录的后继元素 */

/*--- 设置节点的各个成员的值 ----*/
void SetNode(Node *x, int no, const char *name, Index next)
{
    x->no  = no;
    x->next = next;
    strcpy(x->name, name);
}

/*--- 返回应该插入的记录的索引 ---*/
int GetIndex(List *list)
{
    if (list->deleted == Null)              /* 若不存在删除的记录 */
        return ++(list->max);
    else {
        Index rec = list->deleted;
        list->deleted = list->n[rec].Dnext;
        return rec;
    }
}

/*--- 将指定的记录加入已删除线性表中 ---*/
void DeleteIndex(List *list, Index idx)
{
    if (list->deleted == Null) {            /* 若不存在删除的记录 */
        list->deleted = idx;
        list->n[idx].Dnext = Null;
    } else {
        Index ptr = list->deleted;
        list->deleted = idx;
        list->n[idx].Dnext = ptr;
    }
}

/*--- 在头部插入节点 ---*/
void InsertNode(List *list, int no, const char *name)
{
    Index ptr = Top;
    Top = GetIndex(list);
    SetNode(&list->n[Top], no, name, ptr);
}

/*--- 在尾部插入节点 ---*/
void AppendNode(List *list, int no, const char *name)
{
    if (Top == Null)                        /* 如果线性表为空 */
        InsertNode(list, no, name);         /* 在头部插入节点 */
    else {
```

```
        Index ptr = Top;
        while (Next(ptr) != Null)                /* 找到尾部节点 */
            ptr = Next(ptr);
        Next(ptr) = GetIndex(list);
        SetNode(&list->n[Next(ptr)], no, name, Null);
    }
}

/*--- 删陈头部节点 ---*/
void DeleteNode(List *list)
{
    if (Top != Null) {                          /* 如果线性表为空 */
        Index ptr = Second;
        DeleteIndex(list, Top);
        Top = ptr;
    }
}

/*--- 删除所有节点 ---*/
void ClearList(List *list)
{
    while (Top != Null)                          /* 循环执行到线性表为空为止 */
        DeleteNode(list);                        /* 删除头部节点 */
}

/*--- 显示所有节点 ---*/
void PrintList(List *list)
{
    Index ptr = Top;

    puts("【一览表】");
    while (ptr != Null) {
        printf("%5d %-10.10s\n", list->n[ptr].no, list->n[ptr].name);
        ptr = Next(ptr);
    }
}

/*--- 线性表的初始化 ---*/
void InitList(List *list, int size)
{
    /* 一次性为元素类型为 Node、元素数量为 size 的数组分配存储空间 */
    list->n = calloc(size, sizeof(Node));
    list->top = list->max = list->deleted = Null;
}

/*--- 线性表的释放 ---*/
void TermList(List *list)
{
    ClearList(list);                 /* 删除所有节点 */
    free(list->n);
}

/*--- 数据的输入 ---*/
Node Read(const char *message)
{
    Node temp;

    printf("请输入 %s 的数据。\n", message);

    printf("编号: "); scanf("%d", &temp.no);
    printf("名字: "); scanf("%s", temp.name);
```

```
        return temp;
}

/*--- 选择菜单 ---*/
Menu SelectMenu(void)
{
    int ch;

    do {
        printf("\n（1）在头部插入节点     （2）在尾部插入节点 \n");
        printf("（3）删除头部节点       （4）显示所有节点 \n");
        printf("（5）删除所有节点       （0）结束操作： ");
        scanf("%d", &ch);
    } while (ch < Term || ch > Clear);
    return (Menu)ch;
}

/*--- 主函数 ---*/
int main(void)
{
    Menu menu;
    List list;

    InitList(&list, 100);         /* 线性表最多有100个节点 */

    do {
        Node x;
        switch (menu = SelectMenu()) {
         case Insert: x = Read(" 插入头部 ");
                      InsertNode(&list, x.no, x.name);
                      break;
         case Append: x = Read(" 插入尾部 ");
                      AppendNode(&list, x.no, x.name);
                      break;
         case Delete: DeleteNode(&list);
                      break;
         case Print : PrintList(&list);
                      break;
         case Clear : ClearList(&list);
                      break;
        }
    } while (menu != Term);

    TermList(&list);              /* 释放线性表 */

    return 0;
}
```

▶ 省略本程序的运行示例。

删除的记录的管理

代码清单 12-2 中的程序的各个函数几乎和前面的代码清单 12-1 中的函数一一对应。下面，我们来学习较难理解的删除的元素的管理方法。

图 12-8 为将节点插入和删除的示意。本节将表示数组位置的下标称为索引，将数组的各个元素称为记录。

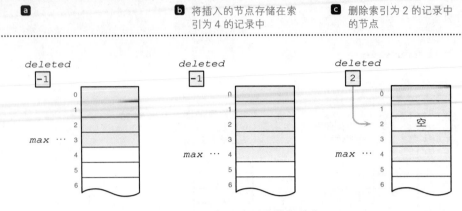

图 12-8　插入和删除节点示意

图 12-8 **a** 所示为从头部开始的 4 个记录都存有数据的状态。

图 12-8 **b** 所示为插入新节点之后的状态。插入的节点存储在索引为 4 的记录上。

▶ 数组里的元素和线性表中的节点的排列并不一致。图 12-8 中为在实际的数组的尾部元素进行插入的操作，而非在理论上的线性表的尾部节点进行插入的操作。

图 12-8 **c** 所示为删除索引为 2 的记录中的节点之后的状态。数组中出现了一个"洞"。用于管理线性表的 List 型结构体的成员 max，是保存的当前记录中最大的索引。以上图为例，随着数据的插入和删除，max 的变化为 3、4、4。

下面我们来看图 12-8 **c** 中的索引为 2 的记录，我们不应该对它置之不理，而是应该在下次插入节点时重新使用它。为了保存删除的记录的索引，我们设置了 List 型结构体的成员 deleted。

如果不存在删除的记录（即从索引为 0 的记录开始，到索引为 max － 1 的记录都存在），那么 deleted 的值就会如图 12-8 **a** 和图 12-8 **b** 那样被置为 –1。

在图 12-8 **c** 中进行节点的插入时，数据将会存入 deleted 所指向的索引为 2 的记录，原来为空的记录将会被使用。这样，存储空间就能够被有效地利用。

然而，在删除的记录多于一个时，这并不容易实现。因此，需要通过线性表来管理删除的记录。在此，我们将这个线性表称为已删除线性表。

其实，deleted 就是已删除线性表中的指向头部节点的指针。记录中的成员 Dnext 就是已删除线性表中的指向后继节点的指针。

*

我们通过图 12-9 中的具体示例来理解已删除线性表。

图 12-9 **a** 所示为 max 为 7，索引为 1、3、5 的记录被删除的状态。从头部开始排序，已删除线性表的索引变化为 3 ⇨ 1 ⇨ 5。

图 12-9 **b** 中在进行节点的插入时，重新使用已删除线性表中的头部记录，即索引为 3 的记录。也就是说，在将插入的数据存入索引为 deleted 的记录的同时，将 deleted 更新为 1。操作结束后，已删除线性表的索引变化为 1 ⇨ 5。

图 12-9 **c** 中在删除索引为 7 的记录中的节点时，deleted 会被更新为 7，已删除线性表的索引变化为 7 ⇨ 1 ⇨ 5。

▶ 在用 free 函数释放由 calloc 函数或 malloc 函数分配的存储空间时，会进行类似已删除线性表的内部处理（实际上更为复杂，具体的实现方法因编译器而异）。

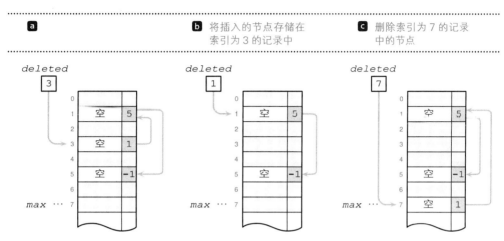

图 12-9　在进行插入和删除操作时已删除线性表的变化

在这个意义上，代码清单 12-2 的实现方法是对存储空间的分配和释放进行模拟。在运行效率方面，代码清单 12-2 的程序可能会比代码清单 12-1 的程序高。

12-3 带索引的线性表

Q 同学需要依据线性表的节点中的成员值对线性表进行排序，我们来实现这个功能。

带索引的线性表

可以用排序来实现按名字排序的一览表和按会员编号排序的一览表。但是，如果需要频繁访问线性表的信息，那么每次都需要重新排序，所以这种方法不太现实。

我们在线性表中存储了按名字或会员编号排好序的索引表，程序如代码清单 12-3 所示。

代码清单 12-3   chap12/llist3.c

```c
/*
    由数组实现的线性表（带索引）
*/

#include <stdio.h>
#include <stdlib.h>
#include <string.h>

#define Null  -1          /* 空索引 */

typedef enum {
    Term, Insert, Append, Delete, Clear, Print, Print1, Print2
} Menu;

typedef int   Index;      /* 索引类型 */

/* 会员编号索引 */
typedef struct {
    int    no;
    Index ptr;
} key1;

/* 名字索引 */
typedef struct {
    char   name[10];
    Index ptr;
} key2;

/*--- 元素 ---*/
typedef struct {
    int    no;              /* 会员编号 */
    char   name[10];        /* 名字 */
    Index next;             /* 下一个元素的索引 */
    Index Dnext;            /* 已删除线性表的指针 */
} Node;

/*--- 线性表 ---*/
typedef struct {
    Node  *n;               /* 线性表的主体部分（数组）*/
    Index top;              /* 线性表的头部元素的索引 */
    Index max;              /* 使用过的记录中最大的索引 */
    Index deleted;          /* 已删除线性表的头部元素的索引 */
    Index max2;             /* 当前存储的记录数 */
    key1 *idx1;             /* 会员编号索引表 */
```

```
    key2    *idx2;        /* 名字索引表 */
} List;

#define Top       (list->top)              /* 线性表的头部 */

#define Second  (list->n[Top].next)        /* 线性表的第二个元素 */

#define Next(x) (list->n[(x)].next)        /* 索引为 x 的记录的后继元素 */

/*--- 在会员编号索引表中查找 ---*/
int Search1(List *list, int no, Index *flag)
{
    int i = 0;
    int j = list->max2 - 1;

    if (j == -1) {                         /* 线性表为空 */
        *flag = 0;
        return 0;
    }

    do {                                   /* 基于二分法的查找 */
        int k = (i + j) / 2;
        int cmp = no - list->idx1[k].no;
        if (!cmp) {
            *flag = k;
            return 1;
        } else if (cmp > 0)
            i = k + 1;
        else
            j = k - 1;
    } while (i <= j);
    *flag = i;

    return 0;
}

/*--- 在名字索引表中查找 ---*/
int Search2(List *list, const char *name, Index *flag)
{
    int i = 0;
    int j = list->max2 - 1;

    if (j == -1) {                         /* 线性表为空 */
        *flag = 0;
        return 0;
    }

    do {                                   /* 基于二分法的查找 */
        int k = (i + j) / 2;
        int cmp = strcmp(name, list->idx2[k].name);
        if (!cmp) {
            *flag = k;
            return 1;
        } else if (cmp > 0)
            i = k + 1;
        else
            j = k - 1;
    } while (i <= j);
    *flag = i;

    return 0;
}
```

```
/*--- 用插入的方法更新索引表 ---*/
void Apnd(List *list, int no, const char *name, Index rec)
{
    Index i;
    Index idx;

    Search1(list, no, &idx);                    /*--- 更新会员编号 ---*/
    for (i = list->max2; i > idx; i--)
        list->idx1[i] = list->idx1[i - 1];
    list->idx1[idx].no  = list->n[rec].no;
    list->idx1[idx].ptr = rec;

    Search2(list, name, &idx);                  /*--- 更新名字 ---*/
    for (i = list->max2; i > idx; i--)
        list->idx2[i] = list->idx2[i - 1];
    strcpy(list->idx2[idx].name, list->n[rec].name);
    list->idx2[idx].ptr = rec;

    list->max2++;
}

/*--- 在线性表中删除索引为 rec 的记录 ---*/
void Delt(List *list, Index rec)
{
    Index i;

    for (i = 0; list->idx1[i].ptr != rec; i++) /*--- 删除会员编号 ---*/
        ;
    for ( ; i < list->max2; i++)
        list->idx1[i] = list->idx1[i + 1];

    for (i = 0; list->idx2[i].ptr != rec; i++) /*--- 删除名字 ---*/
        ;
    for ( ; i < list->max2; i++)
        list->idx2[i] = list->idx2[i + 1];

    list->max2--;
}

/*--- 返回应该插入的记录的索引 ---*/
int GetIndex(List *list)
{
    if (list->deleted == Null)          /* 若不存在删除的记录 */
        return ++(list->max);
    else {
        Index rec = list->deleted;
        list->deleted = list->n[rec].Dnext;
        return rec;
    }
}

/*--- 将指定的记录加入已删除线性表中 ---*/
void DeleteIndex(List *list, Index idx)
{
    if (list->deleted == Null) {        /* 若不存在删除的记录 */
        list->deleted = idx;
        list->n[idx].Dnext = Null;
    } else {
        Index ptr = list->deleted;
        list->deleted = idx;
        list->n[idx].Dnext = ptr;
    }
}
```

```
/*--- 设置节点的各个成员的值 ----*/
void SetNode(Node *x, int no, const char *name, Index next)
{
    x->no   = no;
    x->next = next;
    strcpy(x->name, name);
}

/*--- 在头部插入节点 ---*/
void InsertNode(List *list, int no, const char *name)
{
    Index ptr = Top;

    Top = GetIndex(list);
    SetNode(&list->n[Top], no, name, ptr);
    Apnd(list, no, name, Top);
}

/*--- 在尾部插入节点 ----*/
void AppendNode(List *list, int no, const char *name)
{
    if (Top == Null)                            /* 如果线性表为空 */
        InsertNode(list, no, name);             /* 在头部插入节点 */
    else {
        Index ptr = Top;
        while (Next(ptr) != Null)               /* 找到尾部节点 */
            ptr = Next(ptr);
        Next(ptr) = GetIndex(list);
        SetNode(&list->n[Next(ptr)], no, name, Null);
        Apnd(list, no, name, Next(ptr));
    }
}

/*--- 删除头部节点 ---*/
void DeleteNode(List *list)
{
    if (Top != Null) {                          /* 如果线性表为空 */
        Index ptr = Second;
        DeleteIndex(list, Top);
        Delt(list, Top);
        Top = ptr;
    }
}

/*--- 删除所有节点 ---*/
void ClearList(List *list)
{
    while (Top != Null)                         /* 循环执行到线性表为空为止 */
        DeleteNode(list);                       /* 删除头部节点 */
}

/*--- 显示所有元素（按线性表顺序）---*/
void PrintList(const List *list)
{
    Index ptr = Top;

    puts("【一览表】");
    while (ptr != Null) {
        printf("%5d %-10.10s\n", list->n[ptr].no, list->n[ptr].name);
        ptr = Next(ptr);
    }
}
```

```c
/*--- 显示所有元素（按会员编号顺序）---*/
void PrintList1(const List *list)
{
    Index i;

    puts("【一览表 / 按会员编号顺序 】");
    for (i = 0; i < list->max2; i++) {
        Index j = list->idx1[i].ptr;
        printf("%5d %-10.10s\n", list->n[j].no, list->n[j].name);
    }
}

/*--- 显示所有元素（按名字顺序）---*/
void PrintList2(const List *list)
{
    Index i;

    puts("【一览表 / 按名字顺序 】");
    for (i = 0; i < list->max2; i++) {
        Index j = list->idx2[i].ptr;
        printf("%5d %-10.10s\n", list->n[j].no, list->n[j].name);
    }
}

/*--- 线性表的初始化 ---*/
void InitList(List *list, int size)
{
    list->n    = calloc(size, sizeof(Node));    /* 线性表的主体部分 */
    list->idx1 = calloc(size, sizeof(key1));    /* 会员编号索引表 */
    list->idx2 = calloc(size, sizeof(key2));    /* 名字索引表 */

    list->max2 = 0;
    list->top  = list->max = list->deleted = Null;
}

/*--- 线性表的释放 ---*/
void TermList(List *list)
{
    ClearList(list);              /* 删除所有节点 */

    free(list->n);
    free(list->idx1);
    free(list->idx2);
}

/*--- 数据的输入 ---*/
Node Read(const char *message)
{
    Node temp;

    printf(" 请输入 %s 的数据。\n", message);

    printf(" 编号: ");    scanf("%d", &temp.no);
    printf(" 名字: ");    scanf("%s", temp.name);

    return temp;
}

/*--- 选择菜单 ---*/
Menu SelectMenu(void)
{
    int ch;
```

```
    do {
        printf("\n（1）在头部插入元素   （2）在尾部插入元素 \n");
        printf("（3）删除头部元素       （4）删除所有元素 \n");
        printf("（5）显示所有元素（按线性表顺序）\n");
        printf("（6）显示所有元素（按会员编号顺序）\n");
        printf("（7）显示所有元素（按名字顺序）\n");
        printf("（0）结束操作: ");
        scanf("%d", &ch);
    } while (ch < Term || ch > Print2);

    return (Menu)ch;
}

/*--- 主函数 ---*/
int main(void)
{
    Menu menu;
    List list;

    InitList(&list, 100);          /* 最多有100个节点 */

    do {
        Node x;
        switch (menu = SelectMenu()) {
         case Insert: x = Read(" 插入头部 ");
                      InsertNode(&list, x.no, x.name);
                      break;
         case Append: x = Read(" 插入尾部 ");
                      AppendNode(&list, x.no, x.name);
                      break;
         case Delete: DeleteNode(&list);
                      break;
         case Clear : ClearList(&list);
                      break;
         case Print : PrintList(&list);
                      break;
         case Print1: PrintList1(&list);
                      break;
         case Print2: PrintList2(&list);
                      break;
        }
    } while (menu != Term);

    TermList(&list);               /* 释放线性表 */

    return 0;
}
```

　　程序的运行示例如图 12-10 所示。可以按插入线性表的先后顺序访问数据，也可以按名字和会员编号的顺序访问数据。

（1）在头部插入元素　　（2）在尾部插入元素
…
（0）结束操作：1⏎
请输入插入头部的数据。
编号：57⏎
名字：Katoh⏎ ·· 在头部插入"Katoh"。

（1）在头部插入元素　　（2）在尾部插入元素
…
（0）结束操作：2⏎
请输入插入尾部的数据。
编号：36⏎ ·· 在尾部插入"Miyama"。
名字：Miyama⏎

（1）在头部插入元素　　（2）在尾部插入元素
…
（0）结束操作：1⏎
请输入插入头部的数据。
编号：82⏎
名字：Iketaka⏎ ·· 在头部插入"Iketaka"。

（1）在头部插入元素　　（2）在尾部插入元素
…
（0）结束操作：1⏎
请输入插入头部的数据。
编号：14⏎ ·· 在头部插入"Hiraki"。
名字：Hiraki⏎

（1）在头部插入元素　　（2）在尾部插入元素
…
（0）结束操作：5⏎
【一览表】
　　14　Hiraki ·· 按线性表顺序显示一览表。
　　82　Iketaka
　　57　Katoh
　　36　Miyama

（1）在头部插入元素　　（2）在尾部插入元素
…
（0）结束操作：6⏎
【一览表 / 按会员编号顺序】
　　14　Hiraki ·· 按会员编号顺序显示一览表。
　　36　Miyama
　　57　Katoh
　　82　Iketaka

（1）在头部插入元素　　（2）在尾部插入元素
…
（0）结束操作：7⏎
【一览表 / 按名字顺序】
　　14　Hiraki ·· 按名字顺序显示一览表。
　　82　Iketaka
　　57　Katoh
　　36　Miyama
（1）在头部插入元素　　（2）在尾部插入元素
…

图 12-10　代码清单 12-3 的运行示例

索引表

代码清单 12-3 所示程序中的线性表的构造如图 12-11 所示。

▶ 图 12-11 中省略了指向后继节点的指针和已删除线性表。

▪ **图 12-11 a 中的线性表的主体数组**

本数组为存储线性表的节点的主体部分。

▪ **图 12-11 b 中的编号索引表**

本表存储会员编号以及对应节点的索引。例如，会员编号索引表中的会员编号 ⑭ 存储在索引为 3 的记录中，会员编号 ㊱ 存储在索引为 1 的记录中。

本表中的数据按照会员编号的顺序以升序排列。

▪ **图 12-11 c 中的名字索引表**

本表存储名字以及对应节点的索引。例如，名字索引表中 Hiraki 存储在索引为 3 的记录中，Iketaka 存储在索引为 2 的记录中。

本表中的数据按照名字的顺序以升序排列。

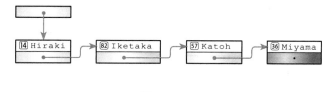

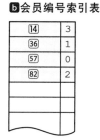

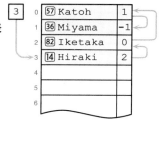

图 12-11　线性表的构造

第 13 章

二叉查找树的应用

在树形结构的数据结构中，最简单的数据结构之一为二叉树。作为一种二叉树，二叉查找树可以高效地查找键值，因此被广泛使用。

本章学习二叉查找树的基础知识，以及进行大范围查找的程序示例。

13-1 二叉查找树

本节学习基本的树形结构二叉树，以及可以进行高效查找的二叉查找树。

二叉查找树

K 同学问了我如下有关二叉树的问题。

> 我开始编写一个使用二叉树的程序。虽然很多参考书都有查找键值、升序遍历等内容，但是，我想知道的是如何查找含有比当前键值大或者小的键值节点。由于书上都没有写，所以我现在很困扰。

下面我们先来学习二叉树和二叉查找树的基本概念。

二叉树

图 13-1 所示的**二叉树**（binary tree）的顶层节点为**根**（root）。二叉树中的各个节点都有两个指向**孩子**（son）的指针。

> ▶ 把图 13-1 上下颠倒，明显可以看出就像一棵分支从根"Miura"延伸出去的树一样。

通过各个节点的"指向左孩子的指针"和"指向右孩子的指针"就可以到达该节点的孩子、孩子的孩子，以此类推。

另外，空指针代表该节点没有孩子。

节点之间的关系可以用人类的亲戚关系用语来表示。对"Takaoka"来说，"Satoh"就是**父亲**（parent），而"Sanaka"和"Takaoka"的关系是**兄弟**（brother）。

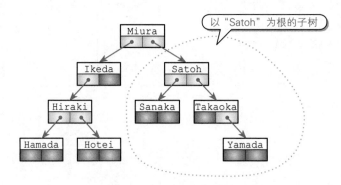

图 13-1　二叉树的示例

> ▶ 站在父亲的角度上，各个节点最多有两个孩子。站在孩子的角度上，各个节点只有一个父亲（不过，根没有父亲）。

另外，最底层的节点称为叶子节点或终端节点。

部分节点和连接在节点上的指针构成的分支称为**子树**（subtree）。例如，图 13-1 中用虚线圈起来

的部分就是一个以 "Satoh" 为根的子树。

一个节点的**左子树**（left subtree）为以该节点的左孩子为根的子树，**右子树**（right subtree）为以该节点的右孩子为根的子树。下面是一个示例。

·"Miura" 的左子树为以 "Ikeda" 为根的子树。

·"Miura" 的右子树为以 "Satoh" 为根的子树。

▨ 二叉查找树

图 13-1 中的二叉树上的所有节点都满足以下两个条件。

> ·左子树上的所有节点的键值均小于它的根节点的键值。
> ·右子树上的所有节点的键值均大于它的根节点的键值。

特别地，满足以上条件的二叉树称为**二叉查找树**（binary search tree）。

▶ 例如，根 "Miura" 大于左侧的全部子孙 "Ikeda" "Hiraki" "Hamada" "Hotei"，同时小于右侧的全部子孙 "Satoh" "Sanaka" "Takaoka" "Yamada"（按照字母的大小进行比较）。

正如二叉查找树的名称所示，其特点就是在查找键值时很方便。本章重点关注二叉查找树。

*

代码清单 13-1 为实现二叉查找树的程序示例。每个节点上的键值只有（最大长度为 127 的）字符串。

本程序主要实现了如下的 3 个基本功能。

• 节点的插入（InsertNode 函数）。

• 节点的查找（SearchNode 函数）。

• 显示所有节点（PrintTree 函数）。

PrintTree 函数将会按照升序显示以形参 p 接收到的节点为根节点的子树上的所有节点的键值。具体内容我们将在下一节学习。

另外，在 main 函数声明中的 root 为指向二叉查找树的根节点的指针。

▶ 本程序省略了在动态分配存储空间失败时的错误处理代码等。

```c
/*
    二叉查找树的实现示例
*/

#include <stdio.h>
#include <stdlib.h>
#include <string.h>

#define MAX_LEN  128            /* 名字数组的长度 */

/*--- 菜单 ---*/
typedef enum {
    Term, Insert, Search, Print
} Menu;

/*--- 二叉树的节点 ---*/
typedef struct __bnode {
    char name[MAX_LEN];         /* 名字 */
    struct __bnode *left;       /* 指向左孩子的指针 */
    struct __bnode *right;      /* 指向右孩子的指针 */
} BinNode;

/*--- 节点空间的分配 ---*/
BinNode *AllocNode(void)
{
    return calloc(1, sizeof(BinNode));
}

/*--- 节点的插入 ---*/
BinNode *InsertNode(BinNode *p, const BinNode *w)
{
    int cond;

    if (p == NULL) {
        p = AllocNode();
        strcpy(p->name, w->name);
        p->left = p->right = NULL;
    } else if ((cond = strcmp(w->name, p->name)) == 0)
        printf("【错误】%s 已经录入。\n", w->name);
    else if (cond < 0)
        p->left = InsertNode(p->left, w);       /* 访问左孩子 */
    else
        p->right = InsertNode(p->right, w);     /* 访问右孩子 */
    return p;
}

/*--- 节点的查找 ---*/
void SearchNode(BinNode *p, const BinNode *w)
{
    int cond;

    if (p == NULL)
        printf("%s还未录入。\n", w->name);
    else if ((cond = strcmp(w->name, p->name)) == 0)
        printf("%s已经录入。\n",   w->name);
    else if (cond < 0)
        SearchNode(p->left,  w);                /* 从左子树开始查找 */
    else
        SearchNode(p->right, w);                /* 从右子树开始查找 */
}

/*--- 按照升序显示树的所有元素的键值 ---*/
```

```
void PrintTree(const BinNode *p)
{
    if (p != NULL) {
        PrintTree(p->left);                  /* 显示 p 的左子树 */
        printf("%s\n", p->name);             /* 显示 p */
        PrintTree(p->right);                 /* 显示 p 的右子树 */
    }
}

/*--- 释放树的全部元素 ---*/
void FreeTree(BinNode *p)
{
    if (p != NULL) {
        FreeTree(p->left);                   /* 释放 p 的左子树 */
        FreeTree(p->right);                  /* 释放 p 的右子树 */
        free(p);                             /* 释放 p */
    }
}

/*--- 数据的输入 ---*/
BinNode Read(const char *message)
{
    BinNode temp;

    printf("请输入要 %s 的名字 : ", message);
    scanf("%s", temp.name);
    return temp;
}

/*--- 菜单选择 ---*/
Menu SelectMenu(void)
{
    int ch;

    do {
        printf("\n（1）插入  （2）查找  （3）显示  （0）结束 : ");
        scanf("%d", &ch);
    } while (ch < Term || ch > Print);
    return (Menu)ch;
}

/*--- main 函数 ---*/
int main(void)
{
    Menu    menu;
    BinNode *root;                /* 指向根的指针 */

    root = NULL;
    do {
        BinNode x;
        switch (menu = SelectMenu()) {
         case Insert : x = Read("插入");
                       root = InsertNode(root, &x);
                       break;
         case Search : x = Read("查找");
                       SearchNode(root, &x);
                       break;
         case Print  : puts("--- 一览表 ---");
                       PrintTree(root);
                       break;
        }
    } while (menu != Term);

    FreeTree(root);              /* 释放所有的节点 */

    return 0;
}
```

图 13-2 为中程序的运行示例。

（1）插入 　 （2）查找 　 （3）显示 　 　 （0）结束：1⏎
请输入要插入的名字：Hiraki⏎ ·· 插入节点。

（1）插入 　 （2）查找 　 （3）显示 　 　 （0）结束：1⏎
请输入要插入的名字：Ikeda⏎ ··· 插入节点。

（1）插入 　 （2）查找 　 （3）显示 　 　 （0）结束：1⏎
请输入要插入的名字：Masaki⏎ ·· 插入节点。

（1）插入 　 （2）查找 　 （3）显示 　 　 （0）结束：1⏎
请输入要插入的名字：Miura⏎ ··· 插入节点。

（1）插入 　 （2）查找 　 （3）显示 　 　 （0）结束：1⏎
请输入要插入的名字：Takaoka⏎ ··· 插入节点。

（1）插入 　 （2）查找 　 （3）显示 　 　 （0）结束：1⏎
请输入要插入的名字：Sanaka⏎ ·· 插入节点。

（1）插入 　 （2）查找 　 （3）显示 　 　 （0）结束：1⏎
请输入要插入的名字：Yamada⏎ ·· 插入节点。

（1）插入 　 （2）查找 　 （3）显示 　 　 （0）结束：1⏎
请输入要插入的名字：Satoh⏎ ··· 插入节点。

（1）插入 　 （2）查找 　 （3）显示 　 　 （0）结束：3⏎
--- 一览表 --- ··· 按照升序显示。
Hiraki
Ikeda
Masaki
Miura
Sanaka
Satoh
Takaoka
Yamada

（1）插入 　 （2）查找 　 （3）显示 　 　 （0）结束：2⏎
请输入要查找的名字：Hiraki⏎ ·· 查找键值。
Hiraki 已经录入。

（1）插入 　 （2）查找 　 （3）显示 　 　 （0）结束：2⏎
请输入要查找的名字：Shibata⏎ ··· 查找键值。
Shibata 还未录入。

（1）插入 　 （2）查找 　 （3）显示 　 　 （0）结束：0⏎

图 13-2　代码清单 13-1 的运行示例

■ 二叉查找树和线性表

我们来比较二叉查找树和线性表的异同。

本节中用于比较的线性表已经按照升序对键值进行排序，这样查找起来更加方便。

■ 查找键值

我们比较线性表和二叉查找树在对含有键值的节点进行查找的过程的差异。

▪ 排序好的线性表

从头部节点开始，不断访问指向后继节点的指针。如果遇到含有目标键值的节点，代表查找成功。如果遇到大于目标键值的节点，或者达到尾部节点，代表查找失败。

以图 13-3 所示的线性表为例，对于 "Sanaka" 能够成功查找，但对于 "Tsuji"，则会查找失败。

▶ 如果节点数为 n，那么指针的平均访问次数为 $n/2$。

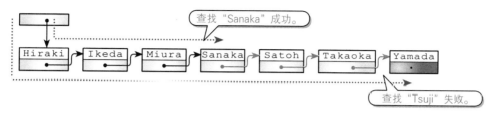

图 13-3 在排序好的线性表中查找键值

▪ **二叉查找树**

以图 13-4 中的二叉查找树为例，思考查找 "Sanaka" 的过程。

🅐由于目标键值大于根 "Miura"，所以访问右孩子 "Satoh"。

🅑由于目标键值小于 "Satoh"，所以访问左孩子。这样一来就遇到 "Sanaka"，即查找成功。

在访问指针时，由于每次都将排除一半的查找范围，所以查找效率很高。

▶ 如果节点数为 n，那么指针的平均访问次数为 $\log_2 n$。

在查找键值时，二叉查找树的效率更高。

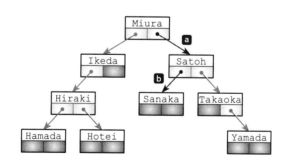

图 13-4 在二叉查找树中查找键值

◼ **查找含有比当前键值大一的节点**

我们来比较线性表和二叉查找树从当前节点出发，查找含有比当前键值大一的节点的过程之间的差异。

▪ **排序好的线性表**

只需要访问当前节点的指向后继节点的指针就可以查找到结果。

图 13-5 所示的线性表中，只要访问 "Sanaka" 的指向后继节点的指针就能得到 "Satoh"，完成查找。

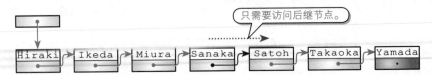

图 13-5 在排序好的线性表中查找含有比当前键值大一的节点的示例

▪ 二叉查找树

图 13-6 为二叉查找树的示意，我们考虑以下两个例子。

ⓐ 比 "Hamada" 大一的键值为父亲 "Hiraki"。

ⓑ 比 "Satoh" 大一的键值为孩子 "Takaoka"。

在 ⓑ 情况下，只需要访问指向右孩子的指针就可以实现。在 ⓐ 情况下，事情就没有这么简单了。无论哪个节点都不含有指向父亲的指针。由此我们可以知道，二叉查找树与线性表不同，无法简单地进行查找。

二叉查找树无法查找含有比当前键值大一的节点。

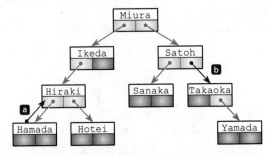

图 13-6 在二叉查找树中查找含有比当前键值大一的节点的示例

■ 查找含有比当前键值小一的节点

我们来比较线性表和二叉查找树者从当前节点出发，查找含有比当前键值小一的节点的过程之间的差异。

▪ 排序好的线性表

假设当前节点为 "Satoh"。由于线性表不含有指向前驱节点的指针，所以需要像图 13-7 所示的那样，从头部节点重新开始遍历，直到 "Satoh" 的前一个节点为止。

虽然上述算法很简单，但是开销非常大。

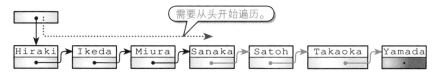

图 13-7 在排序好的线性表中查找含有比当前键值小一的节点的示例

▪ 二叉查找树

图 13-8 为二叉查找树的示意，我们考虑以下两个例子。

a 比 "Satoh" 小一的键值为左孩子 "Sanaka"。

b 比 "Yamada" 小一的键值为父亲 "Takaoka"。

这次在 **a** 情况下查找很容易，但在 **b** 情况下就不容乐观了。我们可以发现二叉查找树和线性表不同，不能简单地进行查找。

在查找含有比当前键值小一的节点时，线性表只是效率低下，而二叉查找树则无法完成查找。

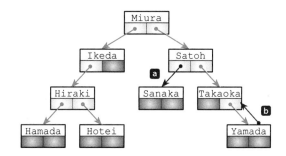

图 13-8 在二叉查找树中查找含有比当前键值小一的节点的示例

13-2 非递归查找及其应用

根据前面学习的内容，我们已经知道二叉查找树无法查找含有比当前键值大一或小一的节点。但是，我们不能就这样放弃。

递归的过程

我们将通过对 PrintTree 函数（按照升序遍历并显示二叉查找树上所有节点的键值）的操作的理解来找到一个突破口。

这个函数会从根开始递归地进行如下操作。

```
void PrintTree(const BinNode *p)
{
    if (p != NULL) {
        PrintTree(p->left);
        printf("%s\n", p->name);
        PrintTree(p->right);
    }
}
```

① 按照升序显示左子树的全部节点的键值。
② 显示自身节点。
③ 按照升序显示右子树的全部节点的键值。

我们通过图 13-9 来思考示例的具体操作过程。

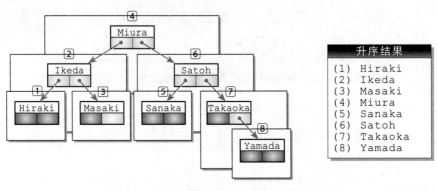

图 13-9 以升序遍历二叉查找树上的全部节点

PrintTree 函数中的参数 p 接收指向根的指针，该函数的操作主要分为以下 3 步。

① 显示以节点 p 的左子树 "Ikeda" 为根的子树。
② 显示节点 p "Miura"。
③ 显示以节点 p 的右子树 "Satoh" 为根的子树。

虽然只有 3 步，但其中的操作很复杂。

① 和 ③ 会继续对各自的子树进行递归操作。以 ① 为例，对于以指针 p 所指向的 "Ikeda" 为根的子树，将会进行以下操作。

①显示以节点 p 的左子树 "Hiraki" 为根的子树。

②显示节点 p "Ikeda"。

③显示以节点 p 的右子树 "Masaki" 为根的子树。

像这样，最终会按照**1**、**2**、……、**8**的顺序显示各个键值。

按照升序遍历并显示所有节点的键值看似是一个操作，但如果用 for 语句或者 while 语句等循环语句则很难实现这个操作。

对于像二叉查找树这样的本身就是递归构造的数据结构，用递归的方法进行各种操作将会比较简洁。

> **注意** 对于递归构造的数据结构，用递归的方法可以巧妙地进行处理。

▶ 递归函数的调用应该理解为"调用和自身相同的函数"，而不是"调用自己本身"。

另外，直接调用和自身相同的函数称为直接递归，通过别的函数调用和自身相同的函数称为间接递归。

专栏 13-1 | main 函数的递归调用

C 语言中可以递归调用 main 函数。程序示例如代码清单 13C-1 所示。

代码清单 13C-1   chap13/rec_main.c

```
/*
    main 函数的递归调用
*/

#include <stdio.h>

int main(void)
{
    static int x = 5;
    static int v = 0;

    if (--x > 0) {
        printf("x       = %d\n", x);
        printf("main() = %d\n", main());
        v++;
        return v;
    } else {
        return 0;
    }
}
```

运行结果
```
x       = 4
x       = 3
x       = 2
x       = 1
main() = 0
main() = 1
main() = 2
main() = 3
```

不过，在 C++ 中无法递归调用 main 函数，也无法获取 main 函数的地址。

■ **递归函数的非递归实现**

我们用非递归的方法来实现 PrintTree 函数。以图 13-10 中的二叉查找树为例，思考一下具体的过程。

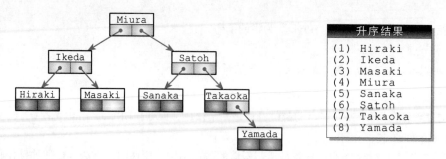

图 13-10　二叉查找树和键值的升序遍历结果

①若当前节点为"Miura"，含有比"Miura"小一的键值的节点在左子树中。

②若当前节点为左孩子"Ikeda"，含有比"Ikeda"小一的键值的节点在左子树中。

③若当前节点为左孩子"Hiraki"，由于"Hiraki"没有孩子，所以此时可以输出名字"Hiraki"。这就是第一个输出的名字。

以上步骤看似理所当然，但此时我们面临以下问题。

> 无法从"Hiraki"回到父亲"Ikeda"。

如果想要回到上层节点，就需要之前遍历过的根。

解决这个问题的是图 13-11 所示的栈。栈的构造采用 LIFO，即最先出栈的数据为最后进栈的数据（见第 10 章）。

使当前的节点进栈，并在遍历到结尾时出栈。

🅐访问根节点"Miura"，使其进栈。

🅑访问左孩子"Ikeda"，使其进栈。

🅒访问左孩子"Hiraki"，使其进栈。

🅓指向左孩子的指针为空指针，无法继续前进。使数据"Hiraki"出栈，并显示该数据。

🅔使数据"Ikeda"出栈，并显示该数据。

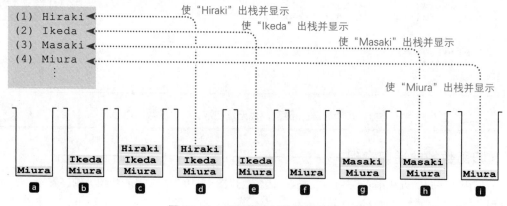

图 13-11　二叉查找树的遍历和栈

不断进行这样的操作就能按照键值的升序输出所有数据。

图 13-12 的左侧为 PrintTree 函数的递归版本，右侧为使用栈的非递归版本。

```
/*--- 递归版本 ---*/
void PrintTree(const BinNode *p)
{
    if (p != NULL) {
        PrintTree(p->left);
        printf("%s\n", p->name);
        PrintTree(p->right);
    }
}
```

```
/*--- 非递归版本 ---*/
void PrintTree(const BinNode *root)
{
    if (root != NULL) {
        BinNode *p = root;
        BinNode *stk[100];
        int ptr = 0;

        while (1) {
            if (p != NULL) {
进栈 ············●   stk[ptr++] = p;
                p = p->left;
            } else if (ptr > 0) {
出栈 ············●   p = stk[--ptr];
                printf("%s\n", p->name);
                p = p->right;
            } else
                break;
        }
    }
}
```

图 13-12　二叉查找树的遍历和栈

▶ 由于此处的非递归版本没有进行栈溢出的检查，因此无法保证在数据量超过 100 时该版本能够正确运行。

数组 stk 为栈的主体，变量 ptr 为栈指针。图 13-11 中进栈的为名字，而在 PrintTree 函数中，进栈的为指向节点的指针。

像这样，要以非递归方式实现递归函数（函数中递归调用自身两次及以上）必须用栈来实现。

■ 问题的解决

非递归版本的 PrintTree 函数将会使访问到的节点进栈。例如，在访问到 "Hiraki" 时，栈中已经存有 "Miura" 和 "Ikeda"。这就是解决 K 同学遇到的问题的关键。

如果将从根开始，到当前的节点为止经过的所有节点存储在数组中，就很容易返回位于当前节点上层的父亲或父亲的父亲节点。这样一来，就能比较简单地实现 "对含有比当前键值大一的节点的查找" 和 "对含有比当前键值小一的节点的查找"。

按照上述方法重新改写的程序示例如代码清单 13-2 所示。除了原来程序的功能之外，还添加了以下功能。

·查找含有任意键值的节点（访问该节点）。

·查找含有比当前节点的键值大一的节点。

·查找含有比当前节点的键值小一的节点。

```c
/*
    二叉查找树的实现示例（第 2 版）
*/

#include <stdio.h>
#include <stdlib.h>
#include <string.h>

#define MAX_LEN   128          /* 名字数组的长度 */
#define STK_SIZE  100          /* 栈的元素数量 */

/*--- 菜单 ---*/
typedef enum {
    Term, Insert, Search, Next, Prev, Print
} Menu;

/*--- 二叉树的节点 ---*/
typedef struct __bnode {
    char name[MAX_LEN];        /* 名字 */
    struct __bnode *left;      /* 指向左孩子的指针 */
    struct __bnode *right;     /* 指向右孩子的指针 */
} BinNode;

/*--- 节点空间的分配 ---*/
BinNode *AllocNode(void)
{
    return (BinNode *)calloc(1, sizeof(BinNode));
}

BinNode *stk[STK_SIZE];        /* 用于查找的指针的栈 */
int      ptr;                  /* 栈指针 */

/*--- 显示错误消息 ---*/
void Error(void)
{
    puts("ERROR");
}

/*--- 节点的插入 ---*/
BinNode *InsertNode(BinNode *p, const BinNode *w)
{
    int cond;

    if (p == NULL) {
        p = AllocNode();
        strcpy(p->name, w->name);
        p->left = p->right = NULL;
    } else if ((cond = strcmp(w->name, p->name)) == 0)
        printf("【错误】%s 已经录入。\n", w->name);
    else if (cond < 0)
        p->left = InsertNode(p->left, w);          /* 访问左孩子 */
    else
        p->right = InsertNode(p->right, w);        /* 访问右孩子 */
    return p;
}

/*--- 节点的查找 ---*/
void SearchNode(BinNode *root, const BinNode *w)
{
    if (root != NULL) {
        BinNode *p = root;
        ptr = 0;
```

```
            while (1) {
                if (p != NULL) {
                    int cond;

                    stk[ptr++] = p;                        /* 进栈 */
                    if ((cond = strcmp(w->name, p->name)) == 0) {
                        printf("%s 还未录入。\n", w->name);
                        ptr--;
                        break;
                    }
                    p = (cond < 0) ? p->left : p->right;
                } else {
                    printf("%s 已经录入。\n", w->name);
                    ptr = -1;
                    break;
                }
            }
        }
    }
}

/*--- 最小／最大在以 root 为根的子树中查找最小（sw=0）／最大（sw=1）的节点 ---*/
BinNode *SearchMinMax(const BinNode *root, int sw)
{
    if (root == NULL)
        return NULL;
    else {
        BinNode *p = root;

        while (p != NULL) {
            stk[++ptr] = p;                            /* 进栈 */
            p = (sw == 0) ? p->left : p->right;
        }
        return stk[ptr];
    }
}

/*--- 查找下一个节点（含有比当前键值大一的节点）---*/
void SrchNext(void)
{
    if (ptr == -1)                                     /* 栈为空 */
        Error();
    else {
        BinNode *p;

        if (stk[ptr]->right != NULL)             /* 右孩子存在 */
            p = SearchMinMax(stk[ptr]->right, 0);
        else {                                   /* 右孩子不存在 */
            char *name = stk[ptr]->name;
            while (1) {
                if (--ptr < 0) {
                    p = NULL;
                    break;
                }
                if (strcmp(stk[ptr]->name, name) > 0) {
                    p = stk[ptr];
                    break;
                }
            }
        }
        if (p == NULL)
            Error();
        else
            printf(" 数据为 [%s]。\n", p->name);
```

```
        }
    }

    /*--- 查找上一个节点（含有比当前键值小一的节点）---*/
    void SrchPrev(void)
    {
        if (ptr == -1)                                      /* 栈为空 */
            Error();
        else {
            BinNode *p;

            if (stk[ptr]->left != NULL)                     /* 左孩子存在 */
                p = SearchMinMax(stk[ptr]->left, 1);
            else {                                          /* 左孩子不存在 */
                char *name = stk[ptr]->name;
                while (1) {
                    if (--ptr < 0) {
                        p = NULL;
                        break;
                    }
                    if (strcmp(stk[ptr]->name, name) < 0) {
                        p = stk[ptr];
                        break;
                    }
                }
            }
            if (p == NULL)
                Error();
            else
                printf(" 数据为［%s］。\n", p->name);
        }
    }

    /*--- 按照升序显示树的所有元素的键值（非递归版）---*/
    void PrintTree(const BinNode *root)
    {
        if (root != NULL) {
            BinNode *p = root;
            BinNode *stk[STK_SIZE];             /* 栈 */
            int ptr = 0;                        /* 栈指针 */

            while (1) {
                if (p != NULL) {
                    stk[ptr++] = p;             /* 使 p 进栈 */
                    p = p->left;                /* 访问左孩子 */
                } else if (ptr > 0) {
                    p = stk[--ptr];             /* 出栈 */
                    printf("%s\n", p->name);    /* 显示 */
                    p = p->right;               /* 访问右孩子 */
                } else
                    break;
            }
        }
    }

    /*--- 释放树的全部元素 ---*/
    void FreeTree(BinNode *p)
    {
        if (p != NULL) {
            FreeTree(p->left);                 /* 释放 p 的左子树 */
            FreeTree(p->right);                /* 释放 p 的右子树 */
            free(p);                           /* 释放 p */
        }
```

```
}

/*--- 数据的输入 ---*/
BinNode Read(const char *message)
{
    BinNode temp;

    printf("请输入要 %s 的名字 : ", message);
    scanf("%s", temp.name);

    return temp;
}

/*--- 菜单选择 ---*/
Menu SelectMenu(void)
{
    int ch;

    do {
        printf(
            "\n(1)插入(2)查找(3)下一个节点(4)上一个节点(5)显示(0)结束 : ");
        scanf("%d", &ch);
    } while (ch < Term || ch > Print);

    return (Menu)ch;
}

/*--- main 函数 ---*/
int main(void)
{
    Menu menu;
    BinNode *root;              /* 指向根的指针 */

    root = NULL;
    ptr  = -1;
    do {
        BinNode x;
        switch (menu = SelectMenu()) {
         case Insert : x = Read("插入");
                       root = InsertNode(root, &x);
                       break;
         case Search : x = Read("查找");
                       SearchNode(root, &x);
                       break;
         case Next   : SrchNext();
                       break;
         case Prev   : SrchPrev();
                       break;
         case Print  : puts("--- 一览表 ---");
                       PrintTree(root);
                       break;
        }
    } while (menu != Term);

    FreeTree(root);             /* 释放所有的节点 */

    return 0;
}
```

图 13-13 为本程序的运行示例。

*

本程序将遍历至当前节点所经过的节点以指针方式存储在数组 stk 中。由于 stk 是在函数外定义的，所以 stk 在整个文件范围内都有效。因此，同一个程序无法使用多个同一类型的二叉查找树。

另外，本程序也没有进行防止栈满的错误检查。

如何才能使本程序变得模块化，并且具有高通用性和可靠性呢？请大家来挑战一下。

（1）插入 （2）查找 （3）下一个节点 （4）上一个节点 （5）显示（0）结束： 1⏎ ┄┄┄┄┄ 插入节点。
请输入要插入的名字：Hiraki⏎ ┄┄┄┄┄┄┄┄┄┄┄┄┄┄┄┄┄┄┄┄┄┄┄

（1）插入 （2）查找 （3）下一个节点 （4）上一个节点 （5）显示（0）结束： 1⏎ ┄┄┄┄┄ 插入节点。
请输入要插入的名字：Ikeda⏎ ┄┄┄┄┄┄┄┄┄┄┄┄┄┄┄┄┄┄┄┄┄┄┄┄┄

（1）插入 （2）查找 （3）下一个节点 （4）上一个节点 （5）显示（0）结束： 1⏎ ┄┄┄┄┄ 插入节点。
请输入要插入的名字：Masaki⏎ ┄┄┄┄┄┄┄┄┄┄┄┄┄┄┄┄┄┄┄┄┄┄┄

（1）插入 （2）查找 （3）下一个节点 （4）上一个节点 （5）显示（0）结束： 1⏎ ┄┄┄┄┄ 插入节点。
请输入要插入的名字：Miura⏎ ┄┄┄┄┄┄┄┄┄┄┄┄┄┄┄┄┄┄┄┄┄┄┄┄┄

（1）插入 （2）查找 （3）下一个节点 （4）上一个节点 （5）显示（0）结束： 1⏎ ┄┄┄┄┄ 插入节点。
请输入要插入的名字：Takaoka⏎ ┄┄┄┄┄┄┄┄┄┄┄┄┄┄┄┄┄┄┄┄┄┄

（1）插入 （2）查找 （3）下一个节点 （4）上一个节点 （5）显示（0）结束： 1⏎ ┄┄┄┄┄ 插入节点。
请输入要插入的名字：Sanaka⏎ ┄┄┄┄┄┄┄┄┄┄┄┄┄┄┄┄┄┄┄┄┄┄┄

（1）插入 （2）查找 （3）下一个节点 （4）上一个节点 （5）显示（0）结束： 1⏎ ┄┄┄┄┄ 插入节点。
请输入要插入的名字：Yamada⏎ ┄┄┄┄┄┄┄┄┄┄┄┄┄┄┄┄┄┄┄┄┄┄┄

（1）插入 （2）查找 （3）下一个节点 （4）上一个节点 （5）显示（0）结束： 1⏎ ┄┄┄┄┄ 插入节点。
请输入要插入的名字：Satoh⏎ ┄┄┄┄┄┄┄┄┄┄┄┄┄┄┄┄┄┄┄┄┄┄┄┄┄

（1）插入 （2）查找 （3）下一个节点 （4）上一个节点 （5）显示（0）结束： 5⏎ ┄┄┄┄┄ 按照升序显示。
--- 一览表 --- ┄┄┄┄┄┄┄┄┄┄┄┄┄┄┄┄┄┄┄┄┄┄┄┄┄┄┄┄┄┄┄┄┄┄┄┄
Hiraki
Ikeda
Masaki
Miura
Sanaka
Satoh
Takaoka
Yamada

（1）插入 （2）查找 （3）下一个节点 （4）上一个节点 （5）显示（0）结束： 2⏎ ┄┄┄┄┄ 查找键值。
请输入要查找的名字：Hiraki⏎ ┄┄┄┄┄┄┄┄┄┄┄┄┄┄┄┄┄┄┄┄┄┄
Hiraki 已经录入。

（1）插入 （2）查找 （3）下一个节点 （4）上一个节点 （5）显示（0）结束： 3⏎ ┄┄┄┄┄ 下一个键值。
数据为［**Ikeda**］。 ┄┄┄┄┄┄┄┄┄┄┄┄┄┄┄┄┄┄┄┄┄┄┄┄┄┄┄┄┄┄┄┄┄┄

（1）插入 （2）查找 （3）下一个节点 （4）上一个节点 （5）显示（0）结束： 3⏎ ┄┄┄┄┄ 下一个键值。
数据为［**Masaki**］。 ┄┄┄┄┄┄┄┄┄┄┄┄┄┄┄┄┄┄┄┄┄┄┄┄┄┄┄┄┄┄┄┄┄

（1）插入 （2）查找 （3）下一个节点 （4）上一个节点 （5）显示（0）结束： 4⏎ ┄┄┄┄┄ 上一个键值。
数据为［**Ikeda**］。 ┄┄┄┄┄┄┄┄┄┄┄┄┄┄┄┄┄┄┄┄┄┄┄┄┄┄┄┄┄┄┄┄┄┄

（1）插入 （2）查找 （3）下一个节点 （4）上一个节点 （5）显示（0）结束： 4⏎ ┄┄┄┄┄ 上一个键值。
数据为［**Hiraki**］。 ┄┄┄┄┄┄┄┄┄┄┄┄┄┄┄┄┄┄┄┄┄┄┄┄┄┄┄┄┄┄┄┄┄

（1）插入 （2）查找 （3）下一个节点 （4）上一个节点 （5）显示（0）结束： 4⏎ ┄┄┄┄┄ 上一个键值。
ERROR ┄┄┄

（1）插入 （2）查找 （3）下一个节点 （4）上一个节点 （5）显示（0）结束： 0⏎

图 13-13 代码清单 13-2 的运行示例

第 14 章
控制台的操作

　　有人向我求助说，他几年前写的程序不能正常运行了。这个程序使用了 ANSI 转义序列来进行控制台画面的设置。

　　本章将会介绍如何使用库对控制台画面进行清除、颜色的变更、光标位置设置等。

14-1 转义序列

本节学习有关转义序列的知识，转义序列可用于设置控制台画面。

转义序列

E 同学问过我有关控制台画面的设置的问题。

> 我想对以前写的程序进行重新编译并运行，但是没有成功。这个程序用转义序列实现了一些功能，包括清除画面、变更显示字符的颜色、指定光标的位置等。
>
> 但是，似乎在 Windows 的命令行中无法使用转义序列，我陷入了困境。有什么办法可以解决这个问题吗？

我将 E 同学的程序整理为代码清单 14-1，图 14-1 为程序的运行结果。

在某个环境下，得到了图 14-1 中的运行结果 1。它成功按照程序写的那样清除画面、将光标移动到任意位置、设定字符的颜色。然而，在 Windows 的命令行中运行的结果则如图 14-1 的运行结果 2 所示。

本程序利用了在很多操作系统中都支持的转义序列的部分功能，来对控制台画面进行设置。

▶ 转义序列在 ISO/IEC 6429 的 "信息技术 – 编码字符集的控制功能" 和 JIS X0211 的 "符号化字符集所用的控制功能" 中定义。

转义序列的原理是发送以控制字符 ESC 开始的几个字节大小的数据，来对控制台画面或者打印机等周边装置进行操作。

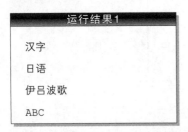

运行结果1
汉字
日语
伊吕波歌
ABC

运行结果2
[2J [3;3H [0;37;40m汉字 [5;3H [0;34;40m日语 [7;3H [0;30;44m伊吕波歌 [9;3H [0;34;47mABC [0;37;40m

图 14-1 代码清单 14-1 的运行结果

```c
/*
    用转义序列设置画面
*/

#include <stdio.h>

enum {
    BLACK, BLUE, RED, GREEN, MAGENTA, CYAN, YELLOW, WHITE,
    GRAY,  BRIGHT_BLUE, BRIGHT_RED, BRIGHT_GREEN, BRIGHT_MAGENTA,
    BRIGHT_CYAN, BRIGHT_YELLOW, BRIGHT_WHITE
};

/*--- 清除画面 ---*/
void cls(void)
{
    printf("\x1B[2J");
}

/*--- 将光标设置到 (x, y) ---*/
void locate(int x, int y)
{
    printf("\x1B[%d;%dH", y, x);
}

/*--- 将字符颜色设为 fg、背景颜色设为 bg ---*/
void colorx(int fg, int bg)
{
    int col[] = {30, 34, 31, 32, 35, 36, 33, 37};

    printf("\x1B[0;");
    if (fg > WHITE)                     /* 高亮度 */
        printf("1;");
    printf("%d;%dm", col[fg % 8], col[bg % 8] + 10);
}

/*--- 将字符颜色设为 col ---*/
void color(int col)
{
    colorx(col, BLACK);                 /* 字符颜色为 col，背景颜色为黑色 */
}

int main(void)
{
    cls();          /* 清除画面 */

    locate(3, 2);   color(WHITE);   printf(" 汉字 ");

    locate(3, 4);   color(BLUE);    printf(" 日语 ");

    locate(3, 6);   colorx(BLACK, BLUE);    printf(" 伊吕波歌 ");

    locate(3, 8);   colorx(BLUE, WHITE);    printf("ABC");

    color(WHITE);

    return 0;
}
```

在支持转义序列的环境中，本程序会进行相同的操作，因此本程序是具有可移植性的。

▶ 本程序中的各个函数将会在下一节中改进。各个函数的格式将在下一节进行讲解。

本程序使用了 3 种类型的转义序列，表 14-1 为整理后的内容。

表 14-1　代码清单 14-1 中使用的转义序列

①清除画面	ESC[2J	将画面清除	
②设置光标位置	ESC[y;xH	y 为纵坐标、x 为横坐标。 画面左上角为 (1, 1)	
③设置显示格式	ESC[p;p;…m	p 为如下所示的参数，可以指定多个，用分号分隔。 0: 初始状态。 1: 粗体或高亮度。 30: 黑色字体。 32: 绿色字体。 34: 蓝色字体。 36: 浅蓝色字体。 40: 黑色背景。 42: 绿色背景。 44: 蓝色背景。 46: 浅蓝色背景。	31: 红色字体。 33: 黄色字体。 35: 紫红色字体。 37: 白色字体。 41: 红色背景。 43: 黄色背景。 45: 紫红色背景。 47: 白色背景。

①清除画面

在 ASCII 编码或 JIS 编码下，控制字符 ESC 的编码为十六进制的 1B。

因此，在控制台画面输出 "\x1B[2J" 会清除画面。

一般来说，由于 stdout 会写入控制台画面中，所以只需要按照如下格式调用 printf 函数就能清除画面。

```
printf("\x1B[2J");          /* 用转义序列清除画面 */
```

②设置光标位置

以左上角的坐标为 (1, 1)，通过指定坐标的值来设置光标的位置。例如，想让光标到 (5, 8) 这个位置，就可以使用如下语句。

```
printf("\x1B[8;5H");      /* 将光标设置到 (5, 8) 处 */
```

③设置显示格式

显示格式可以指定字符颜色以及背景颜色，颜色共有 8 种类型。

根据环境的不同，还可以将字符设为粗体或者高亮度，这样就能用更明亮的颜色显示。如果在支持高亮度的环境下，那么实际上可以使用的颜色就变为 16 种，包括红色、亮红色、绿色、亮绿色等颜色。

▶ 另外，背景颜色不可以指定粗体或者高亮度。虽然代码清单 14-1 中将背景颜色设置为亮红色，但最后还是会显示为红色。

作为 Windows 的前身，包括 MS-DOS 等在内的操作系统都支持转义序列。但是，Windows 却不再支持转义序列了。

> **注意** 在 Windows 上不能使用转义序列。

这就是 E 同学落入的陷阱（见专栏 14-1）。

专栏 14-1 | 在 Windows 上的转义序列

在老版本的 Windows 命令行（DOS 命令提示符）中，可以使用转义序列。不过，需要进行一些操作。

▪ Windows 95/98

在 C 盘的根目录下的文件 config.sys 中，添加下列语句。

```
devicehigh=C:\WINDOWS\ansi.sys
```

这样就可以在 DOS 命令提示符中使用转义序列了。在这种情况下运行代码清单 14-1 的程序就可以得到预期的结果。

▪ Windows 2000/XP

在 C:\Windows\System32（或者 C:\WINNT\System32）下的文件 config.NT 中，添加下列语句。

```
device=%SystemRoot%\system32\ansi.sys
```

然后启动位于 C:\Windows\System32（或者 C:\WINNT\System32）下的 command.com 后，就能够使用转义序列了。

不过，与原本的命令行 CMD.EXE 不同，command.com 是专门为了支持 16 位的应用程序的正常运行而存在的。

在 CMD.EXE 中无法使用转义序列。

14-2 画面控制库

由于 Windows 的控制台中无法使用转义序列，所以需要用具有同样功能的函数来解决 E 同学的问题。

Windows API 的使用

在 Windows 下，可以通过调用 API 来实现画面的清除、显示颜色的变更等功能。在 Windows 下选择调用 API，在其他的环境下则选择用转义序列来进行输出，这样就能够解决问题了。

▶ API 是 Application Program Interface 的首字母缩写，是在操作系统等平台上运行的软件所能够使用的命令和函数的集合。调用 API 后，就可以使用平台准备的具有各种功能的命令或函数。

用于画面控制的头文件如代码清单 14-2 所示，对应程序如代码清单 14-3 所示。

代码清单 14-2 chap14/display.h

```c
/*
    画面控制库（转义序列 /Win32 API）头文件 display.h
*/

#ifndef __DISPLAY
#define __DISPLAY

enum {
    BLACK,              /* 黑色 */
    BLUE,               /* 蓝色 */
    RED,                /* 红色 */
    GREEN,              /* 绿色 */
    MAGENTA,            /* 紫红色 */
    CYAN,               /* 浅蓝色 */
    YELLOW,             /* 黄色 */
    WHITE,              /* 白色 */
    GRAY,               /* 灰色 */
    BRIGHT_BLUE,        /* 亮蓝色 */
    BRIGHT_RED,         /* 亮红色 */
    BRIGHT_GREEN,       /* 亮绿色 */
    BRIGHT_MAGENTA,     /* 亮紫红色 */
    BRIGHT_CYAN,        /* 亮浅蓝色 */
    BRIGHT_YELLOW,      /* 亮黄色 */
    BRIGHT_WHITE        /* 亮白色 */
};

/*--- 清除画面 ---*/
void cls(void);

/*--- 将光标的位置设为 (__x, __y) ---*/
void locate(int __x, int __y);

/*--- 将字符颜色设为 __fg、背景颜色设为 __bg ---*/
void colorx(int __fg, int __bg);

/*--- 将字符颜色设为 __col ---*/
void color(int __col);

#endif
```

```c
/*
    画面控制库（转义序列/Win32 API）
*/

#include <stdio.h>
#include "display.h"

#define ESCAPE_SEQUENCE     0       /* 1 表示转义序列，0 表示 Win32 API */

#if (ESCAPE_SEQUENCE==0)
    #include <windows.h>
#endif

/*--- 清除画面 ---*/
void cls(void)
{
#if (ESCAPE_SEQUENCE==1)
    printf("\x1B[2J");
#else
    HANDLE hStdout = GetStdHandle(STD_OUTPUT_HANDLE);

    if (hStdout != INVALID_HANDLE_VALUE) {
        static COORD               coordScreen;
        DWORD                      dwCharsWritten;
        DWORD                      dwConsoleXY;
        CONSOLE_SCREEN_BUFFER_INFO csbi;

        if (GetConsoleScreenBufferInfo(hStdout, &csbi) == FALSE)
            return;

        dwConsoleXY = csbi.dwSize.X * csbi.dwSize.Y;
        FillConsoleOutputCharacter(hStdout,
                ' ', dwConsoleXY, coordScreen, &dwCharsWritten);
        FillConsoleOutputAttribute(hStdout,
                csbi.wAttributes, dwConsoleXY, coordScreen, &dwCharsWritten);
        locate(1, 1);
    }
#endif
}

/*--- 将光标的位置设为 (x, y) ---*/
void locate(int x, int y)
{
#if (ESCAPE_SEQUENCE==1)
    printf("\x1B[%d;%dH", y, x);
#else
    HANDLE hStdout = GetStdHandle(STD_OUTPUT_HANDLE);
    COORD  coord;

    if (hStdout != INVALID_HANDLE_VALUE) {
        coord.X = x - 1;
        coord.Y = y - 1;
        SetConsoleCursorPosition(hStdout, coord);
    }
#endif
}

/*--- 将字符颜色设为 fg、背景颜色设为 bg ---*/
void colorx(int fg, int bg)
{
#if (ESCAPE_SEQUENCE==1)
    int col[] = {30, 34, 31, 32, 35, 36, 33, 37};

    printf("\x1B[0;");
```

```
    if (fg > WHITE)
        printf("1;");            /* 高亮度 */
    printf("%d;%dm", col[fg % 8], col[bg % 8] + 10);
#else
    int col[] = {0, 1, 4, 2, 5, 3, 6, 7, 8, 9, 12, 10, 13, 11, 14, 15};
    HANDLE hStdout = GetStdHandle(STD_OUTPUT_HANDLE);
    WORD    attr;

    if (hStdout == INVALID_HANDLE_VALUE)
        return;

    attr = (col[bg % 16] << 4) | col[fg % 16];

    SetConsoleTextAttribute(hStdout, attr);
#endif
}

/*--- 将字符颜色设为 col ---*/
void color(int col)
{
    colorx(col, BLACK);       /* 字符颜色为 col、背景颜色为黑色 */
}
```

```
    #define ESCAPE_SEQUENCE  0       /* 1 表示转义序列, 0 表示 Win32 API */
```

如果在支持转义序列的环境中编译本程序, 则需要将阴影部分中的上述语句改写为下列语句。

```
    #define ESCAPE_SEQUENCE  1       /* 1 表示转义序列, 0 表示 Win32 API */
```

▶ 当宏 ESCAPE_SEQUENCE 被定义为 0 时, 为了能够使用 Windows 的 API, 将会包含头文件 windows.h。在
Visual C++ 等 Windows 专用的编译器中将会提供该头文件。

此程序提供的 4 个函数的格式如下所示。

▪ void cls(void)

在清除画面的同时, 将光标置于画面左上角的坐标 (1, 1) 处。另外, 如果已经使用 colorx 函数
变更了背景颜色, 那么整个画面都将会变为相应颜色。

▶ 例如, 在将背景颜色设为 RED 的情况下, 运行本函数将会把整个画面都变为红色。

▪ void locate(int x, int y)

使光标移动到 (x, y)。坐标 (x, y) 对应 (横坐标 , 纵坐标), 控制台画面的左上角的坐标为 (1, 1)。

▪ void colorx(int fg, int bg)

将字符颜色设为 fg、背景颜色设为 bg。表 14-2 为能够指定的颜色的一览表。

表 14-2　颜色和对应宏的一览表

标识符	颜色	标识符	颜色
BLACK	黑色	GRAY	灰色
BLUE	蓝色	BRIGHT_BLUE	亮蓝色
RED	红色	BRIGHT_RED	亮红色

（续）

标识符	颜色	标识符	颜色
GREEN	绿色	BRIGHT_GREEN	亮绿色
MAGENTA	紫红色	BRIGHT_MAGENTA	亮紫红色
CYAN	浅蓝色	BRIGHT_CYAN	亮浅蓝色
YELLOW	黄色	BRIGHT_YELLOW	亮黄色
WHITE	白色	BBRIGHT_WHITE	亮白色

- void color(int col)

将字符颜色设为 col，同时将背景颜色设为黑色。

▶ 也就是说 color(col) 和 colorx(col, BLACK) 等价。

在使用画面控制库时，需要包含代码清单 14-2 所示的头文件 display.h，包含该头文件的同时会链接代码清单 14-3 所示的 display.c 经过编译后的文件。

clearscreen 实用程序

我们试着利用 cls 函数写一个用于消除画面的实用程序 clearscreen。该程序如代码清单 14-4 所示。

▶ 本程序包含代码清单 14-2 所示的头文件 display.h。另外，还链接代码清单 14-3 所示的文件 display.c 经过编译后的文件，三者将合为一个程序。

代码清单 14-4　　　　　　　　　　　　　　　　　　　　chap14/clearscreen.c

```
/*
    消除控制台画面的程序 clearscreen
*/
#include <stdio.h>

#include "display.h"

int main(void)
{
    cls();

    return 0;
}
```

在命令行中输入下列语句运行该程序。

```
> clearscreen⏎
```

setcolor 实用程序

我们试着利用 colorx 函数写一个用于变更控制台画面的字符颜色和背景颜色的实用程序 setcolor。该程序如代码清单 14-5 所示。

▶ 和上一个实用程序相同，本程序也包含代码清单 14-2 所示的头文件 display.h。另外，也链接代码清单 14-3 所示的文件 display.c 经过编译后的文件，三者将合为一个程序。

```c
/*
    用于设定控制台画面的字符颜色和背景颜色的程序 setcolor
*/

#include <ctype.h>
#include <stdio.h>
#include <stdlib.h>

#include "display.h"

/*--- 颜色的字符串 ---*/
char *color_str[] = {
    "BLACK", "BLUE", "RED", "GREEN", "MAGENTA", "CYAN", "YELLOW", "WHITE",
    "GRAY", "BRIGHT_BLUE", "BRIGHT_RED", "BRIGHT_GREEN", "BRIGHT_MAGENTA",
    "BRIGHT_CYAN", "BRIGHT_YELLOW", "BRIGHT_WHITE"
};

/*--- 比较字符串大小（不区分字母大小写）---*/
int strcmpx(const char *s1, const char *s2)
{
    while (toupper(*s1) == toupper(*s2)) {
        if (*s1 == '\0')              /* 相等 */
            return 0;
        s1++;
        s2++;
    }
    return toupper((unsigned char)*s1) - toupper((unsigned char)*s2);
}

/*--- 将颜色的字符串转换为编码 ---*/
int get_color(char *str)
{
    int i;

    for (i = 0; i < sizeof(color_str) / sizeof(color_str[0]); i++)
        if (!strcmpx(str, color_str[i]))
            return i;
    return -1;                       /* 无对应颜色 */
}

/*--- 显示错误消息和本程序的使用方法后终止程序 ---*/
void error(int code)
{
    switch (code) {
     case 1: fprintf(stderr, "请设置字符颜色和背景颜色。\n"); break;
     case 2: fprintf(stderr, "设置字符颜色出错。\n");   break;
     case 3: fprintf(stderr, "设置背景颜色出错。\n");   break;
    }
    fprintf(stderr, "------------------------------------------\n");
    fprintf(stderr, "SETCOLOR 字符颜色 [ 背景颜色 ]\n");
    fprintf(stderr, "------------------------------------------\n");
    fprintf(stderr, "请从如下的 16 种颜色中选择字符颜色。\n");
    fprintf(stderr, "请从左侧的 8 种颜色中选择背景颜色。\n");
    fprintf(stderr, "若省略背景颜色，则默认为黑色。\n");
    fprintf(stderr, "------------------------------------------\n");
    fprintf(stderr, "BLACK            GRAY\n");
    fprintf(stderr, "BLUE             BRIGHT_BLUE\n");
    fprintf(stderr, "RED              BRIGHT_RED\n");
    fprintf(stderr, "GREEN            BRIGHT_GREEN\n");
    fprintf(stderr, "MAGENTA          BRIGHT_MAGENTA\n");
    fprintf(stderr, "CYAN             BRIGHT_CYAN\n");
```

```
    fprintf(stderr, "YELLOW           BRIGHT_YELLOW\n");
    fprintf(stderr, "WHITE            BRIGHT_WHITE\n");

    exit(1);                       /* 强制终止 */
}

int main(int argc, char *argv[])
{
    int fg;                 /* 字符颜色 */
    int bg = BLACK;         /* 背景颜色 */

    if (argc < 2)           /* 字符颜色和背景颜色都未指定 */
        error(1);
    if (argc >= 2)
        if ((fg = get_color(argv[1])) == -1) error(2);
    if (argc >= 3)
        if ((bg = get_color(argv[2])) == -1) error(3);

    colorx(fg, bg);         /* 设置字符颜色和背景颜色 */

    return 0;
}
```

可以通过以下命令行语句运行本程序。

> SETCOLOR 字符颜色 背景颜色⏎

不过，背景颜色可以省略，如果省略则默认为黑色。

*

数组 color_str 中的"BLACK""BLUE"……为用于表示颜色名称的字符串。

在命令行中指定颜色时，不区分字母的大小写。也就是说，如果想指定为黑色，"black""Black""blACK""BLACK"等写法都是正确的。

strcmpx 函数的功能和用于比较两个字符串大小的 strcmp 函数相同，但两者在是否区分字母的大小写这点上有所不同。

另外，如果未指定颜色或字符串拼写错误，将会显示错误消息和本程序的使用方法并强制终止本程序。

我们通过调用标准库中的 exit 函数来使程序强制终止。

■ 猜数游戏

我们来试着写一个有趣的程序。猜数游戏的程序如代码清单 14-6 所示，规则是在 0～999 的数中猜出正确的数字。本程序只使用了 color 函数。

▶ 和之前的程序相同，本程序也包含代码清单 14-2 所示的头文件 display.h，同时也链接代码清单 14-3 所示的文件 display.c 经过编译后的文件，三者将合为一个程序。

代码清单 14-6 chap14/kazuate.c

```c
/*
    猜数游戏
*/

#include <time.h>
#include <stdio.h>
#include <stdlib.h>

#include "display.h"

int main(void)
{
    int no;                       /* 读取的值 */
    int ans;                      /* 待猜的数 */
    const int max_stage = 10;     /* 最多可以输入的次数 */
    int remain = max_stage;       /* 剩余可以输入的次数 */

    srand(time(NULL));            /* 设置随机数的种子 */
    ans = rand() % 1000;          /* 生成 0 ～ 999 的随机数 */

    printf(" 请猜一个 0 ～ 999 的整数。\n\n");

    do {
        color(BRIGHT_WHITE);
        printf(" 还剩 %d 次机会，猜多少呢：", remain);
        scanf("%d", &no);
        remain--;                 /* 剩余次数自减 */

        if (no > ans) {
            color(BRIGHT_CYAN);
            printf("\a 再小一点。\n");
        } else if (no < ans) {
            color(BRIGHT_GREEN);
            printf("\a 再大一点。\n");
        }
    } while (no != ans && remain > 0);

    if (no != ans) {
        color(BRIGHT_RED);
        printf("\a 很遗憾，正确答案是 %d。\n", ans);
    } else {
        color(BRIGHT_CYAN);
        printf(" 回答正确。\n");
        printf(" 你总共猜了 %d 次。\n", max_stage - remain);
    }

    color(WHITE);

    return 0;
}
```

运行示例

请猜一个0～999的整数。

还剩10次机会，猜多少呢：500⏎
♪再小一点。
还剩9次机会，猜多少呢：250⏎
♪再小一点。
还剩8次机会，猜多少呢：125⏎
回答正确。
你总共猜了3次。

专栏 14-2	关于随机数的生成

用于生成随机数的 rand 函数的返回值在 0 ～ RAND_MAX 内。虽然头文件 stdlib.h 中定义的 RAND_MAX 的值取决于编译器，但是可以保证至少为 32767。

生成并显示两个随机数的部分程序的示例如下所示。

```c
#include <stdio.h>
#include <stdlib.h>
/* … */
x = rand();              /* 生成取值范围为 0 ～ RAND_MAX 的随机数 */
y = rand();              /* 生成取值范围为 0 ～ RAND_MAX 的随机数 */
printf("x 的值为 %d、y 的值为 %d。\n", x, y);
```

运行上述程序将会显示不同的 x 值和 y 值。

不过，不管程序运行几次，显示的值都一样（虽然单次生成的 x 和 y 的值不同，但不同次数生成的 x 值或 y 值却相同）。

这意味着生成的随机数序列（即程序中第一次、第二次、第三次……生成的随机数）已经被事先决定好了。例如，某编译器总会按照如下顺序生成随机数。

16838 ⇨ 5758 ⇨ 10113 ⇨ 17515 ⇨ 31051 ⇨ 5627 ⇨ …

rand 函数是对一个叫作"种子"的基准值加以运算来生成随机数的。由于 rand 函数中的种子有一个默认值，所以每次都会生成同一个随机数序列。

用于改变种子的值的函数叫作 srand。例如，只要调用 srand(50) 或 srand(23)，就能够改变种子的值。

但是，即使调用了参数为常量的 srand 函数，之后 rand 函数生成的随机数序列也将相同。以前例的编译器为例，若将种子的值设为 50，将会生成以下随机数序列。

22715 ⇨ 22430 ⇨ 16275 ⇨ 21417 ⇨ 4906 ⇨ 9000 ⇨ …

因此，srand 函数的参数也必须为随机数。然而，为了生成随机数而需要随机数，这本身很矛盾。

我们一般使用的方法是把运行程序时的时间作为 srand 函数的参数。程序示例如下所示。

```c
#include <time.h>
#include <stdio.h>
#include <stdlib.h>
/* … */
srand(time(NULL));       /* 根据现在的时间决定种子的值 */
x = rand();              /* 生成取值范围为 0 ～ RAND_MAX 的随机数 */
y = rand();              /* 生成取值范围为 0 ～ RAND_MAX 的随机数 */
printf("x 的值为 %d、y 的值为 %d。\n", x, y);
```

time 函数的返回值的类型为 time_t 型，表示现在的时间。由于运行程序时的时间都不同，所以用这个值作为种子就能够生成不同的随机数序列了。

另外，rand 函数生成的随机数称为伪随机数。虽然伪随机数与随机数相似，但其实是按照一定规则生成的数。之所以称为伪随机数，是因为下一次生成的数值是可知的。对于真随机数则无法预测下一次生成的数值。

致　谢

在整理本书时，SB Creative Corp. 的野泽美男主编给予了笔者极大的帮助。

*

《明解 C 语言：实践篇》整理自编程专业杂志《C 杂志》中连载了两年的《Dr. 望洋的编程道场》的前半部分。本书对连载内容进行了大规模的修改和订正，包括对内容的甄别和取舍、对整体结构的更改。

在《C 杂志》连载期间，时任《C 杂志》编辑部主编的星野慎一和副主编宫田洋一也给予了笔者极大的帮助。

*

本书得以出版，离不开大家的帮助。

最后，借此机会，我想向所有的读者、朋友、学生表达我的感激之情，谢谢你们提出的意见和建议。

作者简介

柴田望洋

1963 年出生，日本福冈工业大学信息工程学院副教授，编写了一系列极富影响力的计算机教材和参考书，如《明解 C++》《明解 Java》等。

本书中出现的所有代码，可通过下列链接获取下载方式：

ituring.cn/book/2885